U0255804

■ ■ ■ 智能系统与技术丛书

Deep Learning and Image Recognition

Principle and Practice

深度学习与图像识别

原理与实践

魏溪含 涂铭 张修鹏 著

图书在版编目（CIP）数据

深度学习与图像识别：原理与实践 / 魏溪含，涂铭，张修鹏著．—北京：机械工业出版社，2019.6（2025.3 重印）
（智能系统与技术丛书）

ISBN 978-7-111-63003-6

I. 深… II. ①魏… ②涂… ③张… III. 人工智能 - 算法 - 应用 - 图像识别 - 教材 IV. TP391.413

中国版本图书馆 CIP 数据核字（2019）第 122633 号

深度学习与图像识别：原理与实践

出版发行：机械工业出版社（北京市西城区百万庄大街 22 号 邮政编码：100037）

责任编辑：杨福川　　责任校对：殷　虹

印　　刷：北京建宏印刷有限公司　　版　　次：2025 年 3 月第 1 版第 12 次印刷

开　　本：186mm×240mm　1/16　　印　　张：17.25

书　　号：ISBN 978-7-111-63003-6　　定　　价：129.00 元

客服电话：（010）88361066　68326294

PREFACE

前　　言

为什么要写这本书

随着深度学习技术的发展、计算能力的提升和视觉数据的增长，视觉智能计算技术在许多应用领域如拍照搜索、智能相册、人脸闸机、城市智能交通管理、智慧医疗等都取得了令人瞩目的成绩。因此越来越多的人开始对机器视觉感兴趣，并开始从事这个行业。就图像识别领域来说，运行一个开源的代码并不是什么难事，但搞懂其中的原理确实会稍有些难度。因此本书在每章中都会用相对通俗的语言来介绍算法的背景和原理，并会在读者“似懂非懂”时给出实战案例。实战案例的代码已全部在线下运行通过，代码并不复杂，可以很好地帮助读者理解其中的细节，希望读者在学习理论之后可以亲自动手实践。图像识别的理论和实践是相辅相成的，希望本书可以带领读者走进图像识别的世界。

本书从章节规划到具体的讲述方式，具有以下两个特点：

第一个特点是本书的主要目标读者定位为高校相关专业的本科生（统计学、计算机技术）、图像识别爱好者，以及不具备专业数学知识的人群。图像识别是一系列学科的集合体，它以机器学习、模式识别等知识为基础，因此依赖很多数学知识。本书尽量绕开复杂的数学证明和推导，从问题的前因后果、创造者思考的过程和简单的数学计算的角度来做模型的分析和讲解，目的是以更通俗易懂的方式带领读者入门。另外，在第 8～12 章的后面都附有参考文献，想要深入了解的读者可以继续阅读。

第二个特点是本书在每章后面都附有实战案例，读者可以结合案例学习，通过实践验证自己想法的价值。在本书的内容编排上，遵循知识点背景介绍——原理剖析——实战案例的介绍方式，同时所有的代码会在书中详细列出或者上传到 GitHub，以方便读者下载与调试，帮助读者快速掌握知识点，快速上手，而且这些代码也可以应用到后续实际的开发项目中。在实际项目章节中，选取目前在图像识别领域中比较热门的项目，对之前的知识点进行汇总，帮助读者巩固与提升。

读者对象

- 统计学或相关 IT 专业学生

本书的初衷是面向相关专业的学生——拥有大量基于理论知识的认知却缺乏实战经验的人员，让其在理论的基础上深入了解。通过本书，学生可以跟随本书的教程一起操作学习，达到对自己使用的人工智能工具、算法和技术知其然亦知其所以然的目的。

- 信息科学和计算机科学爱好者

本书是一本近现代科技的历史书，也是一本科普书，还是一本人工智能思想和技术的教科书。通过本书可以了解人工智能领域的前辈们在探索的道路上做出的努力和思考，理解他们不同的观点和思路，有助于开拓自己的思维和视野。

- 人工智能相关专业的研究人员

本书详细介绍了图像识别的相关知识。通过本书可以了解其理论知识，了解哪些才是项目所需的内容以及如何在项目中实现，能够快速上手。

如何阅读本书

本书从以下几个方面阐述图像识别：

第 1 章介绍图像识别的一些应用场景，让读者对图像识别有个初步的认识。

第 2 章主要对图像识别的工程背景做简单介绍，同时介绍了本书后续章节实战案例中会用到的环境，因此该章是实战的基础。

第 3～6 章是图像识别的技术基础，包括机器学习、神经网络等。该部分的代码主要使用 Python 实现。没有机器学习基础的同学需要理解这几章之后再往下看，有机器学习基础的同学可以有选择地学习。

第 7 章是一个过渡章节，虽然第 6 章中手动用 Python 实现了神经网络，但由于本书后面的图像识别部分主要使用 PyTorch 实现，因此使用该章作为过渡，介绍如何使用 PyTorch 来搭建神经网络。

第 8～12 章为图像识别的核心。第 8 章首先介绍了图像中的卷积神经网络与普通神经网络的异同，并给出了常见的卷积神经网络结构。接下来的第 9～12 章分别介绍了图像识别中的检测、分割、产生式模型以及可视化的问题，并在每章后面给出相应的实战案例。

第 13 章简单介绍了图像识别的工业部署模式，以帮助读者构建一个更完整的知识体系。

第 8～12 章包含参考文献，主要是本书中介绍的一些方法，或者本书中提到但是没有深入说明的方法，感兴趣的读者可以自行查询学习。

关于附件的使用方法：除了第 1 章外，本书的每一章都有对应的源数据和完整代码，这些内容可在本书中直接找到，有些代码需要从 http://www.cmpreading.com 处下载。需要注意的是，为了让读者更好地了解每行代码的含义，在注释信息中使用了中文标注，每个程序文件的编码格式都是 UTF-8。

勘误和支持

由于本书的作者水平及撰稿时间有限，书中难免会出现一些错误或者不准确的地方，恳请读者批评指正。读者可通过发送电子邮件到 weixihan1@163.com 和 kenny_tm@hotmail.com 联系并反馈建议或意见。

致谢

首先非常感谢我的家人，由于业余时间常常被工作挤占，本书的撰写又用了所剩不多的业余时间，因此少了很多陪伴家人的时间，感谢他们的理解、支持和鼓励。

撰写一本书，将自己的知识重新梳理后分享给读者，在技术发展的道路上帮助到其他人，这件事情是非常有价值的，因此也非常感谢两位合著者涂铭、张修鹏。

感谢机械工业出版社的杨福川老师，以及全程参与审核、校验等工作的张锡鹏、孙海亮老师等出版工作者，是他们的辛勤付出才能保证本书顺利面世。

感谢我身边的朋友、同事、同学，感谢一路走来你们的支持、鼓励和帮助。

谨以此书献给热爱算法并为之奋斗的朋友们，愿大家身体健康、生活美满、事业有成！

魏溪含

书籍初成，感慨良多。

在接受邀请撰写该书时，从未想到过程如此艰辛与波折。这里需要感谢一路陪我走来的所有人。

感谢我的家人的理解和支持，陪伴我度过写作本书的漫长岁月。

感谢我的合写者——魏溪含和张修鹏，与他们合作轻松愉快，他们给予我很多的理解和包容。

感谢参与审阅、校验等工作的杨福川老师以及其他老师，是他们在幕后的辛勤付出保证了本书的成功出版。

另外在本书的写作期间，有很多专业领域的内容都得到了各个领域专家的指导甚至亲笔编著。这里需要特别感谢阿里云计算公司产品方面的专家李骏，编写了第 13 章全部内容，感谢他在产品和技术上利用其丰富的行业经验为本书留下的宝贵财富。

再次感谢大家！

涂　铭

首先要感谢我的妻子金晖，我能在工作繁忙的情况下参与此书的编写，离不开她的付出和支持，感谢我的宝贝张正延，给了我无穷的动力，感谢我的父亲、母亲，永远深爱你们。

感谢魏溪含和涂铭！魏溪含在书中贡献了她图像识别领域多年的经验，涂铭为此书的出版付出了最多的心血。

这本书是友谊和工作成果的结晶，本书作为我们并肩奋斗的见证，希望能将我们实践经验沉淀成的知识，帮助到更多希望了解和学习深度学习与图像识别的读者。

感谢杨福川等机械工业出版社的老师们，他们在幕后的付出和支持，是本书得以出版的保障。

最后感谢这些年一路走来帮助过我的亲人、老师、朋友、同事、同学，始终满怀感恩！

张修鹏

CONTENTS

目　　录

01 CHAPTER

第 1 章 机器视觉在行业中的应用

本章将介绍机器视觉的发展背景，而后针对机器视觉的主要应用场景做一个简单的介绍，带领读者了解机器视觉都能应用在哪些领域、解决哪些问题。

1.1 机器视觉的发展背景

1.1.1 人工智能

人工智能（Artificial Intelligence，AI）是计算机科学的一个分支，其意在了解智能的实质，并生产出一种新的能以人类智能相似的方式做出反应的智能机器。该领域的研究包括机器人、语言识别、机器视觉、自然语言处理和专家系统等。

那么，人们常说的人工智能、机器学习、深度学习的关系是什么呢。如图 1-1 所示，人工智能是一个比较大的领域，其中包括机器学习、深度学习、模式识别等，而神经网络是机器学习中的一种方法，深度学习又是神经网络方法中的一个子集。

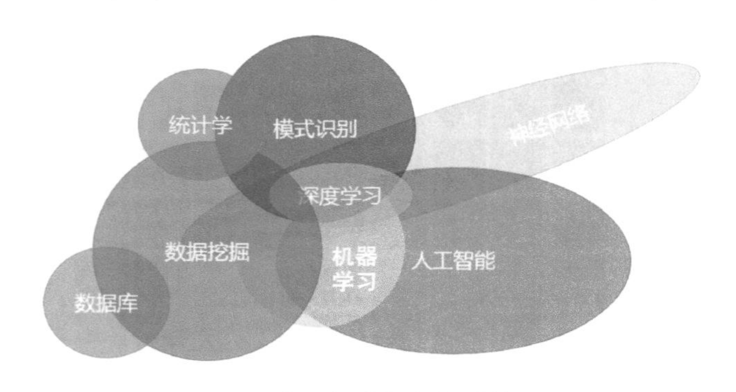

图 1-1 人工智能相关领域关系图

历史上人工智能经历了三次“春天”。人工智能的概念于20世纪50年代被首次提出，当时人们觉得人工智能在20年之内会改变世界，所有的工作都会被人工智能颠覆。直到1973年的《莱特希尔报告》明确指出当时人工智能的任何部分都没有达到人们想象的水平，第一个“春天”随之结束。第二个“春天”是20世纪80年代，神经网络和反向传播算法的提出，以及专家系统的初步结果，让科学家和企业家再次看到了希望。但因为普通神经网络不可避免的问题以及专家系统的局限，第二次热浪也逐渐冷却。现在，随着深度学习技术的崛起，人工智能正迎来第三个“春天”。

1.1.2　机器视觉

机器视觉是人工智能的一个重要分支，其核心是使用“机器眼”来代替人眼。机器视觉系统通过图像/视频采集装置，将采集到的图像/视频输入到视觉算法中进行计算，最终得到人类需要的信息。这里提到的视觉算法有很多种，例如，传统的图像处理方法以及近些年的深度学习方法等。

对于人工智能的一个重要研究方向——机器视觉来说，这个春天与以往有什么不同呢，我们来看图1-2。图1-2a展示了一个由彩色图像组成的、分类的数据集Cifar10（第3章有详细介绍），其中有飞机、汽车、鸟、猫、鹿、狗、青蛙、马、船、卡车10个类别，且每个类别中都有1000张32×32的彩色图片。图1-2b展示的是不同算法在Cifar10数据集上的分类效果。从中我们可以看出，在深度学习出现以前，传统的图像处理和机器学习方法并不能很好地完成这样一个简单的分类任务，而深度学习的出现使得机器有了达到人类水平的可能。事实上，AlphaGo的出现已经证明了在一些领域，机器有了超越人类的能力。

a）Cifar10数据集展示

图1-2　人工智能的第三个“春天”

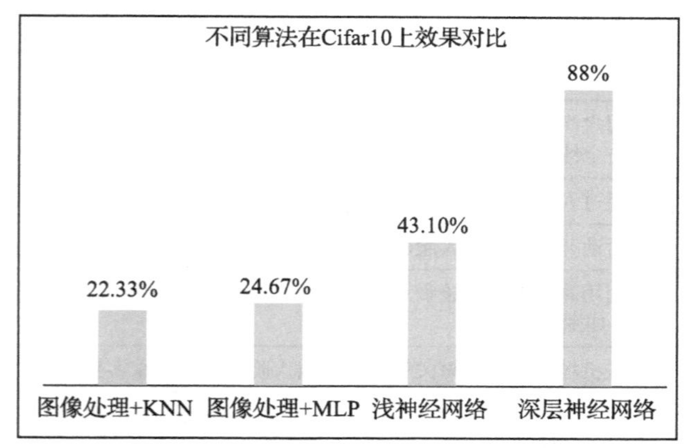

b）传统图像处理方法与深度学习方法在 Cifar10 数据集上的效果对比

图 1-2 （续）

1.2　机器视觉的主要应用场景

由于深度学习技术的发展、计算能力的提升和视觉数据的增长，视觉智能计算技术在不少应用当中都取得了令人瞩目的成绩。图像视频的识别、检测、分割、生成、超分辨、captioning、搜索等经典和新生的问题纷纷取得了不小的突破。这些技术正广泛应用于城市治理、金融、工业、互联网等领域。本节将以 9 个场景为例，对一些常见的应用场景进行介绍，让读者直观地理解机器视觉都能解决哪些问题。

1.2.1　人脸识别

人脸识别（Face Recognition）是基于人的面部特征信息进行身份识别的一种生物识别技术。它通过采集含有人脸的图片或视频流，并在图片中自动检测和跟踪人脸，进而对检测到的人脸进行面部识别。人脸识别可提供图像或视频中的人脸检测定位、人脸属性识别、人脸比对、活体检测等功能。

人脸识别是机器视觉最成熟、最热门的领域，近几年，人脸识别已经逐步超过指纹识别成为生物识别的主导技术。人脸识别分为 4 个处理过程——人脸图像采集及检测、人脸图像预处理、人脸图像特征提取以及匹配与识别，其主要应用场景如表 1-1 所示。

表 1-1　人脸识别的主要应用场景

应用场景	说　明
人脸支付	将人脸与用户的支付渠道绑定，支付阶段即可刷脸付款，无须出示银行卡、手机等，提高支付效率（如图 1-3）
人脸开卡	客户在银行等部门开卡时，可通过身份证和人脸识别进行身份校验，以防止借用身份证进行开卡

（续）

应用场景	说　明
人脸登录	用户注册阶段录入人脸图片，在安全性要求较高的场景中启动人脸登录验证，以提高安全性
VIP 人脸识别	通过人脸识别自动确定客户的身份，提供差异化服务
人脸签到	活动开始前录入人脸图片，活动当天即可通过刷脸进行签到，提高签到效率
人脸考勤	利用高精度的人脸识别、比对能力，搭建考勤系统，提升考勤效率，提高防作弊能力（如图 1-3 所示）
人脸闸机	在机场、铁路、海关等场合利用人脸识别确定乘客身份
会员识别	会员到店无须出示会员凭证，只要刷脸即可完成会员身份验证，实现无卡化身份确认和人流统计
安防监控	在银行、机场、商场、市场等人流密集的公共场所对人群进行监控，实现人流自动统计、特定人物的自动识别和追踪
相册分类	通过人脸检测，自动识别照片库中的人物角色，并进行分类管理，提升产品的用户体验
人脸美颜	基于人脸检测和关键点识别，实现人脸的特效美颜、特效相机、贴片等互动娱乐功能

由于人脸识别产业的需求旺盛，众多大型科技公司和人工智能创业公司均有涉足该领域，目前该技术已经处于大规模商用阶段，未来 3～5 年仍将继续保持高速增长。

人脸支付

人脸考勤

图 1-3　人脸识别应用场景

1.2.2　视频监控分析

视频监控分析是利用机器视觉技术对视频中的特定内容信息进行快速检索、查询、分析的技术。由于摄像头的广泛应用，由其产生的视频数据已是一个天文数字，这些数据蕴藏的价值巨大，靠人工根本无法统计，而机器视觉技术的逐步成熟，使得视频分析成为可能。通过这项技术，公安部门可以在海量的监控视频中搜寻到罪犯；在拥有大量流动人群的交通领域，该技术也被广泛应用于人群分析、防控预警等。

城市治理是视频监控分析应用价值最高的领域之一，表 1-2 中列举了一些典型的应用场景。

表 1-2　视频监控分析的应用场景

场　　景	说　　明
交通拥堵治理	视频分析技术可用于进行车辆检测、车型识别、车牌识别、非机动车检测、行人检测、红绿灯识别、车辆排队长度、车辆通行速度、拥堵程度判断分析。识别、分析这些信息可用于实现交通态势预测和红绿灯优化配置，从而缓解交通拥堵指数，加快车辆通行速度，提升城市运行效率
异常事件检测与轨迹跟踪	视频分析技术可用于检测拥堵、逆行、违法停车、缓行、抛锚、事故、快速路上的行人和非机动车、路面抛洒物、路口行人大量聚集等异常交通事件的发生（如图 1-4）。根据这些信息，一方面可以实时报警，由交警介入处理；另一方面，视频索引可以实现高效的以图搜图查询，通过车辆轨迹跟踪保留证据，实现非现场执法，可以节省大量警力，并提升交通管理的效率
平安城市情报搜集分析	视频分析技术可用于视频中动态人脸和基础人脸的实时比对，人群密度和不同方向人群流量的分析，智能研判、自动预警重点人员、重点车辆、重点物品在重点时间段出现在重点区域的有效线索，实现基于视频数据的案件串并与动态人员管控，为嫌疑人建立地理画像模型，提高主动防御、精确布控的水平，从海量视频中追踪罪犯成为可能
厂区安全管理	视频分析技术可用于对厂区人员是否戴安全帽，是否在安全区域作业等安全管理问题进行分析，此技术还可应用于其他有安全管控需求的区域，如矿山安全管理、仓库管理等
门店客流分析	在商场或门店部署摄像装置，利用视频分析技术，可实现识别顾客身份、分析顾客行为、指导导购人员进行精准推荐、监控顾客异常行为等功能

压线

逆行

事故

图 1-4　交通异常事件监测

视频 / 监控领域盈利空间广阔，商业模式多种多样，将视觉分析技术应用于视频监控领域正在形成一种趋势，目前已率先应用于交通、安防、零售、社区、楼宇、校园、工地等场合。

1.2.3　工业瑕疵检测

机器视觉技术可以快速获取大量信息，并进行自动处理。在自动化生产过程中，人们将机器视觉系统广泛应用于工业瑕疵诊断、工况监视和质量控制等领域。

工业瑕疵诊断是指利用传感器（如工业相机、X 光等）将工业产品内外部的瑕疵进行成像，通过机器学习技术对这些瑕疵图片进行识别（如图 1-5），确定瑕疵的种类、位置，甚至对瑕疵产生的原因进行分析的一项技术。目前，工业瑕疵诊断已成为机器视觉的一个非常重要的应用领域。

随着制造业向智能化、无人化方向发展，以及人工成本的逐年上升，广泛存在于制造业的产品外观检测迫切需要通过机器视觉技术替代人工外检人员。

一方面图像外检技术可以运用到一些危险环境和人工视觉难以满足要求的场合；另一方面，更重要的是，人工检测面临检测速度慢、检测准确率不稳定（随着人眼检测时间的增加，检测准确率明显下降）、不同质检员的检测水平不一致的情况，同时，质检员的责任心、状态也会影响检测水平，这些都会直接影响产品的品质。而图像外检技术可以大大提高生产效率、速度和生产的自动化程度，降低人工成本。

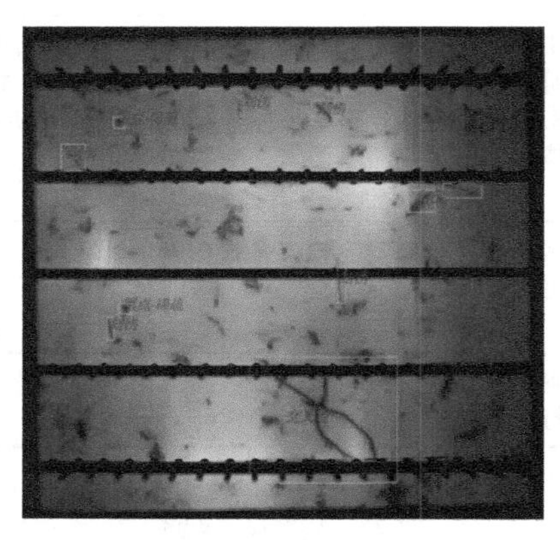

电池片瑕疵识别效果

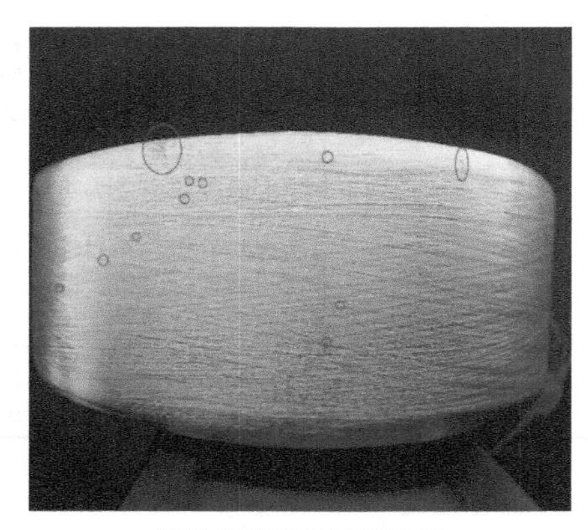

涤纶丝瑕疵的识别效果

图 1-5 工业瑕疵诊断应用场景

1.2.4 图片识别分析

这里所说的图片识别是指人脸识别之外的静态图片识别，图片识别可应用于多种场景，目前应用比较多的是以图搜图、物体 / 场景识别、车型识别、人物属性、服装、时尚分析、鉴黄、货架扫描识别、农作物病虫害识别等。

这里列举一个图像搜索的例子：拍立淘。拍立淘是手机淘宝的一个应用，主要通过图片来代替文字进行搜索，以帮助用户搜索无法用简单文字描述的需求。比如，你看到一条裙子很好看，但又很难用简单的语言文字来描述这条裙子的样子，那么这个时候就可以使用拍立淘，通过图片轻松地在淘宝上搜出同款裙子，或者是与它非常接近的款式，如图 1-6 所示。

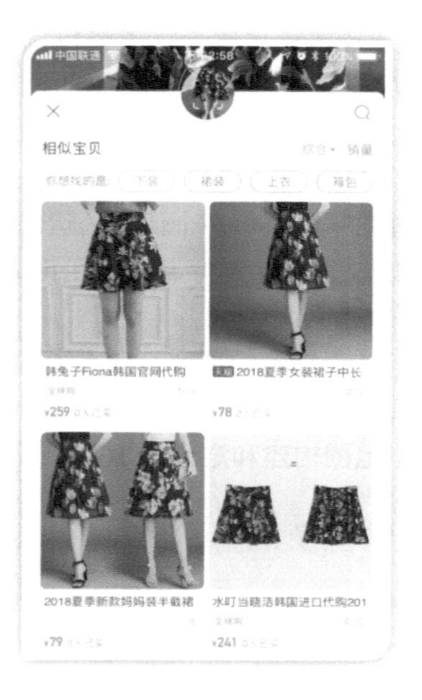

图 1-6　图片识别应用效果

1.2.5　自动驾驶 / 驾驶辅助

自动驾驶汽车是一种通过计算机实现无人驾驶的智能汽车，它依靠人工智能、机器视觉、雷达、监控装置和全球定位系统协同合作，让计算机可以在没有任何人类主动操作的情况下，自动安全地操作机动车辆（如图 1-7）。机器视觉的快速发展促进了自动驾驶技术的成熟，使无人驾驶在未来成为可能。

图 1-7　自动驾驶汽车应用场景

自动驾驶技术链比较长，主要包含感知阶段、规划阶段和控制阶段三个部分。机器视觉技术主要应用在无人驾驶的感知阶段，其基本原理可概括如下。

1）使用机器视觉获取场景中的深度信息，以帮助进行后续的图像语义理解，在自动驾驶中帮助探索可行驶区域和目标障碍物。

2）通过视频预估每一个像素的运动方向和运动速度。

3）对物体进行检测与追踪。在无人驾驶中，检测与追踪的目标主要是各种车辆、行人、非机动车。

4）对于整个场景的理解。最重要的有两点，第一是道路线检测，其次是在道路线检测下更进一步，即将场景中的每一个像素都打成标签，这也称为场景分割或场景解析。

5）同步地图构建和定位技术。

1.2.6　三维图像视觉

三维图像视觉主要是对三维物体进行识别，其主要应用于三维机器视觉、双目立体视觉、三维重建、三维扫描、三维测绘、三维视觉测量、工业仿真等领域。三维信息相比二维信息，能够更全面、真实地反映客观物体，提供更大的信息量。近年来，三维图像视觉已经成为计算机视觉领域的重要课题，在虚拟现实、文物保护、机械加工、影视特技制作、计算机仿真、服装设计、科研、医学诊断、工程设计、刑事侦查现场痕迹分析、自动在线检测、质量控制、机器人及许多生产过程中得到越来越广泛的应用。

1.2.7　医疗影像诊断

医疗数据中有 90% 以上的数据来自于医疗影像。医疗影像领域拥有孕育深度学习的海量数据，医疗影像诊断可以辅助医生做出判断（如图 1-8），提升医生的诊断效率。目前，医疗影像诊断主要应用于如表 1-3 所示的这些场景中。

表 1-3　医疗影像诊断的应用场景

应用场景	说　明
肿瘤探测	通过图像技术，医疗影像诊断可进行如皮肤色素瘤、乳腺癌、肺部癌变的早期识别
肿瘤发展追踪	机器视觉技术可以根据器官组织的分布，预测出肿瘤扩散到不同部位的概率，并能从图片中获取癌变组织的形状、位置、浓度等信息
血液量化与可视化	通过核磁共振图像，医疗影像诊断可以更有效地再现心脏内部血液的流量变化，并可探测心脏是否发生病变
病理解读	不同医生对于同一张图片的理解可能会有不同，机器视觉技术可用于解读图片，并向医生提供较为全面的报告，使医生能够了解到多种不同的病理可能性
糖尿病视网膜病变检测	由糖尿病导致的视网膜病变是失明的一大主因，而早期治疗可以有效减缓这一症状。机器视觉技术可以辨认出患者是否处于糖尿病视网膜病变早期，并能根据图片像素判断病情的发展程度

图 1-8 是肝脏及结节分割技术的影像分析结果。

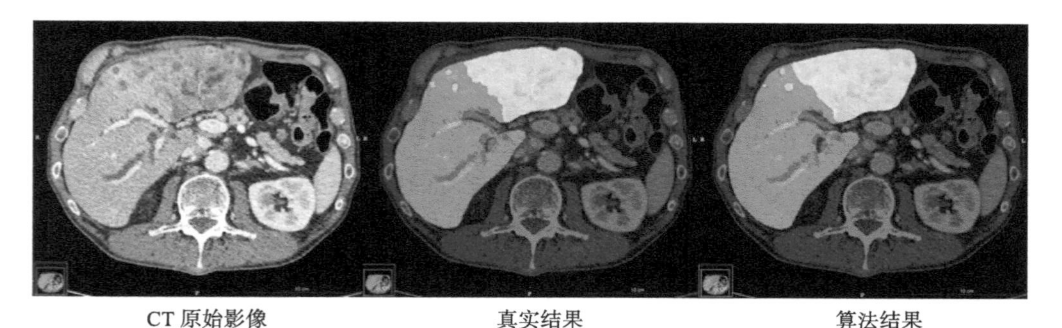

CT 原始影像　　真实结果　　算法结果

图 1-8　肝脏及结节分割技术

1.2.8　文字识别

计算机文字识别，俗称光学字符识别（Optical Character Recognition），是利用光学扫描技术将票据、报刊、书籍、文稿及其他印刷品的文字转化为图像信息，再利用文字识别技术将图像信息转化为可以使用的计算机输入技术。该技术可应用于如表 1-4 所示的这些场景中。

表 1-4　文字识别技术的应用场景

应用场景	说　　明
卡证类识别	如身份证、名片、行驶证、驾驶证、银行卡、营业执照、户口本、签证、房产证等证件类文字识别
票据类识别	定额发票、火车票、飞机票、出租车票等票据类文字识别
出版类识别	书籍、报刊等印刷物的识别
实体标识识别	道路指示牌识别（如图 1-9）、广告牌识别等

图片样本

编号	识别结果
1	明珠塔路
2	MingZhu ta
3	滨江大道
4	binjiang Ave
5	陆家嘴环路
6	Lujiazui Ring Rd
7	陆家嘴西路

检测效果

图 1-9　文字识别技术的应用场景

1.2.9　图像 / 视频的生成及设计

人工智能技术不仅可以对现有的图片、视频进行分析、编辑，还可以进行再创造。机器视觉技术可以快速、批量、自动化地进行图片设计，因此其可为企业大幅度节省设计人力成本。

人工智能可以从艺术作品中抽象出视觉模式，然后将这些模式应用于具有该作品的标志性特征的摄影图像的幻想再现。这些算法还可以将任何粗糙的涂鸦转换成令人印象深刻的绘画，看起来就像是由描绘真实世界模型的专家级人类艺术家创建的一样。人工智能技术可以手绘人脸的草图，并通过算法将其转化为逼真的图像；还可以指导计算机渲染任何图像，使其看起来好像是由特定人类艺术家以特定风格创作的一样；甚至可以对任何图像、图案图形和其他不在源头中的细节化腐朽为神奇。

1.3　本章小结

本章主要介绍了机器视觉的主要应用场景，目前绝大部分数字信息都是以图片或视频的形式存在的，若要对这些信息进行有效分析利用，则要依赖于机器视觉技术的发展，虽然目前已有的技术已经能够解决很多问题，但离解决所有问题还很遥远，因此机器视觉的应用前景还是非常广阔的。我们热切地期盼更多的读者投身到该领域，与我们一起探索图像数据的无尽潜力。

02 CHAPTER

第2章 图像识别前置技术

本章将主要讲解目前主流的深度学习平台、如何搭建本书推荐的开发环境以及图像识别的前置技术 Numpy。图像处理的大部分场景都需要将图像转换成向量（或者矩阵）以便于进行后续的图像识别处理。Numpy 包中提供了非常好的矩阵运算，因此，学习并掌握 Numpy，在后续的图像识别学习中会起到重要作用。

本章的要点具体如下。

- 深度学习平台概述。
- 搭建图像识别开发环境。
- Numpy 的使用详解。

2.1 深度学习框架

近几年，深度学习技术的大爆炸式发展，除了理论方面的突破外，还有基础架构的突破，这些都奠定了深度学习繁荣发展的基础。本节将对其中涌现出的几个著名的深度学习平台进行简要介绍。

2.1.1 Theano

Theano 是在 BSD 许可证下发布的一个开源项目，是由 LISA 集团（现 MILA）在加拿大魁北克的蒙特利尔大学开发的，其是以一位希腊数学家的名字命名的。

Theano 是一个 Python 库，可用于定义、优化和计算数学表达式，特别是多维数组（numpy.ndarray）。它的诞生是为了执行深度学习中的大规模神经网络算法，从本质上而言，Theano 可以被理解为一个数学表达式的编译器：用符号式语言定义程序员所需的结果，并且 Theano 可以高效地运行于 GPU 或 CPU 中。

在过去很长一段时间内，Theano是深度学习开发与研究的行业标准。而且，由于出身学界，它最初是为学术研究而设计的，这也导致深度学习领域的许多学者至今仍在使用Theano。但随着Tensorflow在Google的支持下强势崛起，Theano日渐式微，使用Theano的人也越来越少。这个转变的标志性事件是：创始者之一的Ian Goodfellow放弃Theano转而去Google开发Tensorflow了。

尽管Theano已退出历史舞台，但作为Python的第一个深度学习框架，它很好地完成了自己的使命，为深度学习研究人员的早期拓荒提供了极大的帮助，同时也为之后的深度学习框架的开发奠定了基本的设计方向：以计算图为框架的核心，采用GPU加速计算。

总结：对于深度学习新手，可以使用Theano来练手；但对于职业开发者，建议使用Tensorflow。

2.1.2　Tensorflow

2015年11月10日，Google宣布推出全新的机器学习开源工具Tensorflow。Tensorflow最初是由Google机器智能研究部门的Google Brain团队开发，基于Google 2011年开发的深度学习基础架构DistBelief构建起来的。Tensorflow是广泛使用的实现机器学习以及其他涉及大量数学运算的算法库之一。Google几乎在所有应用程序中都使用Tensorflow来实现机器学习。例如，如果你使用过Google照片或Google语音搜索，那么你就间接使用了Tensorflow模型。它们在大型Google硬件集群上工作，在感知任务方面，功能非常强大。

Tensorflow在很大程度上可以看作是Theano的后继者，不仅因为它们有很大一批共同的开发者，而且它们还拥有相近的设计理念：它们都是基于计算图实现自动微分系统。Tensorflow使用数据流图进行数值计算，图中的节点代表数学运算，图中的边则代表在这些节点之间传递的多维数组（tensor）。

Tensorflow编程接口支持Python和C++。随着1.0版本的公布，Java、Go、R和Haskell API的alpha版本也得到支持。此外，Tensorflow还可在Google Cloud和AWS中运行。Tensorflow还支持Windows 7、Windows 10和Windows Server 2016。由于Tensorflow使用C++ Eigen库，所以库可在ARM架构上进行编译和优化。这也就意味着用户可以在各种服务器和移动设备上部署自己的训练模型，而无须执行单独的模型解码器或者加载Python解释器。

作为当前最流行的深度学习框架，Tensorflow获得了极大成功，但在学习过程中读者需要注意下面这些问题。

- 由于Tensorflow的接口一直处于快速迭代之中，并且版本之间存在不兼容的问题，因此开发和调试过程中可能会出现一些问题（许多开源代码无法在新版的Tensorflow上运行）。

- 想要学习 Tensorflow 底层运行机制的读者需要做好准备，Tensorflow 在 GitHub 代码仓库的总代码量超过 100 万行，系统设计比较复杂，因此这将是一个漫长的过程。
- 代码层面，对于同一个功能，Tensorflow 提供了多种实现，这些实现良莠不齐，使用中还存在细微的区别，请读者注意，避免入坑。另外，Tensorflow 还创造了图、会话、命名空间、PlaceHolder 等诸多抽象概念，对普通用户来说可能会难以理解。

总结：凭借着 Google 强大的推广能力，Tensorflow 已经成为当今最为热门的深度学习框架，虽不完美但是最流行，目前，各公司使用的框架也不统一，读者有必要多学习几个流行框架以作为知识储备，Tensorflow 无疑是一个不错的选择。

项目地址：https://github.com/tensorflow/tensorflow。

2.1.3　MXNet

MXNet 是亚马逊（Amazon）的李沐带队开发的深度学习框架。它拥有类似于 Theano 和 Tensorflow 的数据流图，为多 GPU 架构提供了良好的配置，有着类似于 Lasagne 和 Blocks 的更高级别的模型构建块，并且可以在你想象的任何硬件上运行（包括手机）。对 Python 的支持只是其功能的冰山一角，MXNet 同样提供了对 R、Julia、C++、Scala、Matlab、Golang 和 Java 的接口。

MXNet 以其超强的分布式支持，明显的内存、显存优化为人所称道。同样的模型，MXNet 往往占用更小的内存和显存，并且在分布式环境下，MXNet 展现出了明显优于其他框架的扩展性能。

MXNet 的缺点是推广不给力及接口文档不够完善。MXNet 长期处于快速迭代的过程中，其文档却长时间未更新，这就导致新手用户难以掌握 MXNet，老用户则需要常常查阅源码才能真正理解 MXNet 接口的用法。

总结：MXNet 文档比较混乱导致其不太适合新手入门，但其分布性能强大，语言支持比较多，比较适合在云平台使用。

项目主页：https://mxnet.incubator.apache.org/。

2.1.4　Keras[⊖]

Keras 是一个高层神经网络 API，由纯 Python 语言编写而成，并使用 Tensorflow、Theano 及 CNTK 作为后端。Keras 为支持快速实验而生，能够将想法迅速转换为结果。Keras 应该是深度学习框架之中最容易上手的一个，它提供了一致而简洁的 API，能够极大地减少一般应用下用户的工作量，避免用户重复造轮子，而且 Keras 支持无缝 CPU 和 GPU

⊖ 参考文档：https://blog.csdn.net/abc13526222160/article/details/86495230#2.Keras。

的相互转换。

为了屏蔽后端的差异性，Keras 做了层层封装，导致用户在新增操作或是获取底层的数据信息时过于困难。同时，过度封装也使得 Keras 的程序过于缓慢，许多 bug 都隐藏于封装之中。另外就是学习 Keras 十分容易，但是很快就会遇到瓶颈，因为它缺少灵活性。另外，在使用 Keras 的大多数时间里，用户主要是在调用接口，很难真正学习到深度学习的内容。

总结：Keras 比较适合作为练习使用的深度学习框架，但是因为其过度的封装导致并不适合新手学习（无法理解深度学习的真正内涵），故不推荐。

项目主页：https://keras.io。

2.1.5 PyTorch

PyTorch 是一个 Python 优先的深度学习框架，能够在强大的 GPU 加速的基础上实现张量和动态神经网络。

PyTorch 是一个 Python 软件包，其提供了两种高层面的功能，具体如下。

1）使用强大的 GPU 加速的 Tensor 计算（类似于 Numpy）。

2）构建基于 tape 的 autograd 系统的深度神经网络。

3）活跃的社区：PyTorch 提供了完整的文档，循序渐进的指南，作者亲自维护论坛以供用户交流和求教问题。Facebook 人工智能研究院（FAIR）对 PyTorch 提供了强力支持，作为当今排名前三的深度学习研究机构，FAIR 的支持足以确保 PyTorch 获得持续的开发更新，而不至于像许多由个人开发的框架那样昙花一现。

如有需要，你也可以复用你喜欢的 Python 软件包（如 Numpy、scipy 和 Cython）来扩展 PyTorch。

相对于 Tensorflow，PyTorch 的一大优点是，它的图是动态的，而 Tensorflow 等都是静态图，不利于扩展。同时，PyTorch 非常简洁，方便使用。本书将选取 PyTorch 作为图像识别的主要实现框架。

总结：如果说 TensorFlow 的设计是“Make It Complicated”，Keras 的设计是“Make It Complicated And Hide It”，那么 PyTorch 的设计真正做到了“Keep it Simple，Stupid”。

项目地址：http://pytorch.org/。

2.1.6 Caffe

Caffe 是基于 C++ 语言编写的深度学习框架，作者是中国人贾扬清。它开放源码（具有 Licensed BSD），提供了命令行，以及 Matlab 和 Python 接口，清晰、可读性强、容易上手。

Caffe 是早期深度学习研究者使用的框架，由于很多研究人员在上面进行开发和优化，因此其现今也是流行的框架之一。Caffe 也存在不支持多机、跨平台、可扩展性差等问题。

初学者使用 Caffe 时还需要注意下面这些问题。

1）Caffe 的安装过程需要大量的依赖库，因此会涉及很多安装版本问题，初学者不易上手。

2）当用户想要实现一个新的层时，需要用 C++ 实现它的前向传播和反向传播代码，而如果想要新层运行在 GPU 之上，则需要同时使用 CUDA 实现这一层的前向传播和反向传播。

Caffe2 出自 Facebook 人工智能实验室与应用机器学习团队，但贾扬清仍是主要贡献者之一。Caffe2 在工程上做了很多优化，比如运行速度、跨平台、可扩展性等，它可以看作是 Caffe 更细粒度的重构，但在设计上，其实 Caffe2 与 TensorFlow 更像。目前代码已开源。

总结：至今工业界和学界仍有很多人在使用 Caffe，而 Caffe2 的出现为我们提供了更多的选择。

项目地址：Caffe：http://caffe.berkeleyvision.org/
Caffe2：https://caffe2.ai/

2.2　搭建图像识别开发环境

本节将带领读者一步一步安装开发环境，安装环境主要是由 Anaconda 与 PyTorch 组成。

2.2.1　Anaconda

要想使用 PyTorch，首先需要安装 Python。Python 可以在 https://www.python.org 上下载，当需要某个软件包时可单独进行下载并安装。本书推荐读者使用 Anaconda，Anaconda 是一个用于科学计算的 Python 发行版，支持 Linux、Mac、Windows 系统，能让你在数据科学的工作中轻松安装经常使用的程序包。Anaconda 的下载地址：https://www.anaconda.com/distribution/#download-section。

在介绍 Anaconda 之前首先提一下 Conda（2.2.2 节会详细介绍）。Conda 是一个工具，也是一个可执行命令，其核心功能是包的管理与环境管理，它支持多种语言，因此用其来管理 Python 包也是绰绰有余的。这里注意区分一下 conda 和 pip，pip 可以在任何环境中安装 Python 包，而 conda 则可以在 conda 环境中安装任何语言包。因为 Anaconda 中集合了 conda，因此可以直接使用 conda 进行包和环境的管理。

- 包管理：不同的包在安装和使用的过程中都会遇到版本匹配和兼容性等问题，在实际工程中经常会使用大量的第三方安装包，若人工手动进行匹配是非常耗时耗力的事情，因此包管理是非常重要的内容。
- 环境管理：用户可以使用 conda 来创建虚拟环境，其可以很方便地解决多版本 Python 并存、切换等问题。

本书在第2～7章的代码运行环境为macOS，下载的Anaconda对应的Python版本为3.7，如图2-1a所示；第8～12章的代码运行环境为Linux，下载的Anaconda对应的Python版本为2.7，如图2-1b所示。下载Anaconda之后，Windows和MacOS用户按照默认提示进行图形化安装即可，Linux用户可用命令行sh Anaconda2-x.x.x-Linux-x86_64.sh进行安装（由于Anaconda一直在更新，因此读者使用的版本号可能与书中的版本不一致，但问题不大）。

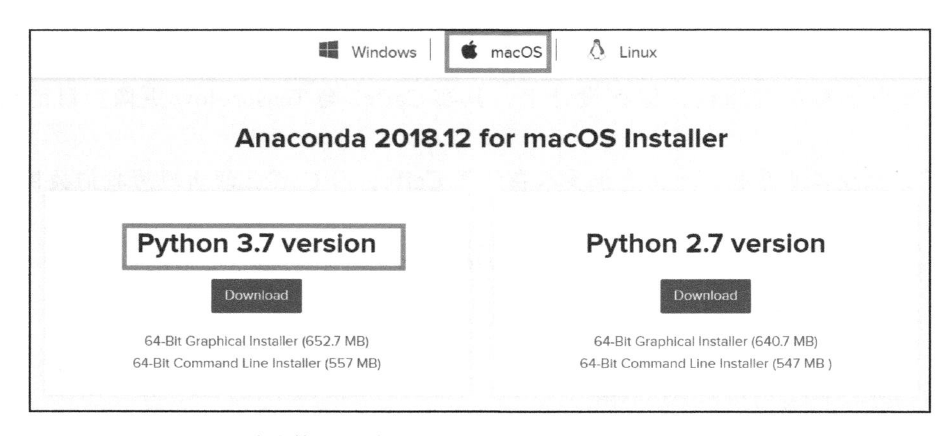

a）本书第2～7章Anaconda环境：MacOS、Python3.7

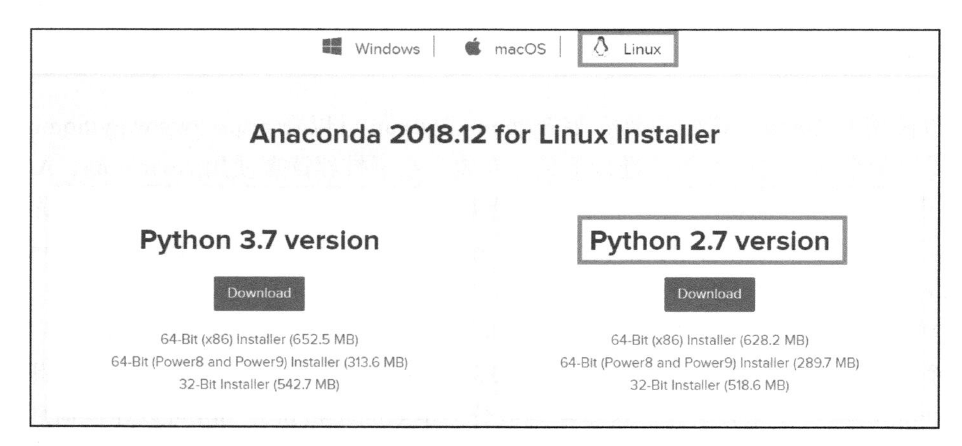

b）本书第8～12章Anaconda环境：Linux、Python2.7

图2-1　Anaconda的下载

Mac上安装完Anaconda之后，在应用程序界面里就能看到Anaconda Navigator的图标，点击运行之后就能看到如图2-2所示的界面，然后选Notebook，点击“Launch”按钮，浏览器中会出现如图2-3所示的画面。Windows可以从“开始”菜单中找到Anaconda，然后点击Jupyter Notebook运行。

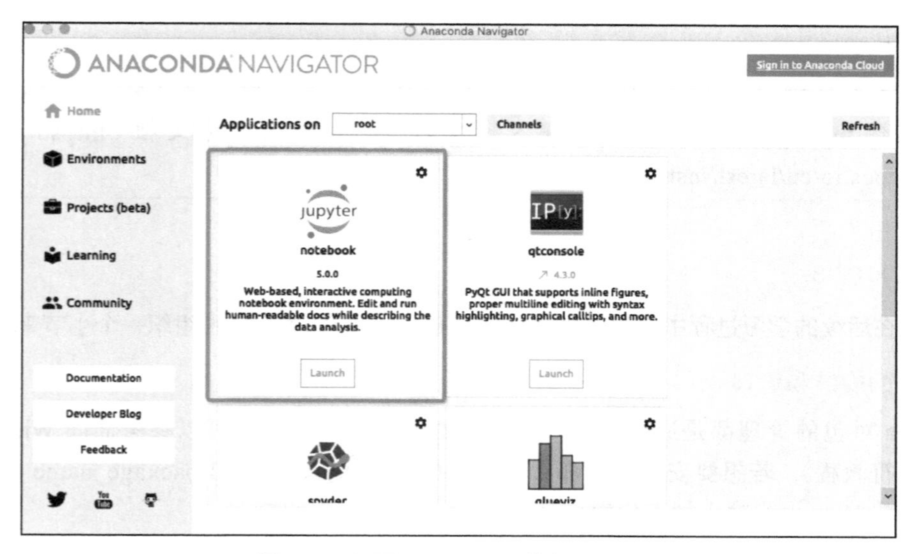

图 2-2　打开 Anaconda 进入 Jupyter

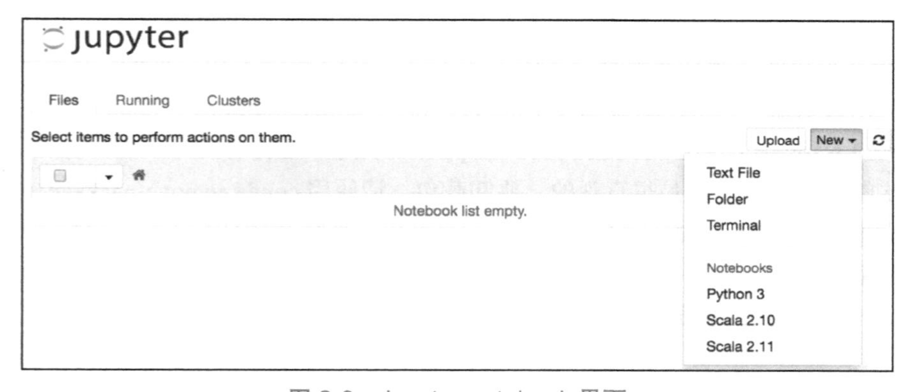

图 2-3　Jupyter notebook 界面

展开右上角菜单 New，选择 Python3，即可新建一个编写代码的页面，然后在网页窗口中的“In”区域输入“1+1”，最后按“Shift”+“Enter”键，我们会看到 Out 区域的显示为 2，这说明我们的 Anaconda 环境部署成功了，如图 2-4 所示。

```
In [6]: 1 + 1 #加法

Out[6]: 2
```

图 2-4　Anaconda 环境测试界面

JupyterNotebook 提供的功能之一就是可以使我们多次编辑 Cell（代码单元格），在实际开发当中，为了得到最好的效果，我们往往会对测试数据（文本）使用不同的技术进行解析与探索，因此 Cell 的迭代分析数据功能变得特别有用。

延伸学习：

本节主要介绍了 Anaconda 的基本概念和使用方法，如果读者需要对 Anaconda 中的组件 JupyterNotebook 进行更深入的了解，可以访问官方文档（https://jupyter.readthedocs.io/en/latest/install.html）。

2.2.2 conda

由于在后续的学习过程中，我们将多次用到 conda，因此本书单独组织一个小节来介绍它。

1. 包的安装和管理

conda 对包的管理都是通过命令行来实现的（Windows 用户可以参考面向 Windows 的命令提示符教程），若想要安装包，那么在终端中输入 conda install package_name 即可。例如，要安装 Numpy，输入如下代码：

```
conda install numpy
```

你可以同时安装多个包。类似 conda install numpy scipy pandas 的命令会同时安装所有这些包。你还可以通过添加版本号（例如，conda install numpy=1.10）来指定所需的包版本。

conda 还会自动为你安装依赖项。例如，scipy 依赖于 Numpy，如果你只安装 scipy（conda install scipy），则 conda 还会安装 Numpy（如果尚未安装的话）。

conda 的大多数命令都是很直观的。要卸载包，请使用 conda remove package_name；要更新包，请使用 conda update package_name。如果想更新环境中的所有包（这样做常常很有用），请使用 conda update --all。最后，要想列出已安装的包，请使用前面提过的 conda list。

如果不知道要找的包的确切名称，可以尝试使用 conda search search_term 进行搜索。例如，我想安装 Beautiful Soup，但我不清楚包的具体名称，可以尝试执行 conda search beautifulsoup，结果如图 2-5 所示。

```
Fetching package metadata .............
beautifulsoup4               4.4.0                py27_0  defaults
                             4.4.0                py34_0  defaults
                             4.4.1                py27_0  defaults
                             4.4.1                py34_0  defaults
                             4.4.1                py35_0  defaults
                             4.5.1                py27_0  defaults
                             4.5.1                py34_0  defaults
                             4.5.1                py35_0  defaults
                             4.5.1                py36_0  defaults
                             4.5.3                py27_0  defaults
                             4.5.3                py34_0  defaults
                             4.5.3                py35_0  defaults
                          *  4.5.3                py36_0  defaults
                             4.6.0                py27_0  defaults
                             4.6.0                py34_0  defaults
                             4.6.0                py35_0  defaults
                             4.6.0                py36_0  defaults
```

图 2-5 通过 conda 搜索 beautifulsoup

提示　conda 将几乎所有的工具，包括第三方包都当作 package 对待，因此 conda 可以打破包管理与环境管理的约束，从而能够更高效地安装各种版本的 Python 以及各种 package，并且切换起来也很方便。

2. 环境管理

除了管理包之外，conda 还是虚拟环境管理器。环境能让你分隔用于不同项目的包。在实际工作中常常需要使用依赖于某个库的不同版本的代码，例如，你的代码可能使用了 Numpy 中的新功能，或者使用了已删除的旧功能。实际上，不可能同时安装两个 Numpy 版本。你要做的就是，为每个 Numpy 版本创建一个环境，然后在对应的环境中工作。这里再补充一下，每一个环境都是相互独立、互不干预的。

我们在上文中提到过不同的章节需要不同的运行环境，下面举例说明：

```
# 创建第 2~7 章代码运行的环境：
conda create -n basic_env  python=3.7    # 创建一个名为 basic_env 的环境
source activate basic_env                # 激活这个环境——Linux 和 macOS 代码
activate basic_env                       # 激活这个环境——Windows 代码
# 创建第 8~12 章代码运行的环境：
conda create -n imgrecognition_env  python=3.7
                                         # 创建一个名为 imgrecognition _env 的环境
source activate imgrecognition _env      # 激活这个环境——Linux 和 macOS 代码
activate imgrecognition_env              # 激活这个环境——Windows 代码
```

2.2.3　Pytorch 的下载与安装

安装完 Anaconda 环境之后，我们已经有了 Python 的运行环境以及基础的数学计算库了，接下来，我们开始学习如何安装 PyTorch。首先，进入 PyTorch 的官方网站（https://pytorch.org），如图 2-6 所示。

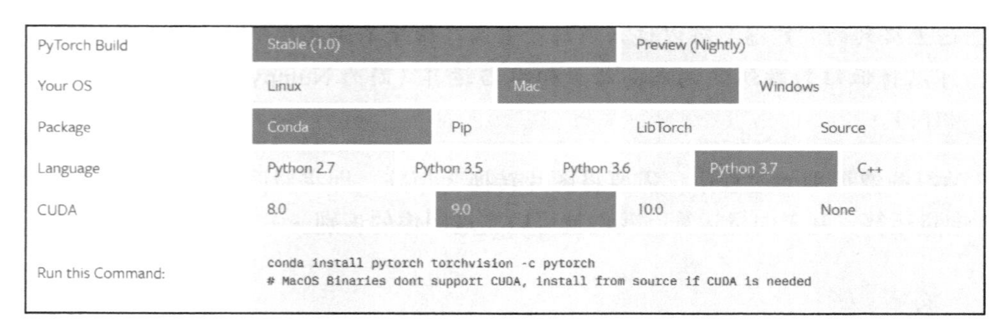

a）本书第 2～7 章代码运行环境对应的 pyTorch

图 2-6　PyTorch 安装界面

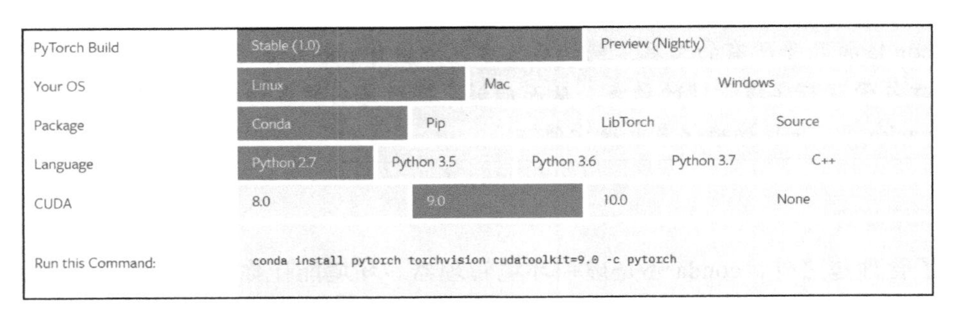

b）本书第 8～12 章代码运行环境对应的 pyTorch

图 2-6 （续）

按照系统提示，我们可以使用系统推荐的命令进行安装。值得注意的是，如果你的电脑没有支持的显卡进行 GPU 加速，那么 CUDA 这个选项就选择 None。本书使用的电脑并没有 GPU 加速的显卡，所以只介绍了非 GPU 的安装过程。

2.3 Numpy 使用详解

Numpy（Numerical Python 的简称）是高性能科学计算和数据分析的基础包，其提供了矩阵运算的功能。Numpy 提供的主要功能具体如下。

- ndarray——一个具有向量算术运算和复杂广播能力的多维数组对象。
- 用于对数组数据进行快速运算的标准数学函数。
- 用于读写磁盘数据的工具以及用于操作内存映射文件的工具。
- 非常有用的线性代数，傅里叶变换和随机数操作。
- 用于集成 C /C++ 和 Fortran 代码的工具。

除了明显的科学计算用途之外，Numpy 还可以用作通用数据的高效多维容器，定义任意的数据类型。这些都使得 Numpy 能够无缝、快速地与各种数据库集成。

这里提到的“广播”可以这么理解：当两个维度不同的数组（array）运算的时候，可以将低维的数组复制成高维数组参与运算（因为 Numpy 运算的时候需要结构相同）。

在学习图像识别的过程中，需要将图片转换为矩阵。即将对图片的处理简化为向量空间中的向量运算。基于向量运算，我们就可以实现图像的识别。

2.3.1 创建数组

现在就来关注下 Numpy 中的一些核心知识点。在 Numpy 中，最核心的数据结构是 ndarray, ndarray 代表的是多维数组，数组指的是数据的集合。为了方便理解，我们下面列举一个小例子。

一个班级里学生的学号可以通过一维数组来表示，数组名为 a，数组 a 中存储的是数值类型的数据，分别是 1，2，3，4。

索引	学号
0	1
1	2
2	3
3	4

其中，a[0] 代表的是第一个学生的学号 1，a[1] 代表的是第二个学生的学号 2，以此类推。

一个班级里学生的学号和姓名，可以用二维数组来表示，数组名为 b。

1	Tim
2	Joey
3	Johnny
4	Frank

类似的，其中 b[0,0] 代表的就是 1（学号），b[0,1] 代表的就是 Tim（学号为 1 的学生的名字），以此类推 b[1,0] 代表的是 2（学号）等。

借用线性代数的说法，一维数组通常称为向量（vector），二维数组通常称为矩阵（matrix）。

当我们安装完 Anaconda 之后，默认情况下 Numpy 已经在库中了，所以不需要额外安装。下面我们来写一些语句简单测试下 Numpy 库。

1）在 Anaconda 的 Notebook 里输入 import numpy as np 之后，通过键盘按住 Shift+Enter 执行，如果没有报错，则说明 Numpy 已被正常引入，如图 2-7 所示。

```
In [1]: import numpy as np
```

图 2-7　在 Notebook 中引入 Numpy

稍微解释下这条语句：通过 import 关键字将 Numpy 库引入，然后通过 as 为其取一个别名 np，别名的作用是为了便于后续引用。

2）Numpy 中的 array() 可以直接导入向量，代码如下：

```
vector = np.array([1,2,3,4])
```

3）numpy.array() 方法也可以导入矩阵，代码如下：

```
matrix = np.array([[1,'Tim'],[2,'Joey'],[3,'Johnny'],[4,'Frank']])
```

轮到你来：

首先定义一个向量，然后分配一个变量名 vector；定义一个矩阵，然后分配给变量 matrix；最后通过 Python 中的 print 方法在 Notebook 中打印出结果。

2.3.2 创建 Numpy 数组

我们可以通过创建 Python 列表（list）的方式来创建 Numpy 矩阵，比如输入 nparray = np.array([i for i in range(10)])，可以看到返回的结果是 array([0, 1, 2, 3, 4, 5, 6, 7, 8, 9])。同样，也可以通过 Python 列表的方式来修改值，比如输入 nparray[0] = 10，再来观察 nparray 的向量内容就会发现返回的结果是 array([10, 1, 2, 3, 4, 5, 6, 7, 8, 9])。

Numpy 数组还封装了其他方法来创建矩阵。首先，我们介绍第一个方法 np.zeros（从命名规则来看，这个方法就是用来创建数值都为 0 的向量），比如，我们输入：

```
a = np.zeros(10)
```

可以看到结果为：

```
array([ 0.,  0.,  0.,  0.,  0.,  0.,  0.,  0.,  0.,  0.])
```

从上述结果可以看出，每一个 0 后面都有一个小数点，调用 a.dtype 会发现我们创建的这个向量的类型为 dtype(‘float64’)。值得注意的是：在大部分图像识别算法开发中，我们使用的都是 float64 这个类型。如果希望在创建 Numpy 矩阵的时候强制规定一种类型，那么我们可以使用以下代码：

```
np.zeros(10,dtype=int)
```

这样，返回的结果在矩阵中的数据就都是整型 0 了。介绍完使用 zeros 方法创建向量之后，再来看看如何创建一个多维矩阵。我们可以使用传入元组的方式，代码如下：

```
np.zeros(shape=(3,4)) #代表创建的是三行四列的矩阵并且其数据类型为 float64
```

返回的结果为：

```
array([[ 0.,  0.,  0.,  0.],
       [ 0.,  0.,  0.,  0.],
       [ 0.,  0.,  0.,  0.]])
```

与 np.zeros 方法相似的还有 np.ones 方法，顾名思义，np.ones 方法创建的矩阵的数值都为 1。我们来举个例子：

```
np.ones((3,4))
```

返回的结果如下：

```
array([[ 1.,  1.,  1.,  1.],
       [ 1.,  1.,  1.,  1.],
       [ 1.,  1.,  1.,  1.]])
```

读者可能会比较好奇，既然我们可以创建数值全为 0 的矩阵，也可以创建数值全为 1 的矩阵，那么 Numpy 是否提供了一个方法可以让我们自己指定值呢？答案是肯定的，这个方法就是 np.full 方法，我们来看一个例子，代码如下：

```
np.full((3,5),121) #这个方法的意思是我们创建了一个三行五列的矩阵，默认值为 121
```

返回的结果是：

```
array([[121, 121, 121, 121, 121],
       [121, 121, 121, 121, 121],
       [121, 121, 121, 121, 121]])
```

我们也可以使用 np.arange 方法来创建 Numpy 的矩阵。示例代码如下：

```
np.arange(0,20,2)  #arange 接收三个参数，与 Python 中的 range 方法相似，arange 也是前闭
    后开的方法，第一个参数为向量的第一个值 0，第二个参数为最后一个值 20，因为是后开所以取的是
    18，第三个参数为步长，默认为 1，本例中设置为 2，所以最后一个值是 18。
```

返回的结果是：

```
array([ 0,  2,  4,  6,  8, 10, 12, 14, 16, 18])
```

我们可以使用 np.linspace 方法（前闭后闭）来对 Numpy 矩阵进行等分，比如将 0～10 等分为 5 份的代码如下：

```
np.linspace(0,10,5)
```

返回的结果是：

```
array([  0. ,   2.5,   5. ,   7.5,  10. ])
```

下面通过几个例子再来看看在 Numpy 矩阵中如何生成随机数矩阵。

1）生成一个长度为 10 的向量，里面每一个数值都是介于 0～10 之间的整数，代码如下：

```
import numpy as np
np.random.randint(0,10,10)
```

2）如果不确定每个参数代表的意思，则加上参数名 size，代码如下：

```
np.random.randint(0,5,size=5)  #注意是前闭后开，永远取不到 5
```

3）我们也可以生成一个三行五列的整数矩阵，代码如下

```
np.random.randint(4,9,size=(3,5))
```

4）seed 的作用：如果不希望每次生成的随机数都不固定，那么我们可以使用

np.random.seed(1)，随机种子使用数字 1 记录，这以后只要是用随机种子 1 生成的随机数就都是固定的。

5）我们也可以生成介于 0～1 之间的浮点数的向量或者矩阵，代码如下：

```
np.random.random(10)          # 生成 0~1 之间的浮点数，向量的长度为 10
np.random.random((2,4))       # 生成 0~1 之间的浮点数，二行四列的矩阵
```

6）np.random.normal() 表示的是一个正态分布，normal 在这里是正态的意思。numpy.random.normal(loc=0,scale=1,size=shape) 的意义如下。

- 参数 loc(float)：正态分布的均值，对应这个分布的中心。loc=0 说明这是一个以 Y 轴为对称轴的正态分布。
- 参数 scale(float)：正态分布的标准差，对应分布的宽度，scale 越大，正态分布的曲线越矮胖，scale 越小，曲线越高瘦。
- 参数 size(int 或者整数元组)：输出的值赋在 shape 里，默认为 None。

2.3.3 获取 Numpy 属性

首先，我们通过 Numpy 中的一个方法 arange(*n*)，生成 0 到 *n*–1 的数组。比如，我们输入 np.arange(15)，可以看到返回的结果是 `array([ 0, 1, 2, 3, 4, 5, 6, 7, 8, 9, 10, 11, 12, 13, 14])`。

然后，再通过 Numpy 中的 reshape(row,column) 方法，自动构架一个多行多列的 array 对象。比如，我们输入：

```
a = np.arange(15).reshape(3,5)          # 代表 3 行 5 列
```

可以看到结果：

```
array([[ 0,  1,  2,  3,  4],
       [ 5,  6,  7,  8,  9],
       [10, 11, 12, 13, 14]])
```

有了基本数据之后，我们就可以通过 Numpy 提供的 shape 属性获取 Numpy 数组的行数与列数，示例代码如下：

```
print(a.shape)
```

可以看到返回的结果是一个元组（tuple)，第一个 3 代表的是 3 行，第二个 5 代表的是 5 列：

```
(3, 5)
```

轮到你来：

使用 arange 和 reshape 方法自定义一个 Numpy 数组，最后通过 Python 中的 print 方法打印出数组的 shape 值（返回的应该是一个元组类型）。

我们可以通过 .ndim 来获取 Numpy 数组的维度，示例代码如下：

```
importnumpy as np
x = np.arange(15)
print(x.ndim)                    # 输出 x 向量的维度，这时能看到的维度是 1 维
X = x.reshape(3,5)               # 将 x 向量转为三行五列的二维矩阵
Print(X.ndim)                    # 输出 X 矩阵的维度，这时能看到的维度是 2 维
```

reshape 方法的特别用法

如果只关心需要多少行或者多少列，其他由计算机自己来算，那么这个时候我们可以使用如下方法：

```
x.reshape(15,-1)  # 我关心的是我只要 15 行，列由计算机自己来算
x.reshape(-1,15)  # 我关心的是我只要 15 列，行由计算机自己来算
```

2.3.4 Numpy 数组索引

Numpy 支持类似 list 的定位操作，示例代码如下：

```
import numpy as np
matrix = np.array([[1,2,3],[20,30,40]])
print(matrix[0,1])
```

得到的结果是 2。

上述代码中的 matrix[0,1]，0 代表的是行，在 Numpy 中，0 代表起始的第一个，所以取的是第 1 行，之后的 1 代表的是列，所以取的是第 2 列。那么，最后的输出结果是取第一行第二列，也就是 2 这个值了。

2.3.5 切片

Numpy 支持类似 list 的切片操作，示例代码如下：

```
import numpy as np
matrix = np.array([
[5, 10, 15],
 [20, 25, 30],
 [35, 40, 45]
 ])
print(matrix[:,1])
print(matrix[:,0:2])
print(matrix[1:3,:])
print(matrix[1:3,0:2])
```

上述的 print(matrix[:,1]) 语法代表选择所有的行，而且列的索引是 1 的数据，因此返回的结果是 10，25，40。

print(matrix[:,0:2]) 代表的是选取所有的行，而且列的索引是 0 和 1 的数据。

print(matrix[1:3,:]) 代表的是选取所有的列，而且行的索引值是 1 和 2 的数据。

print(matrix[1:3,0:2]) 代表的是选取行的索引是 1 和 2，而且列的索引是 0 和 1 的所有数据。

2.3.6 Numpy 中的矩阵运算

矩阵运算（加、减、乘、除），在本书中将严格按照数学公式来进行演示，即两个矩阵的基本运算必须具有相同的行数与列数。本例只演示两个矩阵相减的操作，其他的操作读者可以自行测试。示例代码如下：

```
import numpy as np
myones = np.ones([3,3])
myeye = np.eye(3)          # 生成一个对角线的值为 1，其余值都为 0 的三行三列矩阵
print(myeye)
print(myones-myeye)
```

输出结果如下：

```
[[ 1.  0.  0.]
 [ 0.  1.  0.]
 [ 0.  0.  1.]]
[[ 0.  1.  1.]
 [ 1.  0.  1.]
 [ 1.  1.  0.]]
```

提示　numpy.eye(N, M=None, k=0, dtype=<type ‘float’>) 中第一个参数输出矩阵（行数＝列数），第三个参数默认情况下输出的是对角线的值全为 1，其余值全为 0。

除此之外，Numpy 还预置了很多函数，使用这些函数可以作用于矩阵中的每个元素。下面我们来看下表 2-1。

表 2-1　Numpy 预置函数及说明

矩阵函数	说　明
np.sin(a)	对矩阵 a 中的每个元素取正弦，sin(x)
np.cos(a)	对矩阵 a 中的每个元素取余弦，cos(x)
np.tan(a)	对矩阵 a 中的每个元素取正切，tan(x)
np.sqrt(a)	对矩阵 a 中的每个元素开根号 $\sqrt{x}$
np.abs(a)	对矩阵 a 中的每个元素取绝对值

（1）矩阵之间的点乘

矩阵真正的乘法必须满足第一个矩阵的列数等于第二个矩阵的行数，矩阵乘法的函数为 dot。示例代码如下：

```
import numpy as np
```

```
mymatrix = np.array([[1,2,3],[4,5,6]])
a = np.array([[1,2],[3,4],[5,6]])
print(mymatrix.shape[1] == a.shape[0])
print(mymatrix.dot(a))
```

其输出结果如下：

```
[[22 28]
 [49 64]]
```

上述示例代码的原理是将 mymatrix 的第一行 [1,2,3] 与 a 矩阵的第一列 [1,3,5] 相乘然后相加，接着将 mymatrix 的第一行 [1,2,3] 与 a 矩阵的第二列 [2,4,6] 相乘然后相加，以此类推。

（2）矩阵的转置

矩阵的转置是指将原来矩阵中的行变为列。示例代码如下：

```
import numpy as np
a = np.array([[1,2,3],[4,5,6]])
print(a.T)
```

输出结果如下：

```
[[1 4]
 [2 5]
 [3 6]]
```

（3）矩阵的逆

需要首先导入 numpy.linalg，再用 linalg 的 inv 函数来求逆，矩阵求逆的条件是矩阵的行数和列数必须是相同的。示例代码如下：

```
import numpy as np
import numpy.linalg as lg
A = np.array([[0,1],[2,3]])
invA = lg.inv(A)
print(invA)
print(A.dot(invA))
```

输出结果如下：

```
[[-1.5  0.5]
[ 1.   0. ]]
```

逆矩阵就是，原矩阵 A.dot(invA) 以及逆矩阵 invA.dot(A) 的结果都为单位矩阵。并不是所有的矩阵都有逆矩阵。

2.3.7　数据类型转换

Numpy ndarray 数据类型可以通过参数 dtype 进行设定，而且还可以使用参数 astype 来转换类型，在处理文件时该参数会很实用。注意，astype调用会返回一个新的数组，也就是原始数据的备份。

比如，将String转换成float。示例代码如下：

```
vector = numpy.array(["1", "2", "3"])
vector = vector.astype(float)
```

> 注意　在上述例子中，如果字符串中包含非数字类型，那么从string转换成float就会报错。

2.3.8　Numpy的统计计算方法

NumPy内置了很多计算方法，其中最重要的统计方法及说明具体如下。

- sum()：计算矩阵元素的和；矩阵的计算结果为一个一维数组，需要指定行或者列。
- mean()：计算矩阵元素的平均值；矩阵的计算结果为一个一维数组，需要指定行或者列。
- max()：计算矩阵元素的最大值；矩阵的计算结果为一个一维数组，需要指定行或者列。
- mean()：计算矩阵元素的平均值。
- median()：计算矩阵元素的中位数。

需要注意的是，用于这些统计方法的数值类型必须是int或者float。

数组示例代码如下：

```
vector = numpy.array([5, 10, 15, 20])
vector.sum()
```

得到的结果是50

矩阵示例代码如下：

```
matrix=
array([[ 5, 10, 15],
       [20, 10, 30],
       [35, 40, 45]])
matrix.sum(axis=1)
array([ 30,  60, 120])
matrix.sum(axis=0)
array([60, 60, 90])
```

如上述例子所示，axis = 1计算的是行的和，结果以列的形式展示。axis = 0计算的是列的和，结果以行的形式展示。

延伸学习：

官方推荐教程（https://docs.scipy.org/doc/numpy-dev/user/quickstart.html）是不错的入门选择。

2.3.9　Numpy 中的 arg 运算

argmax 函数就是用来求一个 array 中最大值的下标。简单来说，就是最大的数所对应的索引（位置）是多少。示例代码如下：

```
index2 = np.argmax([1,2,6,3,2])          #返回的是 2
```

argmin 函数可用于求一个 array 中最小值的下标，用法与 argmax 类似。示例代码如下：

```
index2 = np.argmin([1,2,6,3,2]) #返回的是 0
```

下面我们来探索下 Numpy 矩阵的排序和如何使用索引，示例代码如下：

```
import numpy as np
x = np.arange(15)
print(x)   # array([ 0,  1,  2,  3,  4,  5,  6,  7,  8,  9, 10, 11, 12, 13, 14])
np.random.shuffle(x)          #随机打乱
print(x)   # array([ 8, 13, 12,  3,  9,  2, 10,  0, 11,  5, 14,  7,  1,  4,  6])
sx = np.argsort(x)            #从小到大排序，返回索引值
print(sx) # [ 7 12  5  3 13  9 14 11  0  4  6  8  2  1 10]
```

这里简单解释一下，第一个元素 7 代表的是 x 向量中的 0 的索引地址，第二个元素 12 代表的是 x 向量中的 1 的索引地址，其他元素以此类推。

2.3.10　FancyIndexing

要索引向量中的一个值是比较容易的，比如通过 x[0] 来取值。但是，如果想要更复杂地取数，比如，需要返回第 3 个、第 5 个以及第 8 个元素时，应该怎么办？示例代码如下：

```
import numpy as np
x = np.arange(15)
ind = [3,5,8]
print(x[ind]) #使用 fancyindexing 就可以解决这个问题
```

我们也可以从一维向量中构成新的二维矩阵，示例代码如下：

```
import numpy as np
x = np.arange(15)
np.random.shuffle(x)
ind = np.array([[0,2],[1,3]])  #第一行需要取 x 向量中索引为 0 的元素，以及索引为 2 的元素，
                                第二行需要取 x 向量中索引为 1 的元素以及索引为 3 的元素
print(x)
print(x[ind])
```

我们来看下输出结果很容易就能明白了：

```
[ 3  2  7 12  9 13 11 14 10  5  4  1  6  8  0]
[[ 3  7]
 [ 2 12]]
```

对于二维矩阵，我们使用 fancyindexing 取数也是比较容易的，示例代码如下：

```
import numpy as np
x = np.arange(16)
X = x.reshape(4,-1)
row = np.array([0,1,2])
col = np.array([1,2,3])
print(X[row,col])          # 相当于取三个点，分别是 (0,1),(1,2),(2,3)
print(X[1:3,col])          # 相当于取第 2、3 行，以及需要的列
```

2.3.11　Numpy 数组比较

Numpy 有一个强大的功能是数组或矩阵的比较，数据比较之后会产生 boolean 值。示例代码如下：

```
import numpy as np
matrix = np.array([
 [5, 10, 15],
[20, 25, 30],
[35, 40, 45]
])
m = (matrix == 25)
print(m)
```

我们看到输出的结果如下：

```
[[False False False]
 [False  True False]
 [False False False]]
```

下面再来看一个比较复杂的例子，示例代码如下：

```
import numpy as np
matrix = np.array([
[5, 10, 15],
[20, 25, 30],
[35, 40, 45]
 ])
second_column_25 =  (matrix[:,1] == 25)
print(second_column_25)
print(matrix[second_column_25, :])
```

上述代码中，print(second_column_25) 输出的是 [False, True False]，首先 matrix[:,1] 代表的是所有的行，以及索引为 1 的列，即 [10,25,40]，最后与 25 进行比较，得到的就是 [False, True, False]。print(matrix[second_column_25, :]) 代表的是返回 true 值的那一行数据，即 [20, 25, 30]。

> 注意　上述的示例是单个条件，Numpy 也允许我们使用条件符来拼接多个条件，其中“&”代表的是“且”，“|”代表的是“或”。比如，vector=np.array([5,10,11,12]), equal_to_five_and_ten = (vector == 5) & (vector == 10) 返回的都是 false，如果是 equal_to_five_or_ten = (vector == 5) | (vector == 10)，则返回的是 [True,True,False,False]。

比较之后，我们就可以通过 np.count_nonzero(x<=3) 来计算小于等于 3 的元素个数了，1 代表 True，0 代表 False。也可以通过 np.any(x == 0)，只要 x 中有一个元素等于 0 就返回 True。np.all(x>0) 则需要所有的元素都大于 0 才返回 True。这一点可以帮助我们判断 x 里的数据是否满足一定的条件。

2.4　本章小结

工欲善其事，必先利其器。本章主要讲述了让图像识别工作变得更高效的一些“利器”，如使用 Anaconda 快速构建开发环境，以及如何使用 Numpy 进行科学计算等。需要提醒读者的是，应重点关注 Numpy，因为在一些具体任务上，在开始时通常都需要将图片存储于 Numpy 矩阵中以进行相应的计算，比如后续章节讲到的 KNN 算法，就需要通过 Numpy 的科学运算来计算每张测试样本图与训练图之间的距离。此外，由于篇幅限制，无法逐一对诸如 Pandas、Matplotlib 等常用的 Python 库进行介绍，希望读者自行查找相关资料。另外，还有一点值得注意的是，在入门图像识别之前，读者需有一定的 Python 基础。

CHAPTER 03

第 3 章

图像分类之 KNN 算法

本章将讲解一种最简单的图像分类算法，即 K- 最近邻算法（K-NearestNeighbor，KNN）。KNN 算法的思想非常简单，其涉及的数学原理知识也很简单。本章希望以 KNN 容易理解的算法逻辑与相对容易的 Python 实现方式帮助读者快速构建一个属于自己的图像分类器。

本章的要点具体如下。

- KNN 的基本介绍。
- 机器学习中 KNN 的实现方式。
- KNN 实现图像分类。

3.1 KNN 的理论基础与实现

3.1.1 理论知识

KNN 被翻译为最近邻算法，顾名思义，找到最近的 k 个邻居，在前 k 个最近样本（k 近邻）中选择最近的占比最高的类别作为预测类别。如果觉得这句话不好理解，那么我们可以通过一个简单示例（如图 3-1 所示）来进一步说明。

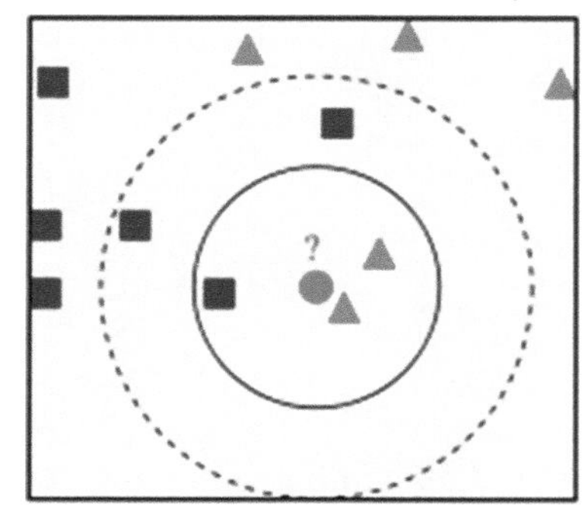

图 3-1 KNN 例子图片

绿色圆（待预测的）要被赋予哪个类，是红色三角形还是蓝色四方形？如果 k=3（实线所表示的圆），由于红色三角形所占比例为 2/3，大于蓝色四方形所占的比例 1/3，那么绿色圆将被赋予红色三角形那个类。如果 k=5（虚线所表示的圆），由于蓝色四方形的比例为 3/5 大于红色三角形所占的比例 2/5，那么绿色圆被赋予蓝色四方形类。

通过上述这个例子，我们可以简单总结出 KNN 算法的计算逻辑。

1）给定测试对象，计算它与训练集中每个对象的距离。

2）圈定距离最近的 k 个训练对象，作为测试对象的邻居。

3）根据这 k 个近邻对象所属的类别，找到占比最高的那个类别作为测试对象的预测类别。

在 KNN 算法中，我们发现有两个方面的因素会影响 KNN 算法的准确度：一个是计算测试对象与训练集中各个对象的距离，另一个因素就是 k 的选择。

这里先着重讲一下距离度量，后面的小节中我们将着重讲述如何选择 k（超参数调优）。对于距离度量，一般使用两种比较常见的距离公式计算距离：曼哈顿距离和欧式距离。

（1）曼哈顿距离（Manhattan distance）

假设先只考虑两个点，第一个点的坐标为 (x_1, y_1)，第二个点的坐标为 (x_2, y_2)，那么，它们之间的曼哈顿距离就是 $|x_1-x_2|+|y_1-y_2|$。

（2）欧式距离（Euclidean Metric）

以空间为基准的两点之间的最短距离。还是假设只有两个点，第一个点的坐标为 (x_1, y_1)，第二个点的坐标为 (x_2, y_2)，那么它们之间的欧式距离就是 $\sqrt{(x_1-x_2)^2+(y_1-y_2)^2}$。

3.1.2　KNN 的算法实现

3.1.1 节简单讲解了 KNN 的核心思想以及距离度量，为了方便读者理解，接下来我们使用 Python 实现 KNN 算法。

本书使用的开发环境（开发环境的安装已经在第 2 章中介绍过）是 Pycharm 和 Anaconda。

首先，我们打开 Pycharm，新建一个 Python 项目，创建演示数据集，输入如下代码：

```
import numpy as np
import matplotlib.pyplot as plt
## 给出训练数据以及对应的类别
def createDataSet():
    group = np.array([[1.0,2.0],[1.2,0.1],[0.1,1.4],[0.3,3.5],[1.1,1.0],[0.5,1.5]])
    labels = np.array(['A','A','B','B','A','B'])
    return group,labels
if __name__=='__main__':
    group,labels = createDataSet()
    plt.scatter(group[labels=='A',0],group[labels=='A',1],color = 'r', marker='*')
                    # 对于类别为 A 的数据集我们使用红色六角形表示
    plt.scatter(group[labels=='B',0],group[labels=='B',1],color = 'g', marker='+')
                    # 对于类别为 B 的数据集我们使用绿色十字形表示
    plt.show()
```

下面，我们对这段代码做一个详细的介绍，createDataSet 用于创建训练数据集及其对应的类别，group 对应的是二维训练数据集，分别对应 x 轴和 y 轴的数据。labels 对应的是训练集的标签（类别），比如，[1.0, 2.0] 这个数据对应的类别是“A”。

我们使用 Matplotlib 绘制图形，使读者能够更加直观地查看训练集的分布，其中 scatter 方法是用来绘制散点图的。关于 Matplotlib 库的用法（如果读者还不是很熟悉的话）可以参阅 Matplotlib 的基本用法。训练集的图形化展示效果如图 3-2 所示，对于类别为 A 的数据集我们使用红色五角形表示，对于类别为 B 的数据集我们使用绿色十字形表示，观察后可以发现，绿色十字形比较靠近屏幕的左侧；红色五角形比较靠近屏幕的右侧。

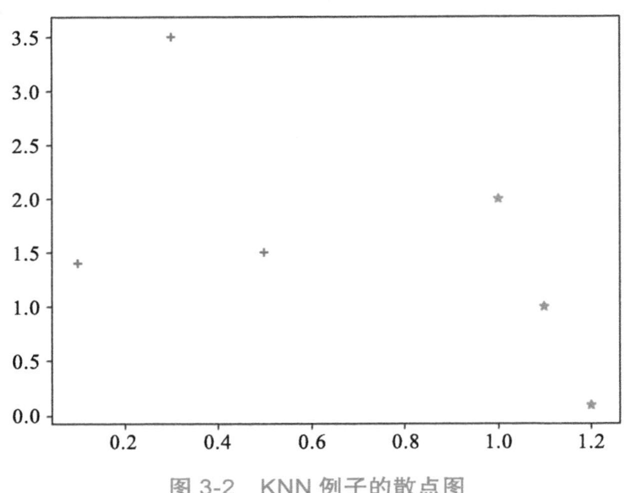

图 3-2　KNN 例子的散点图

通过 Matplotlib，读者可以很直观地分辨出左边部分的数据更倾向于绿色十字点，而右边的数据则更倾向于红色五角形点。

接下来我们看一下如何使用 Python（基于欧式距离）实现一个属于我们自己的 KNN 分类器。示例代码如下：

```
def kNN_classify(k,dis,X_train,x_train,Y_test):
    assert dis == 'E' or dis == 'M', 'dis must E or M,E代表欧式距离,M代表曼哈顿距离'
    num_test = Y_test.shape[0]                          # 测试样本的数量
    labellist = []
    '''
   使用欧式距离公式作为距离度量
    '''
    if (dis == 'E'):
        for i in range(num_test):
            # 实现欧式距离公式
            distances = np.sqrt(np.sum(((X_train - np.tile(Y_test[i], (X_train.
                shape[0], 1))) ** 2), axis=1))
            nearest_k = np.argsort(distances) # 距离由小到大进行排序，并返回index值
            topK = nearest_k[:k]                        # 选取前k个距离
            classCount = {}
            for i in topK:                              # 统计每个类别的个数
                classCount[x_train[i]] = classCount.get(x_train[i],0) + 1
            sortedClassCount = sorted(classCount.items(),key=operator.
                itemgetter(1),reverse=True)
            labellist.append(sortedClassCount[0][0])
        return np.array(labellist)
# 使用曼哈顿公式作为距离度量
# 读者自行补充完成
```

轮到你来：

尝试模仿上述代码，通过对曼哈顿距离的理解实现曼哈顿距离度量的 Python 版本。

下面我们来测试下 KNN 算法的效果，输入如下代码：

```
if __name__ == '__main__':
    group, labels = createDataSet()
    y_test_pred = kNN_classify(1, 'E', group, labels, np.array([[1.0,2.1],[0.4,2.0]]))
    print(y_test_pred)            # 打印输出 ['A' 'B']，和我们的判断是相同的
```

需要注意的是，我们在输入测试集的时候，需要将其转换为 Numpy 的矩阵，否则系统会提示传入的参数是 list 类型，没有 shape 的方法。

3.2　图像分类识别预备知识

3.2.1　图像分类

首先，我们来看一下什么是图像分类问题。所谓的图像分类问题就是将已有的固定的分类标签集合中最合适的标签分配给输入的图像。下面通过一个简单的小例子来解释下什么是图像分类模型，以图 3-3 所示的猫的图片为例，图像分类模型读取该图片，并生成该图片属于集合 {cat, dog, hat, mug} 中各个标签的概率。需要注意的是，对于计算机来说，图像是一个由数字组成的巨大的三维数组。在这个猫的例子中，图像的大小是宽 248 像素，高 400 像素，有 3 个颜色通道，分别是红、绿和蓝（简称 RGB）。如此，该图像就包含了 248×400×3=297 600 个数字，每个数字都是处于范围 0～255 之间的整型，其中 0 表示黑，255 表示白。我们的任务就是将上百万的数字解析成人类可以理解的标签，比如“猫”。[1]

图 3-3　电脑看到的图片均为 0～255 的数字[⊖]

⊖ 图片引用自 C5231N。

图像分类的任务就是预测一个给定的图像包含了哪个分类标签（或者给出属于一系列不同标签的可能性）。图像是三维数组，数组元素是取值范围从 0～255 的整数。数组的尺寸是宽度 × 高度 ×3，其中 3 代表的是红、绿、蓝 3 个颜色通道。

3.2.2　图像预处理

在开始使用算法进行图像识别之前，良好的数据预处理能够很快达到事半功倍的效果。图像预处理不仅可以使得原始图像符合某种既定规则以便于进行后续的处理，而且可以帮助去除图像中的噪声。在后续讲解神经网络的时候我们还会了解到，数据预处理还可以帮助减少后续的运算量以及加速收敛。常用的图像预处理操作包括归一化、灰度变换、滤波变换以及各种形态学变换等，随着深度学习技术的发展，一些预处理方式已经融合到深度学习模型中，由于本书的重点放在深度学习的讲解上，因此这里只重点讲一下归一化。

归一化可用于保证所有维度上的数据都在一个变化幅度上。比如，在预测房价的例子中，假设房价由面积 s 和卧室数 b 决定，面积 s 在 0～200 之间，卧室数 b 在 0～5 之间，进行归一化的一个实例就是 $s=s/200$，$b=b/5$。

通常我们可以使用两种方法来实现归一化：一种是最值归一化，比如将最大值归一化成 1，最小值归一化成 -1；或者将最大值归一化成 1，最小值归一化成 0。另一种是均值方差归一化，一般是将均值归一化成 0，方差归一化成 1。我们可以通过图 3-4 来看一组数据归一化后的效果。

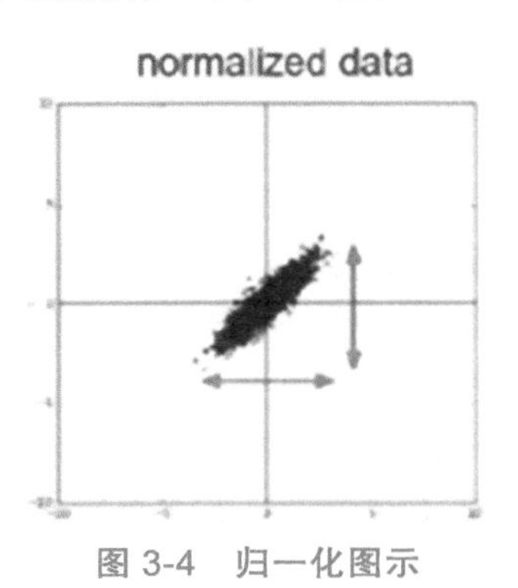

图 3-4　归一化图示

3.3　KNN 实战

3.3.1　KNN 实现 MNIST 数据分类

我们前面使用了两节的内容来讲述 KNN 算法的计算逻辑以及它的 Python 实现思路，本节将提供两个实战案例，带领大家逐步走进图像识别。

1. MNIST 数据集

为了方便大家理解，本节选择的数据集是一个比较经典的数据集——MNIST。MNIST 数据集来自美国国家标准与技术研究所（ National Institute of Standards and Technolo，NIST）。训练集由 250 个人手写的数字构成，其中 50% 是高中学生，50% 是人口普查的工作人员。测试数据集也是同样比例的手写数字数据。MNIST 数据集是一个很经典且很常用的数据集（类似于图像处理中的“ Hello World ！”）。为了降低学习难度，我们先从这个最简单的图像数据集开始。

我们先来看一下如何读取 MNIST 数据集。由于 MNIST 是一个基本的数据集，因此我们可以直接使用 PyTorch 框架进行数据的下载与读取，示例代码如下：

```
import torch
from torch.utils.data import DataLoader
import torchvision.datasets as dsets
import torchvision.transforms as transforms
batch_size = 100
# MNIST dataset
train_dataset = dsets.MNIST(root = '/ml/pymnist',        # 选择数据的根目录
                            train = True,                # 选择训练集
                            transform = None,            # 不考虑使用任何数据预处理
                            download = True)             # 从网络上下载图片
test_dataset = dsets.MNIST(root = '/ml/pymnist',         # 选择数据的根目录
                            train = False,               # 选择测试集
                            transform = None,            # 不考虑使用任何数据预处理
                            download = True)             # 从网络上下载图片
# 加载数据
train_loader = torch.utils.data.DataLoader(dataset = train_dataset,
                                            batch_size = batch_size,
                                            shuffle = True)  # 将数据打乱
test_loader = torch.utils.data.DataLoader(dataset = test_dataset,
                                           batch_size = batch_size,
                                           shuffle = True)
```

train_dataset 与 test_dataset 可以返回训练集数据、训练集标签、测试集数据以及测试集标签，训练集数据以及测试集数据都是 $n \times m$ 维的矩阵，这里的 n 是样本数（行数），m 是特征数（列数）。训练数据集包含 60 000 个样本，测试数据集包含 10 000 个样本。在 MNIST 数据集中，每张图片均由 28×28 个像素点构成，每个像素点使用一个灰度值表示。在这里，我们将 28×28 的像素展开为一个一维的行向量，这些行向量就是图片数组里的行（每行 784 个值，或者说每行就代表了一张图片）。训练集标签以及测试标签包含了相应的目标变量，也就是手写数字的类标签（整数 0～9）。

```
print("train_data:", train_dataset.train_data.size())
print("train_labels:", train_dataset.train_labels.size())
print("test_data:", test_dataset.test_data.size())
print("test_labels:", test_dataset.test_labels.size())
```

得到的结果如下：

```
train_data: torch.Size([60000, 28, 28])
train_labels: torch.Size([60000])        # 训练集标签的长度
test_data: torch.Size([10000, 28, 28])
test_labels: torch.Size([10000])         # 测试集标签的长度
```

我们一般不会直接使用 train_dataset 与 test_dataset，在训练一个算法的时候（比如，神经网络），最好是对一个 batch 的数据进行操作，同时还需要对数据进行 shuffle 和并行加速

等。对此，PyTorch 提供了 DataLoader 以帮助我们实现这些功能。我们后面用到的数据都是基于 DataLoader 提供的。

首先，我们先来了解下 MNIST 中的图片看起来到底是什么，先对它们进行可视化处理。通过 Matplotlib 的 imshow 函数进行绘制，代码如下：

```
import matplotlib.pyplot as plt
digit = train_loader.dataset.train_data[0]      # 取第一个图片的数据
plt.imshow(digit,cmap=plt.cm.binary)
plt.show()
print(train_loader.dataset.train_labels[0])     # 输出对应的标签，结果为 5
```

标签的输出结果是 5，图 3-5 所显示的数字也是 5。

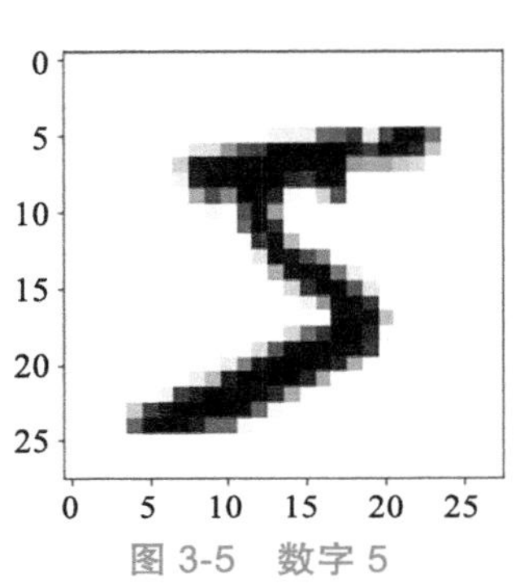

图 3-5　数字 5

2. KNN 实现 MNIST 数字分类

在真正使用 Python 实现 KNN 算法之前，我们先来剖析一下思想，这里我们以 MNIST 的 60 000 张图片作为训练集，我们希望对测试数据集的 10 000 张图片全部打上标签。KNN 算法将会比较测试图片与训练集中每一张图片，然后将它认为最相似的那个训练集图片的标签赋给这张测试图片。

那么，具体应该如何比较这两张图片呢？在本例中，比较图片就是比较 28×28 的像素块。最简单的方法就是逐个像素进行比较，最后将差异值全部加起来，如图 3-6 所示。

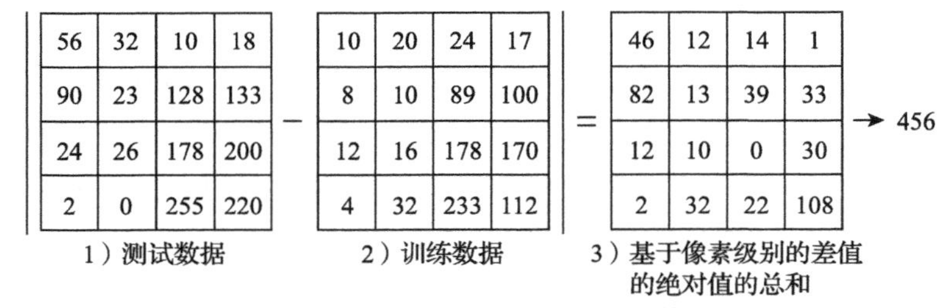

图 3-6　两张图片曼哈顿距离的计算方法

以图 3-6 中的一个颜色通道为例来进行说明。两张图片使用 L1 距离来进行比较。逐个像素求差值，然后将所有差值加起来得到一个数值。如果两张图片一模一样，那么 L1 距离为 0，但是如果两张图片差别很大，那么，L1 的值将会非常大。

3. 验证 KNN 在 MNIST 上的效果

在实现算法之后，我们需要验证 MNIST 数据集在 KNN 算法下的分类准确度，在“if __name__ =='__main__'”下添加如下代码（不要忘记缩进）：

```
X_train = train_loader.dataset.train_data.numpy() # 需要转为 numpy 矩阵
X_train = X_train.reshape(X_train.shape[0],28*28)# 需要 reshape 之后才能放入 knn 分类器
```

```
y_train = train_loader.dataset.train_labels.numpy()
X_test = test_loader.dataset.test_data[:1000].numpy()
X_test = X_test.reshape(X_test.shape[0],28*28)
y_test = test_loader.dataset.test_labels[:1000].numpy()
num_test = y_test.shape[0]
y_test_pred = kNN_classify(5, 'M', X_train, y_train, X_test)
num_correct = np.sum(y_test_pred == y_test)
accuracy = float(num_correct) / num_test
print('Got %d / %d correct => accuracy: %f' % (num_correct, num_test, accuracy))
```

最后，我们运行代码，由运行结果可以看到准确率只有 Got 368 / 1000 correct => accuracy: 0.368000！这说明 1000 张图片中只有大约 37 张图片预测类别的结果是准确的。

先别气馁，我们之前不是刚说过可以使用数据预处理的技术吗？下面我们试一下如果在进行数据加载的时候尝试使用归一化，那么分类准确度是否会提高呢？我们稍微修改下代码，主要是在将 X_train 和 X_test 放入 KNN 分类器之前先调用 centralized，进行归一化处理，示例代码如下：

```
X_train = train_loader.dataset.train_data.numpy()
mean_image = getXmean(X_train)
X_train = centralized(X_train,mean_image)
y_train = train_loader.dataset.train_labels.numpy()
X_test = test_loader.dataset.test_data[:1000].numpy()
X_test = centralized(X_test,mean_image)
y_test = test_loader.dataset.test_labels[:1000].numpy()
num_test = y_test.shape[0]
y_test_pred = kNN_classify(5, 'M', X_train, y_train, X_test)
num_correct = np.sum(y_test_pred == y_test)
accuracy = float(num_correct) / num_test
print('Got %d / %d correct => accuracy: %f' % (num_correct, num_test, accuracy))
```

下面再来看下输出结果的准确率：Got 951 / 1000 correct => accuracy: 0.951000，95% 算是不错的结果。

现在我们来看一看归一化后的图像是什么样子的，代码如下：

```
import matplotlib.pyplot as plt
mean_image = getXmean(X_train)
cdata = centralized(test_loader.dataset.test_data.
    numpy(),mean_image)
cdata = cdata.reshape(cdata.shape[0],28,28)
plt.imshow(cdata[0],cmap=plt.cm.binary)
plt.show()
print(test_loader.dataset.test_labels[0]) # 输出的 label 为 7
```

效果如图 3-7 所示。

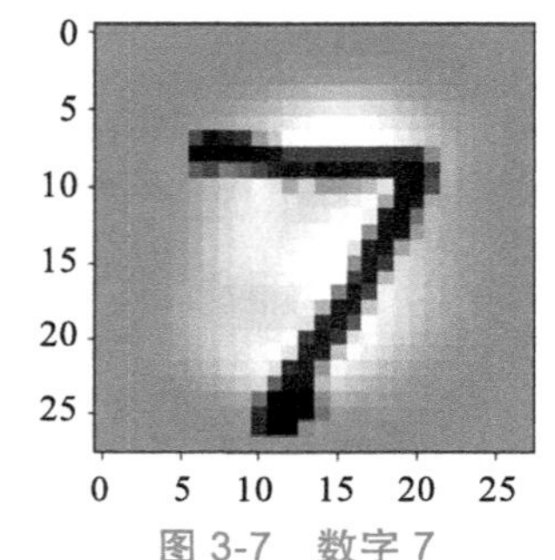

图 3-7　数字 7

4. KNN 代码整合

现在，我们再来回顾下 KNN 的算法实现，对于 KNN 算法来说，之前的实现代码虽然可用，但并不是按照面向对象的思路来编写的，在本例中，我们将之前的代码做一下改进。代码的实现思路是：我们可以创建一个 fit 方法来存储所有的图片以及与它们对应的标签。伪代码如下：

```
def fit(self,X_train,y_train):
    return model
```

再创建一个 predict 方法，以预测输入图片最有可能匹配的标签：

```
def predict(self,k, dis, X_test): # 其中，k 的选择范围为 1~20，dis 代表选择的是欧拉还是
    曼哈顿公式，X_test 表示训练数据，函数返回的是预测的类别
return test_labels
```

下面我们来完善下 KNN 算法的封装（基于面向对象的思想来实现）。我们将这个类命名为 Knn（注意：这个类名的 *n* 是小写的）。

第一步，完善 fit 方法，fit 方法主要是通过训练数据集来训练模型，在 Knn 类中，我们的实现思路是将训练集的数据与其对应的标签存储于内存中。代码如下：

```
def fit(self,X_train,y_train): # 我们统一下命名规范，X_train 代表的是训练数据集，而 y_
   train 代表的是对应训练集数据的标签
    self.Xtr = X_train
    self.ytr = y_train
```

第二步，完善 predict 方法，predict 方法可用于预测测试集的标签。具体的实现代码与之前的代码类似，只不过输入的参数只有 *k*（代表的是 *k* 的选值），dis 代表使用的是欧拉公式还是曼哈顿公式，X_test 代表的是测试数据集；predict 方法返回的是预测的标签集合。代码如下（只包含了欧氏距离的实现）：

```
def predict(self,k, dis, X_test):
    assert dis == 'E' or dis == 'M', 'dis must E or M'
    num_test = X_test.shape[0]  # 测试样本的数量
    labellist = []
    # 使用欧式距离公式作为距离度量
    if (dis == 'E'):
        for i in range(num_test):
            distances = np.sqrt(np.sum(((self.Xtr - np.tile(X_test[i], (self.
                Xtr.shape[0], 1))) ** 2), axis=1))
            nearest_k = np.argsort(distances)
            topK = nearest_k[:k]
            classCount = {}
            for i in topK:
                classCount[self.ytr[i]] = classCount.get(self.ytr[i], 0) + 1
            sortedClassCount = sorted(classCount.items(), key=operator.
                itemgetter(1), reverse=True)
            labellist.append(sortedClassCount[0][0])
        return np.array(labellist)
```

最后，我们引入 from ml.knn.demo.KnnClassify import Knn，使用 MNIST 数据集查看效果。

3.3.2 KNN 实现 Cifar10 数据分类

3.3.1 节中，我们讲解了什么是 MNIST 数据集，以及如何使用 KNN 算法进行图像分类，从分类的准确率来看，KNN 算法的效果还是可以的。本节我们将进一步使用稍微复杂一些的 Cifar10 数据集进行实验。

1. Cifar10 数据集

Cifar10 是一个由彩色图像组成的分类的数据集（MNIST 是黑白数据集），其中包含了飞机、汽车、鸟、猫、鹿、狗、青蛙、马、船、卡车 10 个类别（如图 3-8 所示），且每个类中包含了 1000 张图片。整个数据集中包含了 60 000 张 32×32 的彩色图片。该数据集被分成 50 000 和 10 000 两部分，50 000 是 training set，用来做训练；10 000 是 test set，用来做验证。

图 3-8　Cifar10 数据集示例

Cifar10 官方数据源提供多种语言的数据集，如果你从官方数据源下载 Cifar10 的 Python 版的数据集，那么数据集的结构是这样的：

```
batches.meta
data_batch_1
data_batch_2
data_batch_3
data_batch_4
data_batch_5
test_batch
readme.html
```

Cifar10 是按字典的方式进行组织的，每一个 batch 中包含的内容具体如下。

- data：图片的信息，组织成 10 000×3072 的大小，3072 是将原来的 3×32×32 的图片序列化之后的大小，原来 32×32 的 RGB 图像按照 R、G、B 三个通道分别摆放成一个向量，所以恢复的时候会分别恢复出三个通道，在显示图像的时候需要 merge 一下。
- labels：对应于 data 里面的每一张图片所属的 label。
- batch_label：当前所使用的 batch 的编号。
- filenames：数据集里面每一张图片所对应的文件名（这个不太重要）。

其中，batches.meta 保存的是元数据，是一个字典结构，其所包含的内容具体如下。

- num_cases_per_batch：每一个 batch 的数据的数量是多少，这里是 10 000。
- label_names：标签的名称，在数据集中标签是按 index 分类的，相应的 index 的名字就在这里。
- num_vis：数据的维度，这里是 3072。

我们依然使用 PyTorch 来读取 Cifar10 数据集，完整的代码具体如下：

```
import torch
from torch.utils.data import DataLoader
import torchvision.datasets as dsets
batch_size = 100
#Cifar10 dataset
train_dataset = dsets.CIFAR10(root = '/ml/pycifar',   # 选择数据的根目录
                              train = True,            # 选择训练集
                              download = True)         # 从网络上下载图片
test_dataset = dsets.CIFAR10(root = '/ml/pycifar',    # 选择数据的根目录
                              train = False,           # 选择测试集
                              download = True)         # 从网络上下载图片
# 加载数据

train_loader = torch.utils.data.DataLoader(dataset = train_dataset,
                                           batch_size = batch_size,
                                           shuffle = True)  # 将数据打乱
test_loader = torch.utils.data.DataLoader(dataset = test_dataset,
                                          batch_size = batch_size,
                                          shuffle = True)
```

下面来看下我们需要分类的图片是什么样的，代码如下：

```
classes = ('plane', 'car', 'bird', 'cat',
'deer', 'dog', 'frog', 'horse', 'ship', 'truck')
digit = train_loader.dataset.train_data[0]
import matplotlib.pyplot as plt
plt.imshow(digit,cmap=plt.cm.binary)
plt.show()
print(classes[train_loader.dataset.train_labels[0]]) # 打印出是 frog
```

classes 是我们定义的类别，其对应的是 Cifar 中的 10 个类别。使用 PyTorch 读取的类别是 index，所以我们还需要额外定义一个 classes 来指向具体的类别。最后我们看下图 3-9 的效果，由于只有 32×32 个像素，因此图 3-9 比较模糊。

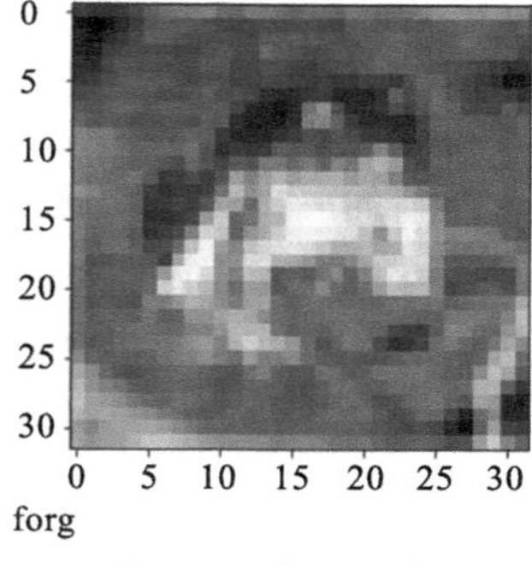

图 3-9　青蛙图片

2. KNN 在 Cifar10 上的效果

之前章节中也已经提到过 KNN 分类算法，现在我们主要观察下 KNN 对于 Cifar10 数据集的分类效果，与之前 MNIST 数据集不同的是，X_train = train_loader.dataset.train_data，X_train 的 dtype 是 uint8 而不是 torch.uint8，所以不需要使用 numpy() 这个方法进行转换，示例代码如下：

```
def getXmean(X_train):
    X_train = np.reshape(X_train, (X_train.shape[0], -1))
                                        # 将图片从二维展开为一维
    mean_image = np.mean(X_train, axis=0)
                                        # 求出训练集中所有图片每个像素位置上的平均值
    return mean_image

def centralized(X_test,mean_image):
    X_test = np.reshape(X_test, (X_test.shape[0], -1))  # 将图片从二维展开为一维
    X_test = X_test.astype(np.float)
    X_test -= mean_image  # 减去均值图像，实现零均值化
    return X_test

X_train = train_loader.dataset.train_data
mean_image = getXmean(X_train)
X_train = centralized(X_train,mean_image)
y_train = train_loader.dataset.train_labels
X_test = test_loader.dataset.test_data[:100]
X_test = centralized(X_test,mean_image)
y_test = test_loader.dataset.test_labels[:100]
num_test = len(y_test)
y_test_pred = kNN_classify(6, 'M', X_train, y_train, X_test)# 这里并没有使用封装好的类
num_correct = np.sum(y_test_pred == y_test)
accuracy = float(num_correct) / num_test
print('Got %d / %d correct => accuracy: %f' % (num_correct, num_test,
    accuracy))
```

在上述代码中，我们使用了 $k=6$，读者可以自行测试 k 的其他值或者更换距离度量，进一步观察预测的准确率。

3.4　模型参数调优

机器学习方法（深度学习是机器学习中的一种）往往涉及很多参数甚至超参数，因此实践过程中需要对这些参数进行适当地选择和调整。本节将以 KNN 为例介绍模型参数调整的一些方法。这里的方法不局限于图像识别，属于机器学习通用的方法。本节的知识既可以完善读者的机器学习知识体系，也可以帮助读者在未来的实践中更快、更好地找到适合自己模型和业务问题的参数。当然如果你比较急切地想了解图像识别、快速地动手实践以看到自己写出的图像识别代码，那么你可以先跳过这一节，实战时再回来翻看也不迟。

对于 KNN 算法来说，k 就是需要调整的超参数。对于一般初学者来说，你可能会尝试不同的值，看哪个值表现最好就选哪个。有一种更专业的穷举调参方法称为 GridSearch，即在所有候选的参数中，通过循环遍历，尝试每一种的可能性，表现最好的参数就是最终的结果。

那么选用哪些数据集进行调参呢，我们来具体分析一下。

方法一，选择整个数据集进行测试。这种方法有一个非常明显的问题，那就是设定 $k=1$ 总是最好的，因为每个测试样本的位置总是与整个训练集中的自己最接近，如图 3-10 所示。

图 3-10　整个数据集

方法二，将整个数据集拆分成训练集和测试集，然后在测试集中选择合适的超参数。这里也会存在一个问题，那就是不清楚这样训练出来的算法模型对于接下来的新的测试数据的表现会如何，如图 3-11 所示。

图 3-11　整个数据集拆分成训练集和测试集

方法三，将整个数据集拆分成训练集、验证集和测试集，然后在验证集中选择合适的超参数，最后在测试集上进行测试。这个方法相对来说比之前两种方法好很多，也是在实践中经常使用的方法，如图 3-12 所示。

train	validation	test

图 3-12　训练集、验证集和测试集

方法四，使用交叉验证，将数据分成若干份，将其中的各份作为验证集之后给出平均准确率，最后将评估得到的合适的超参数在测试集中进行测试。这个方法更加严谨，但实践中常在较小的数据集上使用，在深度学习中很少使用，如图 3-13 所示。

fold 1	fold 2	fold 3	fold 4	fold 5	test
fold 1	fold 2	fold 3	fold 4	fold 5	test
fold 1	fold 2	fold 3	fold 4	fold 5	test

图 3-13　交叉验证的数据拆分方法

我们现在针对方法四来做测试。

第一步，使用之前所写的 KNN 分类器，代码如下：

```
class Knn:

    def __init__(self):
        pass

    def fit(self,X_train,y_train):
        self.Xtr = X_train
        self.ytr = y_train

    def predict(self,k, dis, X_test):
        assert dis == 'E' or dis == 'M', 'dis must E or M'
        num_test = X_test.shape[0]  # 测试样本的数量
        labellist = []
        # 使用欧式距离公式作为距离度量
        if (dis == 'E'):
            for i in range(num_test):
                distances = np.sqrt(np.sum(((self.Xtr - np.tile(X_test[i],
                    (self.Xtr.shape[0], 1))) ** 2), axis=1))
                nearest_k = np.argsort(distances)
                topK = nearest_k[:k]
                classCount = {}
                for i in topK:
                    classCount[self.ytr[i]] = classCount.get(self.ytr[i], 0) + 1
                sortedClassCount = sorted(classCount.items(), key=operator.
                    itemgetter(1), reverse=True)
                labellist.append(sortedClassCount[0][0])
            return np.array(labellist)

        # 使用曼哈顿公式作为距离度量
        if (dis == 'M'):
            for i in range(num_test):
                # 按照列的方向相加，其实就是行相加
                distances = np.sum(np.abs(self.Xtr - np.tile(X_test[i], (self.
                    Xtr.shape[0], 1))), axis=1)
                nearest_k = np.argsort(distances)
                topK = nearest_k[:k]
```

```
            classCount = {}
            for i in topK:
                classCount[self.ytr[i]] = classCount.get(self.ytr[i], 0) + 1
            sortedClassCount = sorted(classCount.items(), key=operator.
                itemgetter(1), reverse=True)
            labellist.append(sortedClassCount[0][0])
        return np.array(labellist)
```

第二步，准备测试数据与验证数据，值得注意的是，如果使用方法四，则在选择超参数阶段不需要使用到 X_test 和 y_test 的输出，代码如下：

```
X_train = train_loader.dataset.train_data
X_train = X_train.reshape(X_train.shape[0],-1)
mean_image = getXmean(X_train)
X_train = centralized(X_train,mean_image)
y_train = train_loader.dataset.train_labels
y_train = np.array(y_train)
X_test = test_loader.dataset.test_data
X_test = X_test.reshape(X_test.shape[0],-1)
X_test = centralized(X_test,mean_image)
y_test = test_loader.dataset.test_labels
y_test = np.array(y_test)
print(X_train.shape)
print(y_train.shape)
print(X_test.shape)
print(y_test.shape)
```

第三步，将训练数据分成 5 个部分，每个部分轮流作为验证集，代码如下：

```
num_folds = 5
k_choices = [1, 3, 5, 8, 10, 12, 15, 20]        #k 的值一般选择 1~20 以内
num_training=X_train.shape[0]
X_train_folds = []
y_train_folds = []
indices = np.array_split(np.arange(num_training), indices_or_sections=num_
    folds)                                        # 把下标分成 5 个部分
for i in indices:
    X_train_folds.append(X_train[i])
y_train_folds.append(y_train[i])
k_to_accuracies = {}
for k in k_choices:
    # 进行交叉验证
    acc = []
    for i in range(num_folds):
        x = X_train_folds[0:i] + X_train_folds[i+1:]  # 训练集不包括验证集
        x = np.concatenate(x, axis=0)                  # 使用 concatenate 将 4 个
                                                         训练集拼在一起
        y = y_train_folds[0:i] + y_train_folds[i+1:]
        y = np.concatenate(y)                          # 对 label 进行同样的操作
```

```
        test_x = X_train_folds[i]                              # 单独拿出验证集
        test_y = y_train_folds[i]

        classifier = Knn()                                     # 定义 model
        classifier.fit(x, y)                                   # 读入训练集
        #dist = classifier.compute_distances_no_loops(test_x)
                                                               # 计算距离矩阵
        y_pred = classifier.predict(k,'M',test_x)              # 预测结果
        accuracy = np.mean(y_pred == test_y)                   # 计算准确率
        acc.append(accuracy)
    k_to_accuracies[k] = acc                                   # 计算交叉验证的平均准确率
# 输出准确度
for k in sorted(k_to_accuracies):
    for accuracy in k_to_accuracies[k]:
        print('k = %d, accuracy = %f' % (k, accuracy))
```

使用下面的代码图形化展示 k 的选取与准确度趋势：

```
# plot the raw observations
import matplotlib.pyplot as plt
for k in k_choices:
    accuracies = k_to_accuracies[k]
    plt.scatter([k] * len(accuracies), accuracies)

# plot the trend line with error bars that correspond to standard deviation
accuracies_mean = np.array([np.mean(v) for k,v in sorted(k_to_accuracies.
    items())])
accuracies_std = np.array([np.std(v) for k,v in sorted(k_to_accuracies.
    items())])
plt.errorbar(k_choices, accuracies_mean, yerr=accuracies_std)
plt.title('Cross-validation on k')
plt.xlabel('k')
plt.ylabel('Cross-validation accuracy')
plt.show()
```

这样我们就能比较直观地了解哪个 k 比较合适，了解测试集的准确度，当然我们也可以更改下代码（选取欧式距离公式来重新测试，看哪个距离度量比较好）。

特别需要注意的是，不能使用测试集来进行调优。当你在设计机器学习算法的时候，应该将测试集看作非常珍贵的资源，不到最后一步，绝不使用它。如果你使用测试集来调优，即使算法看起来效果不错，但真正的危险在于：在算法实际部署后，算法对测试集过拟合，也就是说在实际应用的时候，算法模型对于新的数据预测的准确率将会大大下降。从另一个角度来说，如果使用测试集来调优，那么实际上就是将测试集当作训练集，由测试集训练出来的算法再运行同样的测试集，性能看起来自然会很好，但其实是有一点自欺欺人了，实际部署起来，效果就会差很多。所以，到最终测试的时候再使用测试集，可以很好地近似度量你所设计的分类器的泛化性能。

3.5 本章小结

本章主要讲述了 KNN 在图像分类上的应用，虽然 KNN 在 MNIST 数据集中的表现还算可以，但是其在 Cifar10 数据集上的分类准确度就差强人意了。另外，虽然 KNN 算法的训练不需要花费时间（训练过程只是将训练集数据存储起来），但由于每个测试图像需要与所存储的全部训练图像进行比较，因此测试需要花费大量时间，这显然是一个很大的缺点，因为在实际应用中，我们对测试效率的关注要远远高于训练效率。

在实际的图像分类中基本上是不会使用 KNN 算法的。因为图像都是高维度数据（它们通常包含很多像素），这些高维数据想要表达的主要是语义信息，而不是某个具体像素间的距离差值（在图像中，具体某个像素的值和差值基本上并不会包含有用的信息）。如图 3-14 所示，右边三张图（遮挡、平移、颜色变换）与最左边原图的欧式距离是相等的。但由于 KNN 是机器学习中最简单的分类算法，而图像分类也是图像识别中最简单的问题，所以本章使用 KNN 来做图像分类，这是我们了解图像识别算法的第一步。

原图

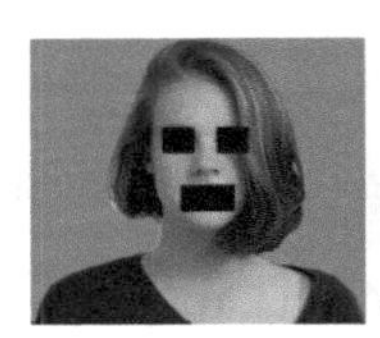

遮挡图

平移图（向下平移）

颜色变换图

图 3-14 图像中具体某个像素值的无意义性⊖

⊖ 图片引用自 C5231N。

04 CHAPTER

第 4 章 机器学习基础

在本章中，你将学习机器学习中的线性回归、逻辑回归以及最优化方法中的梯度下降法。其中，线性回归是逻辑回归的基础，而逻辑回归又可以在神经网络中被用来处理 2 分类问题，因此逻辑回归是神经网络的组成部分。本章介绍线性回归的原因是线性回归是所有算法的基础，同时也是为了帮助读者理解第 5 章神经网络的线性可分与线性不可分的问题做铺垫。本章介绍逻辑回归中的 Sigmoid 是为了帮助读者理解后续神经网络中的激活函数。本章介绍梯度下降法也是为了后续帮助读者理解神经网络的优化方法随机梯度下降法做铺垫。在图像识别技术的学习历程中，读者需要具备一些基础知识，因此有必要理解和掌握本章所介绍的内容。如果读者对本章内容已经比较熟悉了，那么可以略过本章。

本章的要点具体如下。

- 线性回归
- 逻辑回归
- 梯度下降法

4.1 线性回归模型

介绍线性回归（Linear Regression）模型之前，首先介绍两个概念：线性关系和回归问题。

1）线性关系：变量之间的关系是一次函数，也就是说当一个自变量 x 和因变量 y 的关系被画出来时呈现的是一条直线，当两个自变量 x_1、x_2 和因变量 y 的关系被画出来时呈现的是一个平面。反之，如果一个自变量 x 和因变量 y 的关系为非线性关系，那么它们的关系被画出来时呈现的是一条曲线，而如果两个自变量 x_1、x_2 和因变量 y 的关系为非线性关系时，那么它们的关系被画出来时呈现的就是一个曲面。我们再用数学表达式来解释一下，$y=a*x_1+b*x_2+c$ 的自变量和因变量就是线性关系，而 $y=x_2$、$y=\sin(x)$ 的自变量和因变量就是非线性关系。

2）回归问题：即预测一个连续问题的数值。这里列举一个例子以方便读者理解：小王站在银行的柜台前想知道他可以办理多少贷款，银行的工作人员会问小王几个问题，比如年龄多少（特征 1），每个月收入多少（特征 2）。之后根据小王的回答，银行工作人员根据模型（线性回归）分析结果，回答可以给小王 10 万（回归即是对据图数值的预测）的贷款。线性回归会根据历史上其他人的历史贷款数据（年龄和工资对应的两个特征分别记为 x_1 和 x_2），找出最好的拟合面来进行预测（如果是一个特征则是线）。这个例子中用年龄和收入预测出具体的贷款额度，而贷款额度是一个连续的数值，因此该问题即为回归问题。

扩展一下，如果上面例子中的小王想知道他是否可以办理贷款，那么这就变成了一个二元分类问题——能办理贷款或者不能办理贷款。线性回归主要用于处理回归问题，少数情况用于处理分类问题。

4.1.1　一元线性回归

一元线性回归是用来描述自变量和因变量都只有一个的情况，且自变量和因变量之间呈线性关系的回归模型，一元线性回归可以表示为 $y = a*x + b$，其中只有 x 一个自变量，y 为因变量，a 为斜率（有时也称为 x 的权重），b 为截距。下面举例说明。

比如，我们目前有如下这样一组数据：

```
x = np.array([1,2,4,6,8])          # 铺设管子的长度
y = np.array([2,5,7,8,9])          # 收费，单位为元
```

x 代表的是铺设管子的长度，y 对应的是相应的收费。我们希望通过一元线性回归模型寻找到一条合适的直线，最大程度地“拟合”自变量 x（管子长度）和因变量 y（收费）之间的关系。这样，当我们知道一个管子的长度，想知道最可能的收费是多少的时候，线性回归模型就可以通过这条“拟合”的直线告诉我们最可能的收费是多少。线性回归拟合直线如图 4-1 所示。

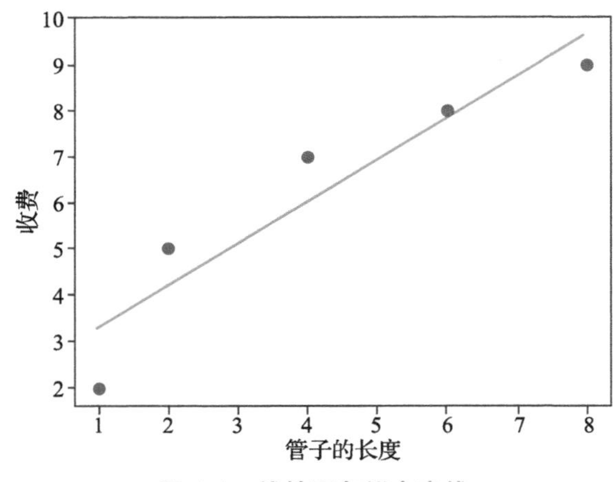

图 4-1　线性回归拟合直线

上面的示例就是通过构建一元线性回归模型来根据管子的长度预测收费的问题。学习一元线性模型的过程就是通过训练数据集得到最合适的 a 和 b 的过程，也就是说该一元线性模型的参数即为 a 和 b。当输入一个新的测试数据点的时候，我们可以通过训练好的模型（$y = a*x + b$）来进行预测。例如，对于一个测试数据 *x_test*（不在 np.array([1,2,4,6,8]) 中），由于模型参数 a 和 b 已知，因此可以计算线性方程 $a*x\_test + b$ 得到预测的结果 *y_predict*。

了解了一元线性回归的概念之后，我们来看一下如何通过训练来得到这样一个模型。

首先，我们要定义好一个模型的评价方式，即如何判断这个模型的好与不好，好到什么程度，坏到什么程度。我们比较容易想到的就是通过计算预测值 *y_predict* 与真实值 y 之间的差距。也就是说，*y_predict* 与 y 的距离越小，则代表我们的模型效果越好。那么我们又该如何衡量这个模型的 *y_predict* 的值与 y 真实值之间的差距呢？首先比较容易想到的是直接计算这两个值之间的差值。具体来说就是，对于每一个点（x）都计算 $y - y\_predict$，然后将所有的值进行累加最后除以样本数，目的是为了减少样本的对于结果的影响，即 $\frac{1}{n}\sum_{i=1}^{n}(y^i - y\_predict^i)$。但是，这里有个问题，我们预测出来的 *y_predict* 有可能大于真实值 y 也有可能小于真实值 y，这会导致我们累加之后的误差被削弱（比如，结果被正负中和导致最终累加误差接近于 0），这个显然与实际情况不符合，因此需要对这种方式做一定的修改。基于上面的原因，我们很容易想到，对于每一个点（x）都计算 $|y^i-y\_predict^i|$，之后再进行累加。从某种角度来说，这个衡量标准是可以的，但是由于考虑到后续的误差计算以及存在求导等问题（该式导数不连续），实际使用过程中很少使用这种方法。进一步优化后的评估方法为：对于每一个点（x）都计算 $y\text{-}y\_predict$，然后对这个结果做一次平方，最后为了忽略样本数的影响我们取平均值 $x = \frac{1}{n}\sum_{i=1}^{n}(y^i - y\_predict^i)^2$。该方法是比较常用的度量预测值与真实值之间差距的方法。

接下来就是找到一个合适的方法对预测值和真实值的差距进行优化，即希望 $\frac{1}{n}\sum_{i=1}^{n}(y^i - y\_predict^i)$ 尽可能地小。由于 $y\_predict^i = ax^i + b$，所以我们可以将公式改写为 $\frac{1}{n}\sum_{i=1}^{n}(y^i - ax^i - b)^2$。对于这个公式来说，只有 a 和 b 是待学习的参数，其他的 x 和 y 都可以从训练集中得到。我们可以通过最小二乘法（又称最小平方法）来寻找最优的参数 a 和 b。最小二乘法是一种数学优化技术，它通过最小化误差的平方和的方法寻找最优的参数。利用这个最小二乘法的推导（推导过程将不在本书中详述，有兴趣的同学可以自行上网查询，这里我们直接给出推导结果），我们可以得到求解 a 和 b 的公式：

$$a = \frac{\sum_{i=1}^{n}(x^i - \overline{x})(y^i - \overline{y})}{\sum_{i=1}^{n}(x^i - \overline{x})^2}$$

$$b = \overline{y} - a\overline{x}$$

其中，$\overline{x}$ 和 $\overline{y}$ 分别代表数据集中 x 和 y 的平均值。

至此，我们完成了一元线性回归的理论介绍，得到了一元线性回归模型 $y = a*x + b$ 中的参数 a 和 b。

为了扩展读者的思路，本节中我们为读者推荐另一种误差衡量标准：R Squared，公式如下：

$$R^2 = 1 - \frac{\sum_{i=1}^{n}(y\_predict^i - y^i)}{\sum_{i=1}^{n}(\overline{y} - y^i)^2}$$

我们仔细分析下，分子部分 $\sum_{i=1}^{n}(y\_predict^i - y^i)$ 其实就是我们的预测模型产生的误差；而分母部分 $\sum_{i=1}^{n}(\overline{y} - y^i)^2$ 其实就是 y 的均值与预测值之间的差距。

下面我们来详细讲解下 R^2，首先 R^2 肯定是小于等于 1 的。R^2 的值是越大越好，当我们的预测模型完全预测准确（预测值与真实值一致的时候）时，R^2 就会得到其最大值 1。当我们的模型和基准模型（ $\sum_{i=1}^{n}(\overline{y} - y^i)^2$ ）相同的时候，R^2 为 0，说明这个时候训练了很长时间的模型只是达到了基准模型的效果。如果 R^2 小于 0，则说明我们训练出来的模型连基准模型都达不到。

1. 一元线性回归算法的实现思路

上文中，我们介绍了一元线性回归的核心思想以及如何求得最小误差（通过最小二乘法），那么接下来为了方便读者的理解，我们使用 Python 来实现一元线性回归的算法。

回到上文中列举的示例，我们目前有这么一组数据：

```
x = np.array([1,2,4,6,8])          # 铺设管子的长度
y = np.array([2,5,7,8,9])          # 收费，单位为元
```

我们想通过最小二乘法减少误差，找到那条拟合直线。

对于 a 和 b 的求解，之前我们已经给出了结论，现在是通过 Python 的方式进行实现。

我们打开 Pycharm，新建一个 Python 的项目，创建演示数据集，输入如下代码：

```
if __name__=='__main__':
    x = np.array([1,2,4,6,8])    # 铺设管子的长度
    y = np.array([2,5,7,8,9])    # 费用
    x_mean = np.mean(x)          # 求出 x 向量的均值
    y_mean = np.mean(y)          # 求出 y 向量的均值
```

通过上述代码，我们能得到 x 与 y 的均值，然后，我们来尝试计算下 a 和 b，a 相对更复杂一些。

$$a=\frac{\sum_{i=1}^{n}(x^i-\overline{x})(y^i-\overline{y})}{\sum_{i=1}^{n}(x^i-\overline{x})^2}$$

$$b=\overline{y}-a\overline{x}$$

a 和 b 的计算代码如下：

```
denominator = 0.0                              # 分母
numerator = 0.0                                # 分子
for x_i, y_i in zip(x, y):                     # 将 x, y 向量合并起来形成元组 (1,2),(2,5)
numerator += (x_i - x_mean) * (y_i - y_mean) # 按照 a 的公式得到分子
denominator += (x_i - x_mean) ** 2           # 按照 a 的公式得到分母
a = numerator / denominator                    # 得到 a
b = y_mean - a * x_mean                        # 得到 b
```

我们得到 a 和 b 之后就可以使用 Matplotlib 来绘制图形了，从而使读者能够更加直观地查看拟合直线，其中，scatter 这个方法可用于绘制各个训练数据点。使用 plot 方法绘制拟合直线的代码具体如下：

```
y_predict = a * x + b                # 求得预测值 y_predict
plt.scatter(x,y,color='b')           # 画出所有训练集的数据
plt.plot(x,y_predict,color='r')      # 画出拟合直线，颜色为红色
plt.xlabel('管子的长度', fontproperties = 'simHei', fontsize = 15)  # 设置 x 轴的标题
plt.ylabel('收费', fontproperties='simHei', fontsize=15)          # 设置 y 轴的标题
plt.show()
```

完整的代码与效果图分别如下：

```
import numpy as np
import matplotlib.pyplot as plt

if __name__=='__main__':
    x = np.array([1,2,4,6,8])
    y = np.array([2,5,7,8,9])
    x_mean = np.mean(x)
    y_mean = np.mean(y)
    denominator = 0.0
    numerator = 0.0
    for x_i, y_i in zip(x, y):
        numerator += (x_i - x_mean) * (y_i - y_mean)  # 按照 a 的公式得到分子
        denominator += (x_i - x_mean) ** 2            # 按照 a 的公式得到分母
    a = numerator / denominator                         # 得到 a
    b = y_mean - a * x_mean                             # 得到 b
    y_predict = a * x + b
    plt.scatter(x,y,color='b')
    plt.plot(x,y_predict,color='r')
    plt.xlabel('管子的长度', fontproperties = 'simHei', fontsize = 15)
    plt.ylabel('收费', fontproperties='simHei', fontsize=15)
    plt.show()
```

效果图如图 4-2 所示。

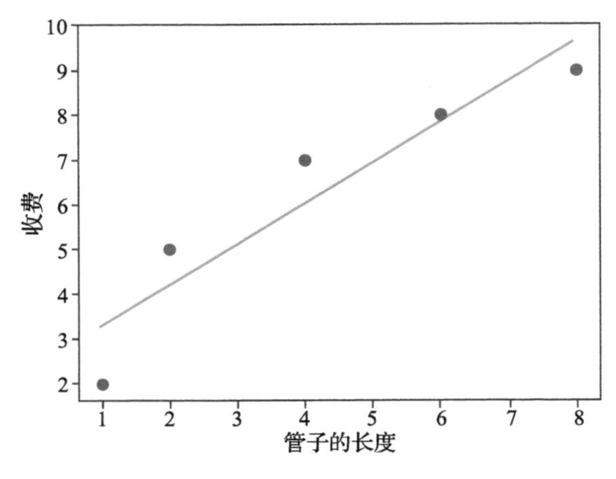

图 4-2　一元线性回归效果图

轮到你来：

尝试模仿上述代码，自己设置一些样本数据，练习一下一元线性回归的整体流程。

当输入一个新的测试数据的时候，我们就能通过 $y\_predict = ax\_test + b$，得到预测值，代码片段如下，结果为 8.74（保留小数点 2 位并且考虑四舍五入）：

```
x_test = 7
y_predict_value = a * x_test + b
print(y_predict_value)
```

2. 一元线性回归的算法封装

与第 3 章讲到的 KNN 算法一样，在一元线性回归介绍的最后，我们将对此算法使用面向对象的思想来进行封装。

首先，我们需要初始化变量，其中，*a* 和 *b* 是我们的训练数据通过最小二乘法得到的结果，我们在命名的时候可以约定如下规则，凡是初始化变量仅仅作为类内部计算使用，而非用户外部输入的变量，一律使用变量名 + 下划线的形式，代码如下：

```
import numpy as np
class SimpleLinearRegressionSelf:
    def __init__(self):
        """初始化Simple linear regression模型"""
        self.a_ = None
        self.b_ = None
```

然后，我们实现一下 fit 方法，本方法主要是用来训练模型，也就是得到 *a* 值和 *b* 值，代码如下：

```
def fit(self,x_train,y_train):
```

```
        assert x_train.ndim == 1, \
            "一元线性回归模型仅处理向量，而不能处理矩阵"
        x_mean = np.mean(x_train)
        y_mean = np.mean(y_train)
        denominator = 0.0
        numerator = 0.0
        for x_i, y_i in zip(x_train, y_train):
            numerator += (x_i - x_mean) * (y_i - y_mean)  # 按照 a 的公式得到分子
            denominator += (x_i - x_mean) ** 2            # 按照 a 的公式得到分母
        self.a_ = numerator / denominator                 # 得到 a
        self.b_ = y_mean - self.a_ * x_mean               # 得到 b
        return self
```

其次，我们来看下如何编写 predict 函数的代码以用来做预测。我们希望 predict 函数接收的是向量集合，在命名上我们使用 x_test_group，实现代码具体如下：

```
    def predict(self,x_test_group):
    return np.array([self._predict(x_test) for x_test in x_test_group])
        # 对于输入向量集合中的每一个向量都进行一次预测，预测的具体实现被封装在 _predict 函数中。
    def _predict(self,x_test):
        return self.a_ * x_test + self.b_ # 求取每一个输入的 x_test 以得到预测值的具体实现
```

下面我们增加一下衡量模型的得分函数，实现代码如下：

```
    def mean_squared_error(self,y_true,y_predict):
        return np.sum((y_true - y_predict) ** 2) / len(y_true)
    def r_square(self,y_true,y_predict):
        return 1 - (self.mean_squared_error(y_true,y_predict) / np.var(y_true))
```

在本节的最后，我们使用封装好的一元回归模型来测试一下，当我们输入一个向量 7 的时候结果会怎样。具体实现如下：

```
    import numpy as np
    from book.lr.LinearRegressionSelf import SimpleLinearRegression
    if __name__ == '__main__':
        x = np.array([1, 2, 4, 6, 8])
        y = np.array([2, 5, 7, 8, 9])
        lr = SimpleLinearRegression()                  # 封装模型的类名
        lr.fit(x,y)                                    # 训练模型得到 a 和 b
    print(lr.predict([7]))                             # 输出结果与之前一致，都是 8.74
    print(lr.r_square([8,9],lr.predict([6,8])))        # 得到的得分是 0.09443783462224864
```

轮到你来：

模仿上述实现的思路与代码，编写一个属于自己的一元线性回归类，然后测试一下效果如何。

4.1.2 多元线性回归

4.1.1 节中，我们介绍了一元线性回归（自变量或者说特征只有一个）的内容，在现实社会中，一种现象常常是与多个自变量（或者说特征）相联系，由多个自变量的最优组合共同来预测或者估计因变量（预测值）会更符合实际情况。例如，房子售价预测的关系中，房子的售价往往与房子的住房面积、房间数量、与市中心的距离（地段），旁边是否有便利的交通等因素息息相关。表达式的形式一般如下：

$$y=\theta_0+\theta_1x_1+\theta_2x_2+\cdots+\theta_nx_n$$

多元线性回归与一元线性回归类似，都是使得 $\frac{1}{n}\sum_{i=1}^{n}(y^i-y\_predict^i)^2$ 尽可能的小。多元线性回归也可以使用最小二乘法进行计算，最终得出 θ_0、θ_1、θ_2 等参数。

多元线性回归的算法实现思路

首先稍微整理下思路：我们希望将公式稍做修改，将原来的 $y\_predict=\theta_0+\theta_1x_1+\theta_2x_2+\cdots+\theta_nx_n$ 整理成 $y=\theta_0x_0+\theta_1x_1+\theta_2x_2+\cdots+\theta_nx_n$，其中 x_0 恒等于 1，细心的读者会发现，$y=\theta_0x_0+\theta_1x_1+\theta_2x_2+\cdots+\theta_nx_n$ 可以看作是两个矩阵的点乘运算（对于点乘运算还不了解的读者，可以参看之前第 2 章的 Numpy 的相关内容）。要达成这样的目标，我们希望将所有的参数（包括权重和截距）都整理为 $\theta=(\theta_0, \theta_1, \theta_2, \cdots, \theta_n)$。如图 4-3 所示，参数向量本身是一个行向量，我们需要做一次矩阵转置使之成为列向量。而对于所有训练数据的特征，我们可以整理为 $x^i=(x_0^i, x_1^i, x_2^i, x_n^i)$，其中 x_0 恒等于 1，i 表示样本编号，范围从 1 到 m，即 m 个训练样本。这样，我们就可以将这个公式简化为 $y^i=x^i\cdot\theta$，其中“·”代表的是点乘，此时的 θ 是一个列向量。

$$X_b=\begin{pmatrix}1 & X_1^{(1)} & X_2^{(1)} & \cdots & X_n^{(1)}\\ 1 & X_1^{(2)} & X_2^{(2)} & \cdots & X_n^{(2)}\\ \cdots & & & & \cdots\\ 1 & X_1^{(m)} & X_2^{(m)} & \cdots & X_n^{(m)}\end{pmatrix}\qquad \theta=\begin{pmatrix}\theta_0\\ \theta_1\\ \theta_2\\ \cdots\\ \theta_n\end{pmatrix}$$

图 4-3 训练数据特征矩阵以及权重矩阵

这里我们再详细解释一下，x 矩阵的每一行代表一个数据，其中第一列的值恒等于 1（点乘计算后代表的值其实是截距：$1*\theta_0=\theta_0$）。之后的每一列代表的是这一行数据的一组特征。θ 为列向量，θ_0 代表截距，其余都是相应特征的权重。

与前文提到过的说明一样，我们不会做复杂的公式推导，最终，我们的问题将转换为求出 θ 向量（包含了截距与权重），使得 $\frac{1}{n}\sum_{i=1}^{n}(y^i-y\_predict^i)^2$ 尽可能的小。这里我们直接给出参数 θ 的计算公式：

$$\theta = (X_i^{\mathrm{T}} X_i)^{-1} X_i^{\mathrm{T}} y$$

这个公式就是多元线性回归的正规方程解（NormalEquation）。下面我们根据这个公式使用 Python 实现多元线性回归。实现代码具体如下：

```
import numpy as np
from numpy import linalg

class MLinearRegression:
    def __init__(self):
        self.coef_ = None                # 代表的是权重
        self.interception_ = None        # 代表的是截距
        self._theta = None               # 代表的是权重 + 截距

    '''
    规范下代码，X_train 代表的是矩阵 X 大写，y_train 代表的是向量 y 小写
    '''
    def fit(self,X_train, y_train):
        assert X_train.shape[0] == y_train.shape[0], \
        "训练集的矩阵行数与标签的行数保持一致"
        ones = np.ones((X_train.shape[0], 1))
        X_b = np.hstack((ones, X_train))  # 将 X 矩阵转为 X_b 矩阵，其中第一列为 1，其余不变
        self._theta = linalg.inv(X_b.T.dot(X_b)).dot(X_b.T).dot(y_train)
        self.interception_ = self._theta[0]
        self.coef_ = self._theta[1:]

        return self

    def predict(self,X_predict):
        ones = np.ones((X_predict.shape[0], 1))
        X_b = np.hstack((ones, X_predict)) # 将 X 矩阵转为 X_b 矩阵，其中第一列为 1，其余不变
        return X_b.dot(self._theta)      # 得到的即为预测值

    def mean_squared_error(self, y_true, y_predict):
        return np.sum((y_true - y_predict) ** 2) / len(y_true)

    def score(self,X_test,y_test): # 使用 r square
        y_predict = self.predict(X_test)
        return 1 - (self.mean_squared_error(y_test,y_predict) / (np.var(y_test)))
```

4.2　逻辑回归模型

简单理解逻辑回归模型，就是在线性回归的基础上加一个 Sigmoid 函数对线性回归的结果进行压缩，令其最终预测值 y 在一个范围内。这里 Sigmoid 函数的作用就是将一个连续的数值压缩到一定的范围之内，它将最终预测值 y 的范围压缩到 0 到 1 之间。虽然逻辑回归也有回归这个词，但由于这里的自变量和因变量呈现的是非线性关系，因此严格意义上讲逻辑回归模型属于非线性模型。逻辑回归模型则通常用来处理二分类问题，如图 4-4

所示。在逻辑回归中，计算出的预测值是一个 0 到 1 的概率值，我们通常以 0.5 为分界线，如果预测的概率值大于 0.5 则会将最终结果归为 1 这个类别，如果预测的概率值小于等于 0.5 则会将最终结果归为 0 这个类别。而 1 和 0 在实际项目中可能代表了很多含义，比如 1 代表恶性肿瘤，0 代表良性肿瘤，1 代表银行可以借给小王贷款，0 代表银行不能借给小王贷款等。

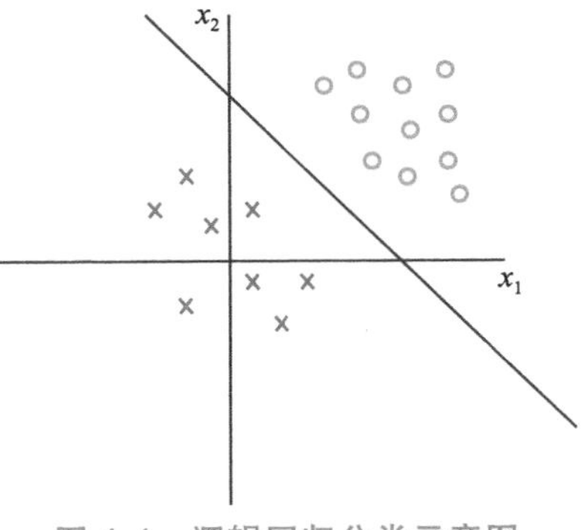

图 4-4　逻辑回归分类示意图

虽然逻辑回归很简单，但它被广泛应用于实际生产之中，而且改造之后的逻辑回归还可以处理多分类问题。逻辑回归不仅其本身非常受欢迎，同样它也是我们将在第 5 章介绍的神经网络的基础。普通神经网络中，常常使用 Sigmoid 对神经元进行激活。关于神经网络的神经元，第 5 章会有详细的介绍（第 5 章会再次提到 Sigmoid 函数），这里只是先提一下逻辑回归和神经网络的关系，好让读者有个印象。

4.2.1　Sigmoid 函数

Sigmoid 的函数表达式具体如下：

$$p=\frac{1}{1+\mathrm{e}^{-z}}$$

该公式中，e 约等于 2.718，z 是线性回归的方程式，p 表示计算出来的概率，范围在 0 到 1 之间。接下来我们将这个函数绘制出来，看看它的形状。使用 Python 的 Numpy 以及 Matplotlib 库进行编写，代码如下：

```
import numpy as np
import matplotlib.pyplot as plt

def sigmoid(x):
    y = 1.0 / (1.0 + np.exp(-x))
    return y

plot_x = np.linspace(-10, 10, 100)
plot_y = sigmoid(plot_x)
plt.plot(plot_x, plot_y)
plt.show()
```

效果如图 4-5 所示。

下面我们来解释一下图 4-5，当 x 为 0 的时候，Sigmoid 的函数值为 0.5，随着 x 的不断增大，对应的 Sigmoid 值将无限逼近于 1；而随着 x 的不断减小，Sigmoid 的值将不断逼近于 0。所以它的值域是在 (0, 1) 之间。由于 Sigmoid 函数将实数范围内的数值压缩到了（0, 1）之间，因此其也被称为压缩函数。需要说明一下的是，压缩函数其实有很多，比如 tanh 可以将实数范围内的数值压缩到（−1, 1）之间，因此 tanh 有时也被称为压缩函数。

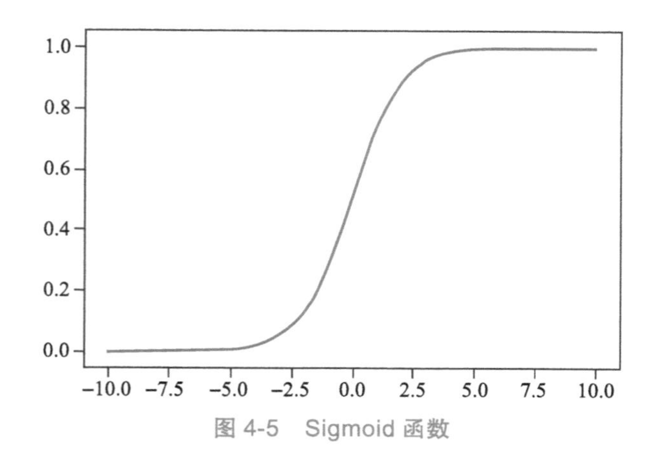

图 4-5　Sigmoid 函数

4.2.2　梯度下降法

在学习 4.1.1 节的时候，我们在介绍一元线性回归模型的数学表达之后又介绍了一元线性回归模型的训练过程。类似地，在 4.2.1 节学习完逻辑回归模型的数学表达之后我们来学习逻辑回归模型的训练方法。首先与 4.1.1 节类似，我们首先需要确定逻辑回归模型的评价方式，也就是模型的优化目标。有了这个目标，我们才能更好地“教”模型学习我们想要的东西。这里的目标也与 4.1.1 一样，定义为 $\frac{1}{n}\sum_{i=1}^{n}(y^i - y\_predict^i)^2$。接下来是选择优化这个目标的方法，这就是本节接下来要重点介绍的梯度下降法。

首先带大家简单认识一下梯度下降法。梯度下降算法（GradientDescent Optimization）是常用的最优化方法之一。“最优化方法”属于运筹学方法，是指在某些约束条件下，为某些变量选取哪些值，可以使得设定的目标函数达到最优的问题。最优化方法有很多种，常见的有梯度下降法、牛顿法、共轭梯度法，等等。由于本书的重点在于带领大家快速掌握“图像识别”的技能，因此暂时不对最优化方法进行展开，感兴趣的读者可以自行查阅相关资料进行学习。由于梯度下降是一种比较常见的最优化方法，而且在后续第 5 章、第 7 章的神经网络中我们也将使用梯度下降法来进行优化，因此我们将在本章详细介绍该方法。

接下来我们以图形化的方式带领读者学习梯度下降法。

首先在 Pycharm 中新建一个 Python 文件，然后输入以下代码：

```
import numpy as np
import matplotlib.pyplot as plt
if __name__ == '__main__':
    plot_x = np.linspace(-1, 6, 141)                          # 从 -1 到 6 选取 141 个点
    plot_y = (plot_x - 2.5) ** 2 - 1                          # 二次方程的损失函数
    plt.scatter(plot_x[5], plot_y[5], color='r')              # 设置起始点，颜色为红色
    plt.plot(plot_x, plot_y)
    # 设置坐标轴名称
```

```
    plt.xlabel('theta', fontproperties='simHei', fontsize=15)
    plt.ylabel('损失函数', fontproperties='simHei', fontsize=15)
    plt.show()
```

通过上述代码，我们就能画出如图 4-6 所示的损失函数示意图，其中，x 轴代表的是我们待学习的参数 θ（theta），y 轴代表的是损失函数的值（即 Loss 值），曲线 y 代表的是损失函数。我们的目标是希望通过大量的数据训练和调整参数 θ，使损失函数的值最小。可以通过求导数的方式，达到二次方程的最小值点，使得导数为 0 即可。也就是说，横轴上 2.5 的位置所对应的损失函数值最小，在该点上一元二次方程（x–2.5）^{2} – 1 切线的斜率为 0。暂且将导数描述为 $\frac{\mathrm{d}J}{\mathrm{d}\theta}$，其中 J 为损失函数，θ 为待求解的参数。

梯度下降中有个比较重要的参数：学习率 η（读作 eta，有时也称其为步长），它控制着模型寻找最优解的速度。加入学习率之后其数学表达为 $\eta\frac{\mathrm{d}J}{\mathrm{d}\theta}$。

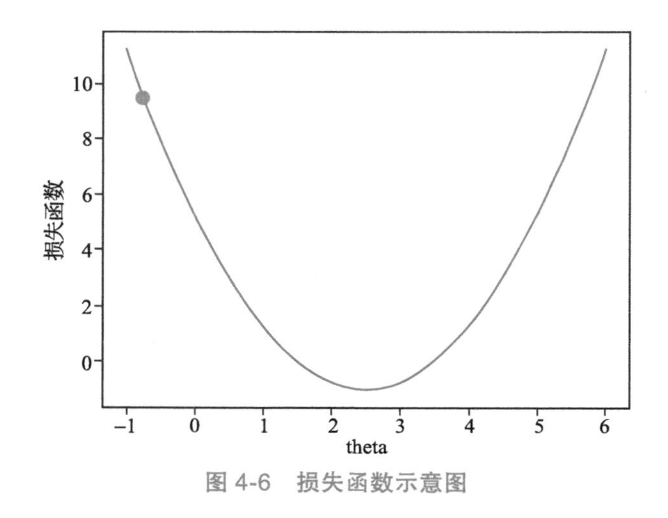

图 4-6　损失函数示意图

接下来，我们画图模拟梯度下降的过程。

1）首先定义损失函数及其导数，代码如下：

```
def J(theta):       # 损失函数
    return (theta-2.5)**2 -1

def dJ(theta):      # 损失函数的导数
    return 2 * (theta - 2.5)
```

2）通过 Matplotlib 绘制梯度下降迭代过程，具体代码如下：

```
theta = 0.0         # 初始点
theta_history = [theta]
eta = 0.1           # 步长
```

```
epsilon = 1e-8    # 精度问题或者 eta 的设置无法使得导数为 0
while True:
    gradient = dJ(theta)                       # 求导数
    last_theta = theta                         # 先记录下上一个 theta 的值
    theta = theta - eta * gradient             # 得到一个新的 theta
    theta_history.append(theta)
    if(abs(J(theta) - J(last_theta)) < epsilon):
        break                                  # 当两个 theta 值非常接近的时候，终止循环
plt.plot(plot_x,J(plot_x),color='r')
plt.plot(np.array(theta_history),J(np.array(theta_history)),color='b',marker='x')
plt.show()        # 一开始的时候导数比较大，因为斜率比较陡，后面慢慢平缓了
print(len(theta_history))                      # 一共走了 46 步
```

接下来我们看一下所绘制的图像是什么样子，如图 4-7 所示，可以观察到 θ 从初始值 0.0 开始不断地向下前进，一开始下降的幅度比较大，之后慢慢趋于缓和，逐渐接近导数为 0，一共走了 46 步。

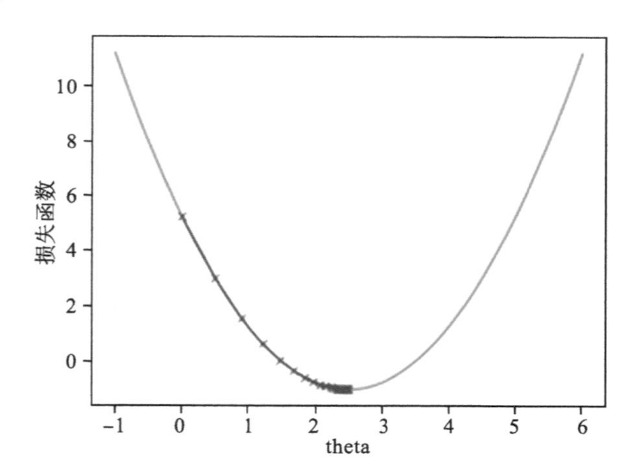

图 4-7　一元二次损失函数梯度下降过程示意图

4.2.3　学习率 η 的分析

4.2.2 节中，我们主要介绍了什么是梯度下降法，本节将主要介绍学习率 η 对于梯度下降法的影响。

第一个例子，我们将 η 设置为 0.01（之前是 0.1），由图 4-8 所示的效果示意图我们可以观察到，步长减少之后，蓝色的标记更加密集，这就说明步长减少之后，从起始点到导数为 0 的步数增加了。步数变为了 424 步，这样整个学习的速度就变慢了。

第二个例子，我们将 η 设置为 0.8，由图 4-9 所示的效果示意图我们可以观察到，代表蓝色的步长在损失函数之间发生了跳跃，不过在跳跃的过程中，损失函数的值依然在不断地变小。步数是 22 步，因此当学习率为 0.8 时，优化过程的时间缩短，但是最终也找到了最优解。

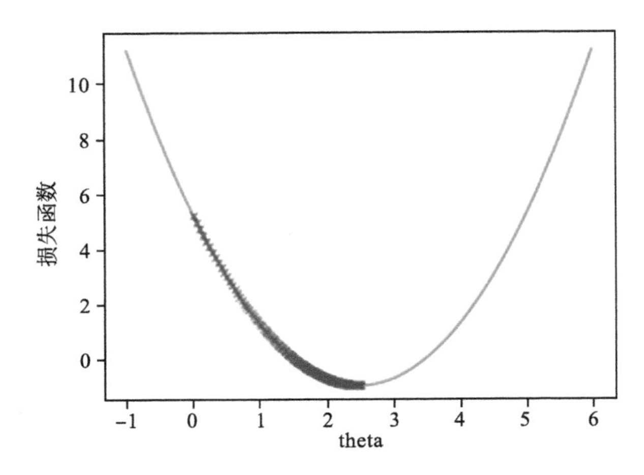

图 4-8 学习率 η=0.01 时，一元二次损失函数梯度下降过程示意图

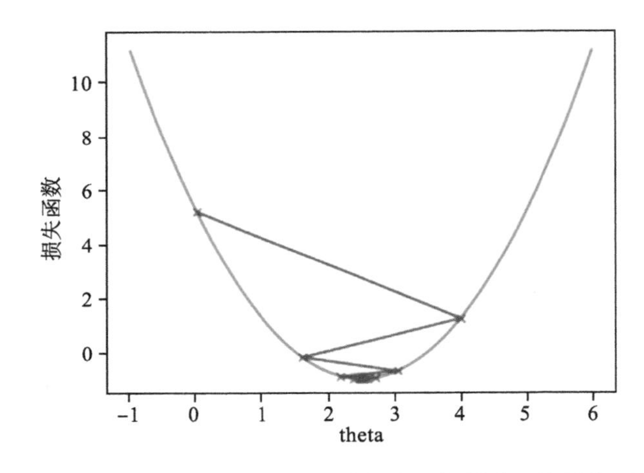

图 4-9 学习率 η=0.8 时，一元二次损失函数梯度下降过程示意图

第三个例子，我们将 η 设置为 1.1 来看一下效果。这里需要注意的是，学习率本身是一个 0 到 1 的概率，因此 1.1 是一个错误的值，但为了展示梯度过大会出现的情况，我们暂且用这个值来画图示意。我们将会发现程序会提示这个错误 OverflowError: (34, 'Result too large')。我们可以想象得到，这个步长跳跃的方向导致了损失函数的值越来越大，所以才会报出错误“Result too large”，因此我们需要修改下求损失函数的程序，修改后代码如下：

```
def J(theta):
    try:
        return (theta-2.5)**2 -1
    except:
        return float('inf')
```

另外，我们需要增加一下循环的次数，代码如下：

```
i_iter= 0
    n_iters = 10
    while i_iter < n_iters:
        gradient = dJ(theta)
        last_theta = theta
        theta = theta - eta * gradient
        i_iter += 1
        theta_history.append(theta)
        if (abs(J(theta) - J(last_theta)) < epsilon):
            break         # 当两个 theta 值非常接近的时候，终止循环
```

由图 4-10 所示的效果图，我们可以很明显地看到，损失函数在最下面，学习到的损失函数的值在不断的增大，也就是说模型不会找到最优解。

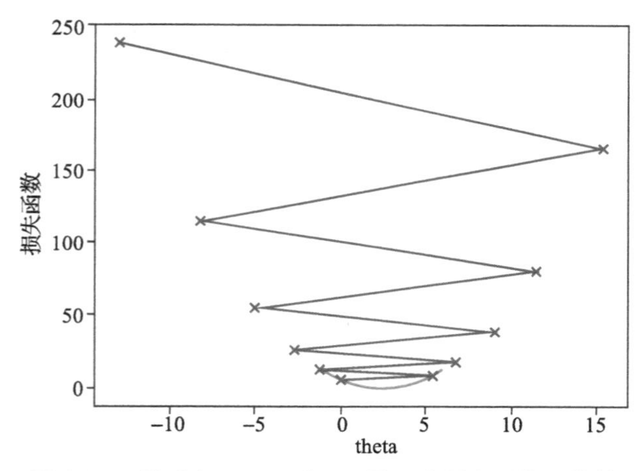

图 4-10　学习率 η=1.1 时，一元二次损失函数不收敛

本节通过几个示例，简单讲解了梯度下降法以及步长 η 的作用。从三个实验中我们可以看出，学习率是一个需要认真调整的参数，过小会导致收敛过慢，而过大又可能会导致模型不收敛。

4.2.4　逻辑回归的损失函数

逻辑回归中的 Sigmoid 函数可用于使值域保持在（0, 1）之间，结合之前所讲的线性回归，我们所得到的完整的公式其实是：$p=\frac{1}{1+\mathrm{e}^{-(\theta_0+\theta_1x_1+\theta_2x_2+\cdots+\theta_nx_n)}}$，其中，$\theta_0+\theta_1x_1+\theta_2x_2+\cdots+\theta_nx_n$ 就是之前所介绍的多元线性回归。

现在的问题就比较简单明了了，对于给定的样本数据集 X，y，我们如何找到参数 theta，来获得样本数据集 X 所对应的分类输出 y（通过 p 的概率值）？

若要求解上述这个问题，我们需要先了解下逻辑回归中的损失函数，假设我们的预测值为：

$$y_{predict}=\begin{cases}1, p\_predict>0.5\\0, p\_predict\leqslant 0.5\end{cases}$$

假设损失函数分为下面两种情况，y 表示真值；*y_predict* 表示为预测值：

$$cost=\begin{cases}y=1\\y=0\end{cases}$$

结合上述两个假设，我们来分析下，当真值 y 为 1 的时候，p 的概率值越小（越接近 0），说明 y 的预测值（*y_predict*）越偏向于 0，损失函数 *cost* 就应该越大；当真值 y 为 0 的时候，如果这个时候 p 的概率值越大，则同理得到的损失函数 *cost* 也应该越大。在数学上，我们希望使用一个函数来表示这种现象，可以使用如下这个函数：

$$cost=\begin{cases}-\log(p\_predict)\ if\ \ y=1\\-\log(1-p\_predict)\ if\ \ y=0\end{cases}$$

下面我们解释一下这个函数，为了更直观地观察上述两个函数，我们通过 Python 中的 Numpy 以及 Matplotlib 库绘制该函数。

首先，我们绘制下 –log(*p_predict*) if y=1，代码如下：

```
import numpy as np
import matplotlib.pyplot as plt

def logp(x):
    y = -np.log(x)
    return y

plot_x = np.linspace(0.001, 1, 50) # 取 0.001 避免除数为 0
plot_y = logp(plot_x)
plt.plot(plot_x, plot_y)
plt.show()
```

if y=1 时，损失函数的效果如图 4-11 所示。

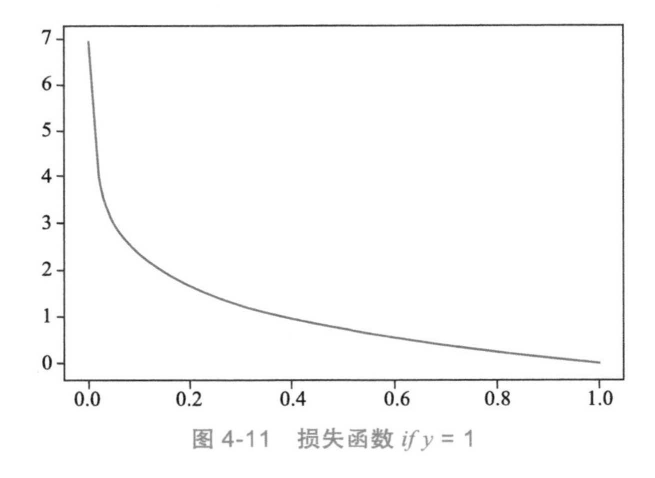

图 4-11　损失函数 *if* y = 1

当 p=0 的时候，损失函数的值趋近于正无穷，根据 $y\_predict=\begin{cases}1, p\_predict>0.5\\0, p\_predict\leqslant 0.5\end{cases}$ 可知，y 的预测值（*y_predict*）偏向于 0，但实际上我们的真值 y 为 1。当 p 达到 1 的时候，y 的真值与预测值相同，我们能够从图中观察到损失函数的值趋近于 0 代表没有任何损失。

下面，我们再来绘制一下 $-\log(1-p\_predict)$ *if* y=0，代码如下：

```
import numpy as np
import matplotlib.pyplot as plt

def logp2(x):
    y = -np.log(1-x)
    return y

plot_x = np.linspace(0, 0.99, 50) # 取 0.99 避免除数为 0
plot_y = logp2(plot_x)
plt.plot(plot_x, plot_y)
plt.show()
```

if y = 0 时，损失函数的效果如图 4-12 所示。

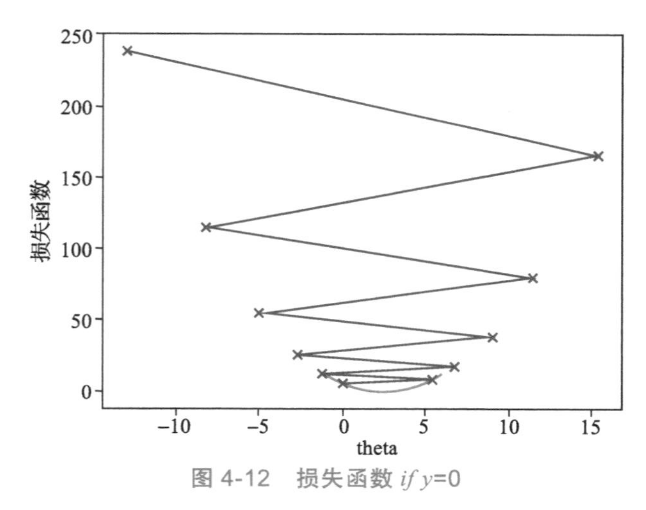

图 4-12 损失函数 *if* y=0

当 p=1 的时候，损失函数的值趋近于正无穷，根据 $y\_predict=\begin{cases}1, p\_predict>0.5\\0, p\_predict\leqslant 0.5\end{cases}$ 可知，y 的预测值（*y_predict*）偏向于 1，但实际上我们的真值 y 为 0。当 p 达到 0 的时候，y 的真值与预测值相同，我们能够从图中观察到损失函数的值趋近于 0 代表没有任何损失。

我们再稍微整理下这两个函数，使之合成一个损失函数：

$$cost=-y\log(p\_predict)-(1-y)\log(1-p\_predict)$$

下面稍微解释下这个函数，当 y=1 的时候，后面的式子 $(1-y)\log(1-p\_predict)$，就变为了 0，所以整个公式就变成了 $-y\log(p\_predict)$；当 y=0 的时候，前面的式子 $-y\log(p\_predict)$

变为了 0，整个公式就变成了 $-\log(1-p\_predict)$。

最后，对于 m 个样本，求一组 θ 值使得损失函数最小。公式如下：

$$cost=-\frac{1}{m}\sum_{i=1}^{m}y^i\log(sigmoid(x_b^i\cdot\theta^{\mathrm{T}}))+(1-y^i)\log(1-sigmoid(x_b^i\cdot\theta^{\mathrm{T}}))$$

（其中，$p_{predict}=sigmoid(\theta^{\mathrm{T}}\cdot x_b)$，$x_b^i\cdot\theta^{\mathrm{T}}$ 代表了 $\theta_0x_0+\theta_1x_1+\theta_2x_2+\cdots+\theta_nx_n$；$x_0$ 恒等于 1；θ^{T} 为列向量）。

当公式变为上述形式的时候，对于我们来说，只需要求解一组 θ 使得损失函数最小就可以了，那么，对于如此复杂的损失函数，我们一般还是使用梯度下降法进行求解。

4.2.5 Python 实现逻辑回归

结合之前所讲的理论，本节开始动手实现一个逻辑回归算法。首先，我们定义一个类，类名为 LogisticRegression，并初始化一些变量：维度、截距、theta 值，示例代码如下：

```
class LogisticRegression:

    def __init__(self):
        """初始化Logistic regression模型"""
        self.coef_ = None #维度
        self.intercept_ = None #截距
        self._theta = None
```

接着，我们来实现损失函数中的 $sigmoid(x_b^i\cdot\theta^{\mathrm{T}})$ 这个函数，我们之前在 4.2.1 节已经实现过了 Sigmoid 函数，对于 $sigmoid(x_b^i\cdot\theta^{\mathrm{T}})$ 函数，我们输入的值为多元线性回归中的 $\theta_0x_0+\theta_1x_1+\theta_2x_2+\cdots+\theta_nx_n$（其中 x_0 恒等于 1），为了提高执行效率，我们建议使用向量化来进行处理，而尽量避免使用 for 循环，所以对于 $\theta_0x_0+\theta_1x_1+\theta_2x_2+\cdots+\theta_nx_n$ 我们使用 $x_b^i\cdot\theta^{\mathrm{T}}$ 来代替，具体代码如下：

```
    def _sigmoid(x):
        y = 1.0 / (1.0 + np.exp(-x))
        return y
```

接着我们来实现损失函数：

$$cost=-\frac{1}{m}\sum_{i=1}^{m}y^i\log(sigmoid(x_b^i\cdot\theta^{\mathrm{T}}))+(1-y^i)\log(1-sigmoid(x_b^i\cdot\theta^{\mathrm{T}}))$$

实现代码具体如下：

```
#计算损失函数
        def J(theta,X_b,y):
            p_predcit = self._sigmoid(X_b.dot(theta))
            try:
                return -np.sum(y*np.log(p_predcit) + (1-y)*np.log(1-p_predcit)) / len(y)
            except:
                return float('inf')
```

然后，我们需要实现损失函数的导数。具体求导过程读者可以自行搜索，我们这里直接给出结论，对于损失函数 cost，得到的导数值为：

$\frac{\partial J(\theta)'}{\partial \theta_j}=\frac{1}{m}\left[\sum_{i=1}^{m}(sigmoid(x^i)-y^i)x_j^i\right]$，其中，$sigmoid(x^i)=\left(\frac{1}{1+e^{-x_b^i\cdot\theta^{\mathrm{T}}}}\right)$，之前提到过，为考虑计算性能应尽量避免使用 for 循环实现累加，所以在这里我们使用向量化计算。

完整实现代码具体如下：

```
import numpy as np

class LogisticRegression:

    def __init__(self):
        """ 初始化 Logistic regression 模型 """
        self.coef_ = None # 维度
        self.intercept_ = None # 截距
        self._theta = None

    #sigmoid 函数，私有化函数
    def _sigmoid(self,x):
        y = 1.0 / (1.0 + np.exp(-x))
        return y

    def fit(self,X_train,y_train,eta=0.01,n_iters=1e4):
        assert X_train.shape[0] == y_train.shape[0], '训练数据集的长度需要与标签长度保持一致'

        # 计算损失函数
        def J(theta,X_b,y):
            p_predcit = self._sigmoid(X_b.dot(theta))
            try:
                return -np.sum(y*np.log(p_predcit) + (1-y)*np.log(1-p_predcit)) / len(y)
            except:
                return float('inf')

        # 求 sigmoid 梯度的导数
        def dJ(theta,X_b,y):
            x = self._sigmoid(X_b.dot(theta))
            return X_b.T.dot(x-y)/len(X_b)

        # 模拟梯度下降
        def gradient_descent(X_b,y,initial_theta,eta,n_iters=1e4,epsilon=1e-8):
            theta = initial_theta
            i_iter = 0
            while i_iter < n_iters:
                gradient = dJ(theta,X_b,y)
                last_theta = theta
                theta = theta - eta * gradient
                i_iter += 1
                if (abs(J(theta,X_b,y) - J(last_theta,X_b,y)) < epsilon):
```

```
                break
            return theta

        X_b = np.hstack([np.ones((len(X_train),1)),X_train])
        initial_theta = np.zeros(X_b.shape[1])             # 列向量
        self._theta = gradient_descent(X_b,y_train,initial_theta,eta,n_iters)
        self.intercept_ = self._theta[0]                   # 截距
        self.coef_ = self._theta[1:]                       # 维度
        return self


    def predict_proba(self,X_predict):
        X_b = np.hstack([np.ones((len(X_predict), 1)), X_predict])
        return self._sigmoid(X_b.dot(self._theta))


    def predict(self,X_predict):
        proba = self.predict_proba(X_predict)
        return np.array(proba > 0.5,dtype='int')
```

4.3　本章小结

本章主要讲述了线性回归模型和逻辑回归模型，并做了相应的实现。其中，线性回归是逻辑回归的基础，而逻辑回归经常被当作神经网络的神经元，因此逻辑回归又是神经网络的基础。本章我们借逻辑回归模型介绍了机器学习中必不可少的最优化方法，以及最常见的最优化方法——梯度下降。了解本章内容会对接下来第5章神经网络的学习有很大的帮助。

05 CHAPTER

第5章 神经网络基础

神经网络是一门重要的人工智能技术，也是之后讲解 CNN（卷积神经网络）的基础。在本章中，我们将主要学习与掌握神经网络的一些基本概念，为后续理解 CNN 打好基础。

本章的要点具体如下。

- 神经元的基本介绍。
- 激活函数。
- 神经网络的基本介绍。
- 前向传播。
- 输出层。
- 损失函数。
- 最优化。
- 基于数值微分的反向传播。

5.1 神经网络

从本节开始我们将逐步了解神经网络的基本概念与结构，首先从简单一点的结构开始，如图 5-1 所示的神经网络包含了三个层次，分别是：输入层（红色表示），隐藏层（紫色表示）以及输出层（绿色表示）。

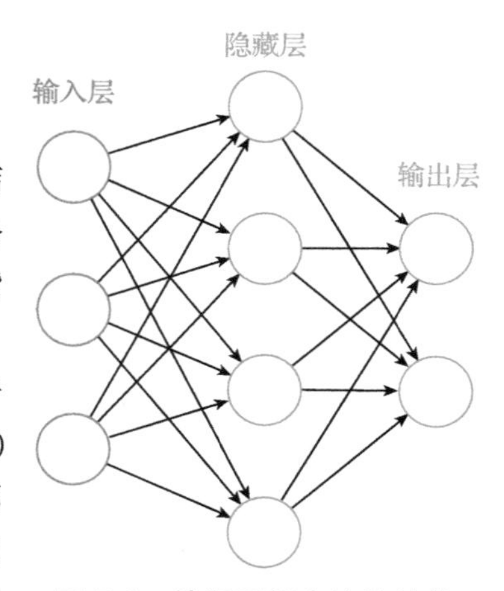

图 5-1 神经网络全连接结构

图 5-1 中最左边的一层（红色表示）称为输入层，位于这一层的神经元称为输入神经元。最右边的一层（绿色表示）称为输出层，它包含了 2 个输出神经元。中间紫色部分的那一层称为隐藏层。一个神经网络的隐藏层可以有很多，可以简单地理解为，如果一个层既不是输入层也不是输出层，那

么就可以称其为隐藏层。如图 5-1 所示的神经网络中只包含了一个隐藏层，也有些网络拥有许多隐藏层，比如下图 5-2 所示的四层网络结构，其包含了两个隐藏层。

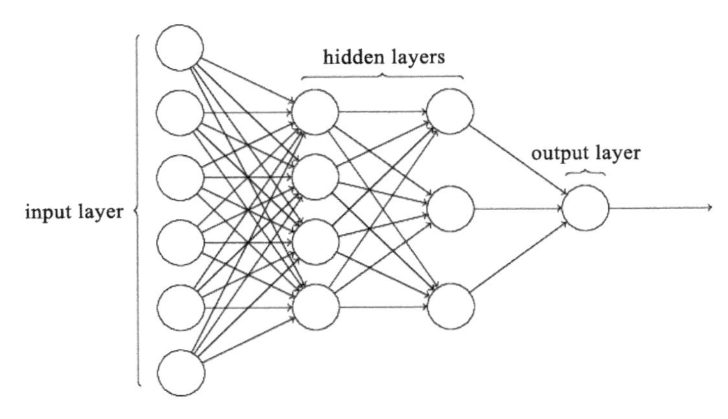

图 5-2 多隐藏层结构

根据图 5-2，我们可以列举一个小例子，假设我们现在手里有一堆手写数字识别的数据，每个图像的灰度值编码将作为神经元的输入，假设输入的图片都是 28*28 的灰度图，那么我们的输入神经元就有 28*28=784 个输入神经元。如果我们想知道这张图片是 0-9 中的哪个数字，那么神经网络的输出层则需要定义 10 个神经元，它们分别代表该数字是否为 0，是否为 1，是否为 2……是否为 9。每个神经元都将预测该图片是某个数字的概率是多少，最终我们可以从这 10 个神经元输出的结果中抽取概率最大的那个作为最后的预测结果。

5.1.1 神经元

在基本了解了神经网络结构之后，现在我们来了解下什么是神经元。对于神经元的研究由来已久，1904 年生物学家就已经知晓了神经元的组成结构。一个神经元通常具有多个树突，主要用来接受传入信息；而轴突只有一条，轴突尾端有许多轴突末梢可以向其他多个神经元传递信息。轴突末梢与其他神经元的树突产生连接，从而传递信号。这个连接的位置在生物学上叫作“突触”。人脑中的神经元形状可以用如图 5-3 所示的结构图做简单的说明。

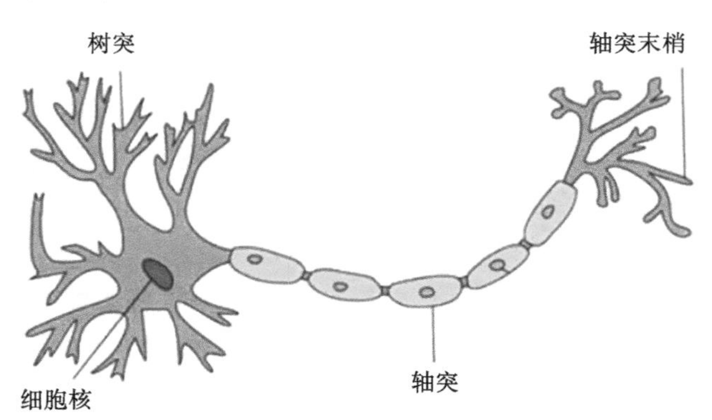

图 5-3 神经元结构图

在神经网络中，神经元模型是一个包含输入、输出与计算功能的模型。

输入可以类比为神经元的树突，输出可以类比为神经元的轴突，而计算则可以类比为细胞核。图 5-4 所示的是一个典型的神经元模型：包含 3 个输入，1 个输出，以及 2 个计算功能。注意中间的箭头线，这些线称为“连接”，每条连接线上都有一个“权重值”。

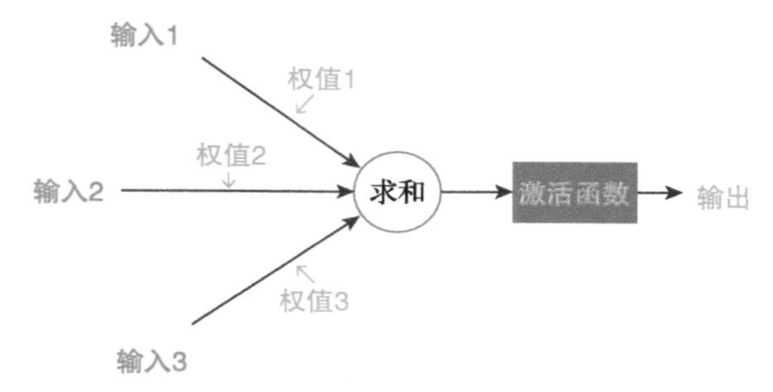

图 5-4　简单神经元

如图 5-5 所示，一个神经网络的训练算法就是让权重的值调整到最佳，以使得整个网络的预测（或者分类）效果最好。

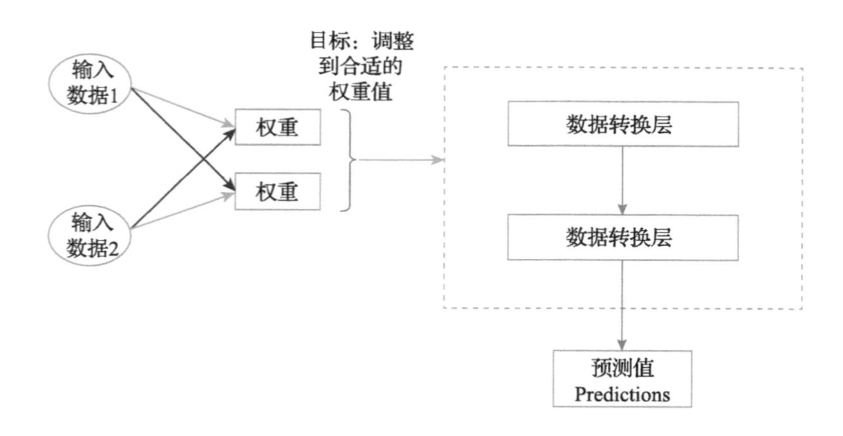

图 5-5　训练网络

之前我们简单介绍了神经元的概念，现在我们来看下，在神经网络中设置神经元的个数是否会影响分类效果，一般来说更多神经元的神经网络可以表达更复杂的函数。然而这既是优势也是不足，优势是可以分类更复杂的数据，不足是可能会造成对训练数据的过拟合。过拟合（Overfitting）是指网络对数据中的噪声有很强的拟合能力，而没有重视数据之间潜在的基本关系。

下面列举几个示例来看看隐藏层中的神经元数量对分类结果的影响。对于图 5-1 所示的网络结构，我们做一个简单的分类问题，具体如下。

1）如图 5-6 所示，图中的圆点代表数据集，颜色代表数据的类别。红色和绿色的圆点代表数据集的类别情况，红色和绿色的背景表示神经网络的分类情况。当网络中的隐藏层包含 3 个神经元时，模型并没有将绿色圆点和红色圆点很好地区分开。

2）当我们将隐藏层的神经元个数调整为 6（比原来多一倍）的时候，我们可以明显观察到，除了下图 5-7 中左边几个绿色圆点没有被区分出来之外，大部分的绿色以及红色圆点都得到了很好的分类。

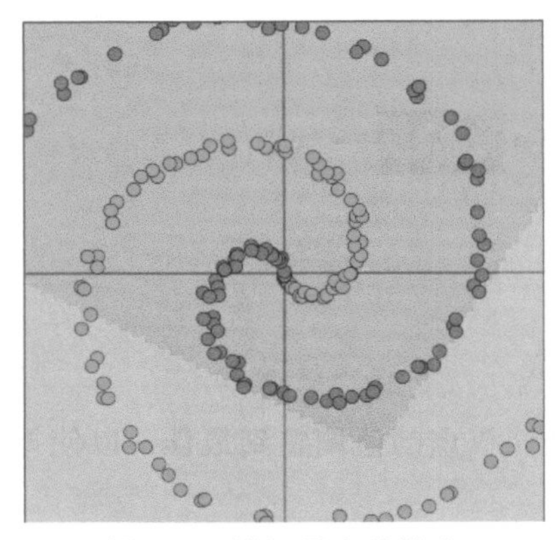

图 5-6　神经元个数较少

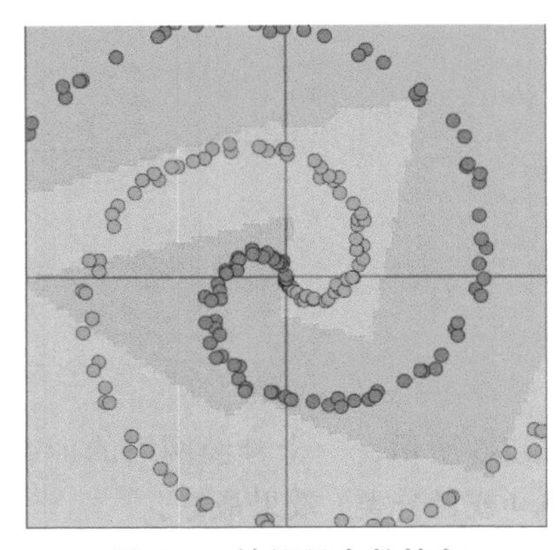

图 5-7　神经元个数较多

3）当我们将隐藏层的神经元个数再次扩充至 20 个的时候，我们发现拟合得有点过好了，基本区分了所有的绿色圆点和红色圆点，效果如图 5-8 所示。

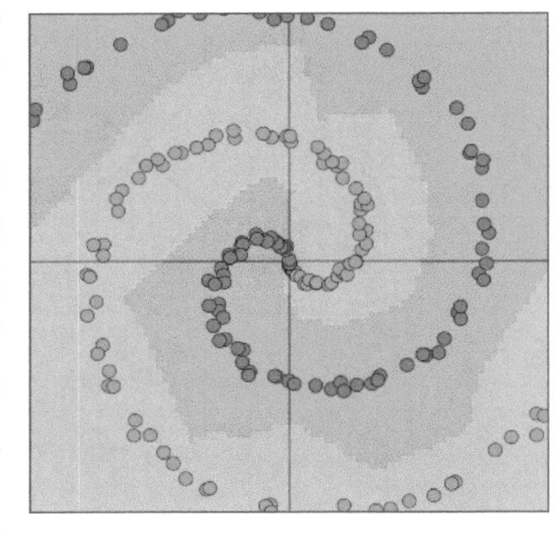

图 5-8　神经元个数更多

拥有 20 个神经元的隐藏层的网络拟合了所有的训练数据，但是其代价是将决策边界变成了许多不相连的红绿区域。而只有 3 个神经元的模型的表达能力只能用比较宽泛的方式去分类数据。它将数据看作是两个大块，并将个别位于绿色区域内的红色点看作是噪声。在实际中，这可以在测试数据中获得更好的泛化（generalization）能力。

基于上面的分析可知，如果数据不是特别复杂，则似乎小一点的网络更好，因为可以防止过拟合。然而防止神经网络的过拟合还有很多种方法，如 L2 正则化、dropout 和输入噪声等，使用这些方法来控制过拟合比减少网络神经元数目要更好。

5.1.2　激活函数

之前已经提到了激活函数这个名词，本节我们就来了解下为什么神经网络需要激活函数？首先从简单的例子开始着手，先考虑第一个问题，什么是线性可分类？比如说，我们有 4 个圆圈，其中两个圆圈是红色，另外两个圆圈是黑色，如图 5-9 所示。

图 5-9 这样的布局是非常容易使用一条线来进行划分的，如图 5-10 所示。

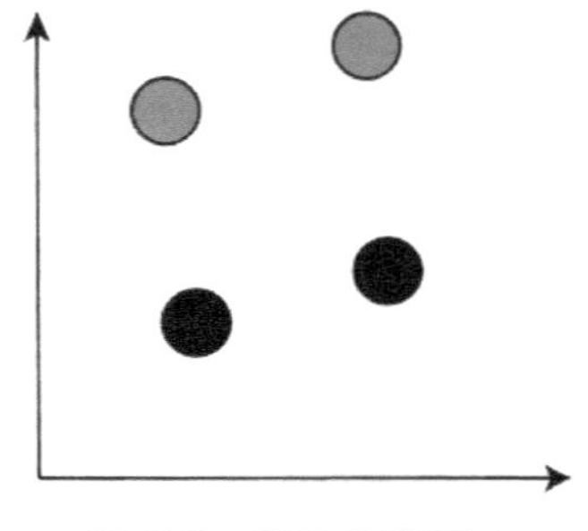

图 5-9　线性分类图 1

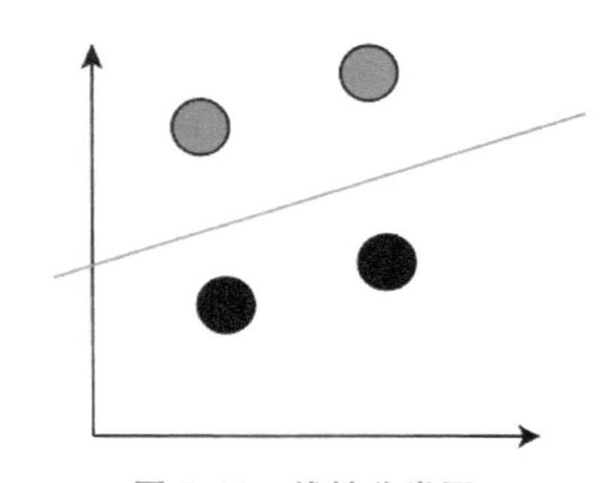

图 5-10　线性分类图 2

但是在现实中，往往存在非常复杂的线性不可分的情况，比如现在有一个二分类问题，我们要将下面的绿色圆点和红色圆点进行正确的分类，从如图 5-11 所示的情形来看，很明显这是一个线性不可分的问题，也就是说，在这个平面里，找不到一条直线可以将图中的绿色圆点和红色圆点完全分开。

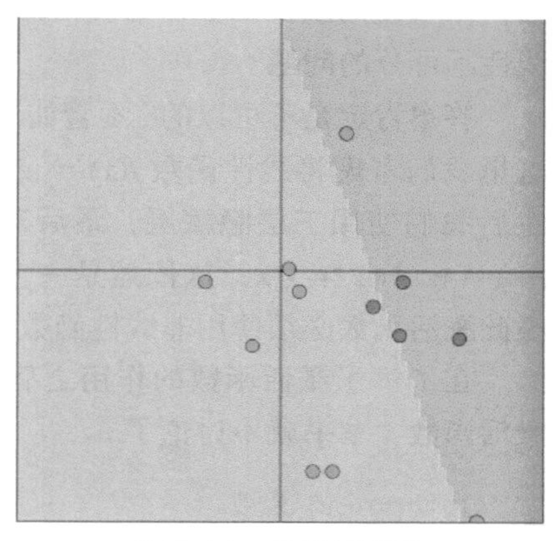

图 5-11　线性不可分

激活函数的作用就是，在所有的隐藏层之间添加一个激活函数，这里的激活函数我们使用的是 Sigmoid 函数（稍后篇章中，我们会详细介绍几个常见的激活函数）。这样输出的就是一个非线性函数了，有了这样的非线性激活函数以后，神经网络的表达能力更加强大了。此时是否能够解决我们一开始提出的线性不可分问题呢？接下来我们验证一下。首先，我们观察下绿色圆点和红色圆点的分布，绿色圆点主要集中在中间位置，与此同时，红色圆点主要分布在四周。我们这里使用有 2 个隐藏层的神经网络，如果我们不使用激活函数，那么看到的效果将如图 5-12a 所示，如果使用激活函数，那么看到的效果将如图 5-12b 所示。

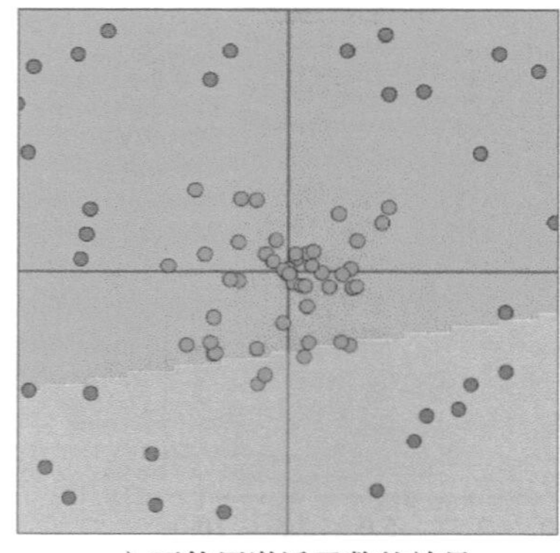

a）不使用激活函数的效果

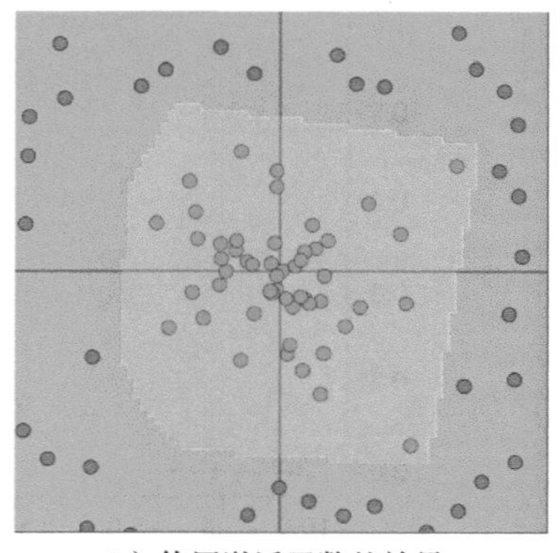

b）使用激活函数的效果

图 5-12　激活函数表达能力

每一层的输出通过这些激活函数之后，就会变得比以前复杂很多，从而提升了神经网络模型的表达能力。对于隐藏层到输出层是否需要激活函数，则还需要根据经验来进行判断，一般来说，输出层最主要的任务是将输出结果与真实结果进行比较，然后通过反向传播更新权重。因为数据经过激活函数的输出之后区间是有范围的，所以一般情况下不会考虑在隐藏层与输出层之间使用激活函数（分类问题除外，如果面对的是二分类的问题，则可以考虑使用 Sigmoid 函数作为隐藏层和输出层之间的激活函数；如果面对的是多分类的问题，则可以考虑使用 Softmax 作为隐藏层和输出层之间的激活函数）。

另外，我们再来思考一个问题，如果使用线性函数作为激活函数（通过增加隐藏层的层数，然后使用线性函数作为激活函数），那么是否可以达到非线性函数的效果，以此来解决线性不可分的问题？

答案肯定是不可以的，不管如何加深层数总会存在与之等效的“无隐藏层的神经网络”，这里我们考虑将线性函数 $f(x) = w1*x$ 作为激活函数（为了方便说明问题这里省略了 bias），然后我们使用三层隐藏层，最后对应的结果就是 $f(x) = w3*(w2*(w1*x)))$，稍加整理就是 $f(x) = w1*w2*w3*x$，这依然是一个线性函数。如果在三维空间里，则会变成一个超平面。因此激活函数必须使用非线性函数。

在了解了激活函数的作用之后，我们来介绍一些比较常用的激活函数，对于不常用的激活函数，本书就不讨论了。

1. Sigmoid 函数

Sigmoid 非线性激活函数的数学表达式为 $p=\frac{1}{1+\mathrm{e}^{-z}}$，其中，e 是纳皮尔常数，其值为 2.7182…，其直观的表达形式如图 5-13 所示。当 x 为 0 的时候，Sigmoid 函数值为 0.5，随着 x 的不断增大，对应的 Sigmoid 值将无线逼近于 1；而随着 x 的不断的减小，Sigmoid 值将不断逼近于 0。所以它的值域是在 (0, 1) 之间。

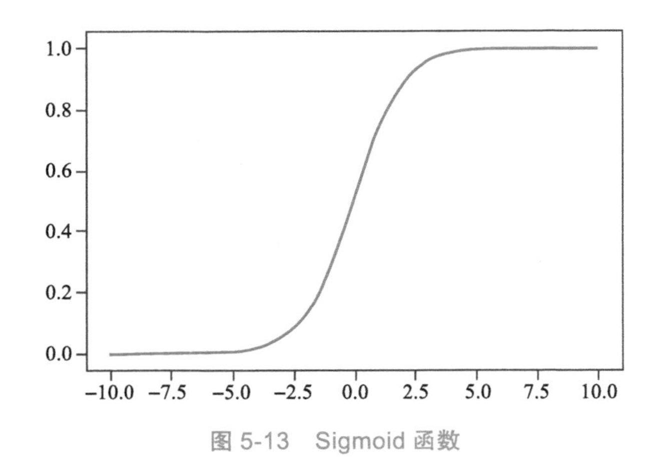

图 5-13　Sigmoid 函数

Sigmoid 函数之前曾被大量使用，但是近几年使用 Sigmoid 函数的人已经越来越少了，其主要原因是 sigmoid 函数会造成梯度消失；Sigmoid 函数有一个非常不好的特点就是，其在靠近 0 和 1 这两端的时候，因为曲线变得非常的平缓，所以梯度几乎变为了 0，我们在之前的篇章里曾提到过使用梯度下降法来更新参数（权重），因此如果梯度接近于 0，那就几乎没有任何信息来更新了，这样会造成模型不收敛。另外，如果使用 Sigmoid 函数，那么在初始化权重的时候也必须非常小心；如果初始化的时候权重太大，那么激活会导致大多数神经元变得饱和，从而没有办法更新参数了。

Python 实现 Sigmoid 函数的代码如下：

```
import numpy as np
def _sigmoid(x):
return 1 / (1 + np.exp(-x))
```

2. Tanh 函数

Tanh 是双曲正切函数，其公式为 $f(x)=\frac{(e^x-e^{-x})}{(e^x+e^{-x})}$，Tanh 函数和 Sigmoid 函数的曲线是比较相近的。相同的是，这两个函数在输入很大或是很小的时候，输出都几乎是平滑的，当梯度很小时，将不利于权重更新；不同之处在于输出区间，tanh 的输出区间是在 (–1, 1) 之间，而且整个函数是以 0 为中心的，这个特点比 Sigmoid 要好。Tanh 的直观效果如图 5-14 所示。

3. ReLU 函数

线性整流函数（Rectified Linear Unit，ReLU），又称为修正性线性单元，ReLU 是一个分段函数，其公式为 $f(x)=\max(0, x)$，可视化显示如图 5-15 所示。

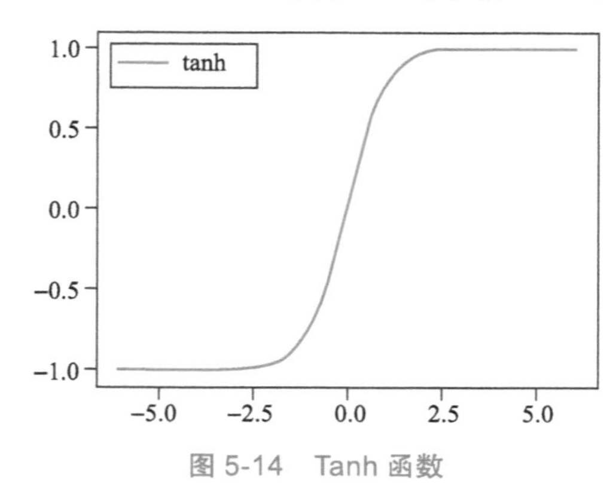

图 5-14　Tanh 函数

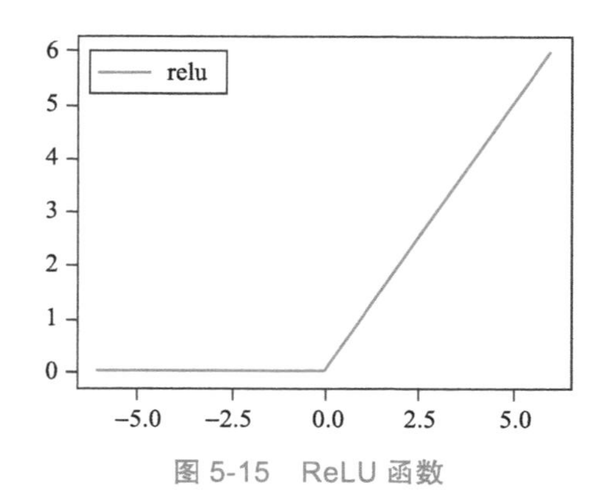

图 5-15　ReLU 函数

从图 5-15 所示的图形很容易就能理解的是，大于 0 的数将直接输出，小于 0 的数则输出为 0，在 0 这个地方虽然不连续，但其也同样适合做激活函数。ReLU 是目前应用较为广泛的激活函数，其优点为在随机梯度下降的训练中收敛很快，在输入为正数的时候，不存在梯度饱和问题，ReLU 函数只有线性关系，不管是前向传播还是反向传播都比 Sigmoid 函数要快很多（Sigmoid 要计算指数，计算速度会比较慢）。

Python 实现 ReLU 函数的代码如下：

```
import numpy as np
def _relu(x):
    return np.maximum(0,x)
```

5.1.3　前向传播

了解了神经网络的架构之后，我们会发现每个神经元都与其前后层的每个神经元相互连接，那么神经网络到底是如何从输入的数据经过一层一层的神经元，到达输出的呢？这个过程似乎有点令人生畏了，不过不用过于担心，我们会通过 2 个小例子来层层剖析神经网络是如何进行前向传播计算的。

神经网络前向传递过程的四个关键步骤具体说明如下。

1）输入层的每个节点，都需要与隐藏层的每个节点做点对点的计算，计算的方法是加权求和 + 激活函数。

2）利用隐藏层计算出的每个值，再使用相同的方法，与输出层进行计算（简单神经网络结构）。

3）隐藏层大量使用 ReLU 函数之前广泛使用 Sigmoid 作为激活函数，而输出层如果是二分类问题则一般使用 Sigmoid 函数；如果是多分类问题则一般使用 Softmax 作为激活函数。

4）起初输入层的数值将通过网络计算分别传播到隐藏层，再以相同的方式传播到输出层，最终的输出值将与样本值进行比较，计算出误差，这个过程称为前向传播。

我们来举例说明，输入节点为两个，分别是 $X1$ 和 $X2$，其中 $X1=0.3$、$X2=-0.7$，真实值 Y 为 0.1，从图 5-16 中，我们可以观察到输入层到隐藏层之间的神经元是相互连接的，想象一下，如果神经元过多，那么相互连接的链接将会非常的多，整个计算就会变得非常复杂，读者们可能会有非常多的设计思路来改善连接方式，但是神经网络还是坚持了这种看似繁杂的设计架构，其主要原因是为了方便计算机的计算（矩阵运算），另一个原因是神经网络的学习过程将会慢慢弱化某些链接（即这些链接上的权重慢慢趋近于 0）。

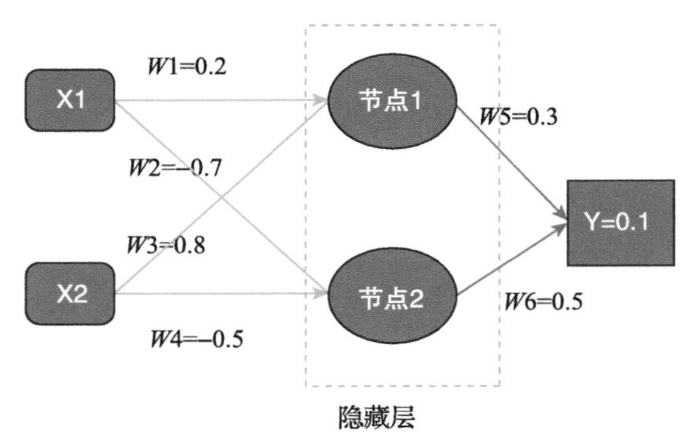

图 5-16　例子 1

下面再按照之前的步骤手动计算一下。对输入层到隐藏层的节点进行加权求和，结果分别如下。

- 节点 1 的值为 $X1*W1 + X2*W3 = 0.3*$

0.2 +（–0.7）*0.8 = -0.5

- 节点 2 的值为 $X1*W2 + X2*W4 = 0.3*(-0.7)+(-0.7)*(-0.5)=0.14$

结果如图 5-17 所示。

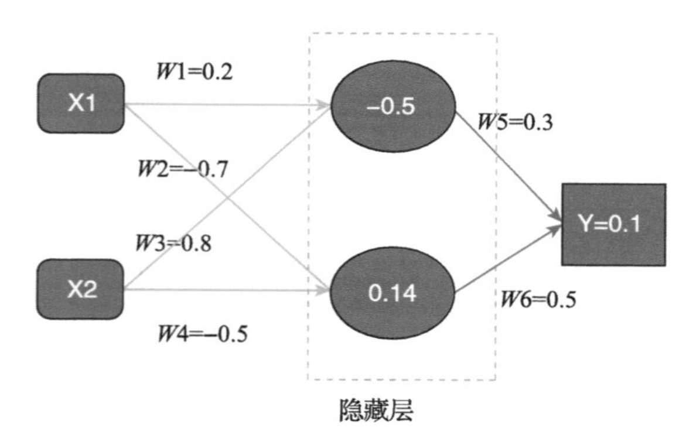

图 5-17 节点 1 节点 2

接着对隐藏层的节点的值执行 Sigmoid 激活，结果分别如下。

- sig 节点 1 = $\frac{1}{1+e^{0.5}}=0.378$
- sig 节点 2 = $\frac{1}{1+e^{-0.14}}=0.535$

最后对隐藏层的输出到输出节点进行加权求和：

$$0.378 * 0.3 + 0.535 * 0.5 = 0.381$$

Sigmoid 代码如下：

```
import numpy as np
def _sigmoid(in_data):
    return 1 / (1 + np.exp(-in_data))

print(_sigmoid(-0.5))
print(_sigmoid(0.14))
```

我们最后得到的 Y 的预测值为 0.381，与真实值 0.1 存在一定的差距，那么，这个时候就需要使用反向传播来使预测值更接近真实值了（不断优化迭代，更新权重）。在进行反向传播的讲解之前，我们还是再来分析一下前向传播，看看目前的这个计算逻辑是否还有优化的空间。

之前的运算有点过于复杂，想象一下，如果层数比较多或者神经元比较多，那么通过上述这种方式来进行运算就非常耗时间了，所幸的是，有矩阵计算这样的方式来帮助我们快速运算，下面再来看一个稍微复杂一点的例子，如图 5-18 所示。

对于节点 1 来说，其是通过 $x1 * w11 + x2 * w21 + x3 * w31$ 得到的，对于节点 2 是通过 $x1 * w12 + x2 * w22 + x3 * w32$ 得到，以此类推。如果结合矩阵运算知识，我们就可以写为如下这种形式：

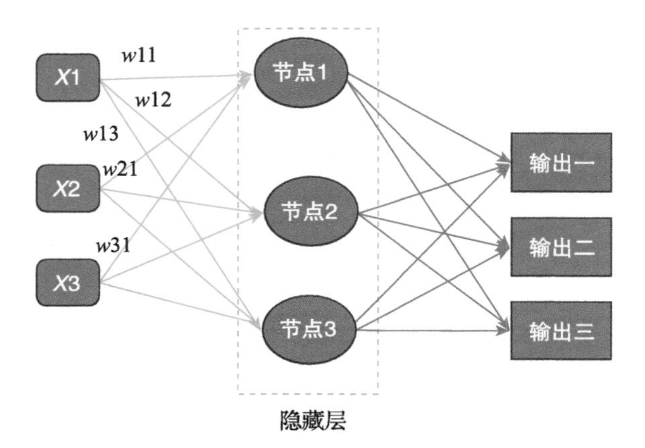

图 5-18　例子 2

$$\begin{pmatrix} w11 & w21 \\ w12 & w22 \end{pmatrix} \cdot \begin{pmatrix} x1 \\ x2 \end{pmatrix} = \begin{pmatrix} w11 * x1 + w21 * x2 \\ w12 * x1 + w22 * x2 \end{pmatrix}$$

矩阵运算更为简单，而且效果与我们手算的结果是一样的。

现在假设输入数据源是 [0.9,0.1,0.8]，顺便说一下，本例子只是一个简单的说明，里面的输入数据源以及权重都是无意义的，只是为了举例方便罢了，另外，不要去纠结为何针对一个三分类使用的是 Sigmoid 激活函数，而不是使用 Softmax，因为这里只是作为一个例子说明一下神经网络是如何进行前向传播计算的。示例代码具体如下：

```
import numpy as np
def _sigmoid(in_data):
    return 1 / (1 + np.exp(-in_data))
# 输入层
x = np.array([0.9,0.1,0.8])
# 隐藏层：需要计算输入层到中间隐藏层每个节点的组合，中间隐藏层的每个节点都与输入层的每个节点
 相连，所以 w1 是一个 3*3 的矩阵
# 因此每个节点都会得到输入信号的部分信息。
# 第一个输入节点与中间隐藏层第一个节点之间的权重为 w11=0.9，输入的第二个节点与隐藏层的第二节点
  之间的链接的权重为 w22=0.8
w1 = np.array([[0.9,0.3,0.4],
               [0.2,0.8,0.2],
             [0.1,0.5,0.6]])
# 因为输出层包含了 3 个节点，所以 w2 也是一个 3*3 的矩阵
w2 = np.array([
    [0.3,0.7,0.5],
    [0.6,0.5,0.2],
    [0.8,0.1,0.9]
])

Xhidden = _sigmoid(w1.dot(x))
```

```
print(Xhidden)
Xoutput = w2.dot(Xhidden)
print(Xoutput)                    # 最终输出的结果
```

下面再来考虑一个更复杂的例子，之前的例子中我们只考虑了权重，本例中我们来看下增加 bias 的情况。本例的神经网络结构如图 5-19 所示。

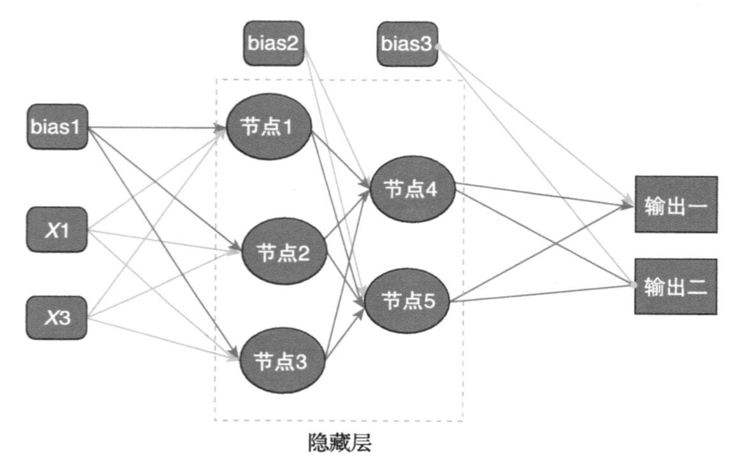

图 5-19　增加 bias

对于每一层的权重矩阵，又该如何确定其形状呢？第一层的 *W*1 的形状取决于输入层，本例中为 2，输出为 3，所以 *W*1 的形状为（2, 3），以此类推，*W*2 的形状为（3, 2）、*W*3 的形状为 (2,2), bias 的形状也比较容易确定，就是看输出层包含多少个神经元就是多少，比如第一层的 bias 就是 (3,)。具体代码如下：

```
import numpy as np
def _sigmoid(in_data):
    return 1 / (1 + np.exp(-in_data))
def init_network():
    network={}
    network['W1']=np.array([[0.1,0.3,0.5],[0.2,0.4,0.6]])
    network['b1']=np.array([0.1,0.2,0.3])
    network['W2']=np.array([[0.1,0.4],[0.2,0.5],[0.3,0.6]])
    network['b2']=np.array([0.1,0.2])
    network['W3']=np.array([[0.1,0.3],[0.2,0.4]])
    network['b3']=np.array([0.1,0.2])
    return network

def forward(network,x):
    w1,w2,w3 = network['W1'],network['W2'],network['W3']
    b1,b2,b3 = network['b1'],network['b2'],network['b3']
    a1 = x.dot(w1) + b1
    z1 = _sigmoid(a1)
    a2 = z1.dot(w2) + b2
```

```
    z2 = _sigmoid(a2)
    a3 = z2.dot(w3) + b3
    y = a3
    return y

network = init_network()
x = np.array([1.0,0.5])
y = forward(network,x)
print(y)
```

输出结果为：[0.31682708 0.69627909]。

至此，神经网络的前向传播就介绍完了。

5.2 输出层

神经网络可以用于处理分类问题以及回归问题，一般而言，如果是二分类问题，则从隐藏层到输出层使用 Sigmoid 函数作为激活函数，如果是多分类问题，则从隐藏层到输出层使用 Softmax 函数；对于回归问题我们一般不使用激活函数。下面我们就来介绍 Softmax 函数。

5.2.1 Softmax

Sigmoid 函数主要用于解决二分类问题，在图像分类问题上，大部分情况下，我们面对的还是多分类问题，对于多分类我们需要使用 Softmax 分类器。Softmax 分类器的输出是每个类别的概率。

在 Logistic regression 二分类问题中，我们可以使用 Sigmoid 函数将输入 $W*x+b$ 映射到 (0,1) 区间中，从而得到属于某个类别的概率。这里我们将这个问题进行泛化；在处理多分类（$C>2$）的问题上，分类器最后的输出单元需要使用 Softmax 函数进行数值处理。Softmax 函数的定义如下所示：

$$S_i = \frac{e^{V_i}}{\sum_j^C e^{V_j}}$$

其中，V_i 表示的是分类器前级输出单元的输出。i 表示类别索引，总的类别个数为 C。S_i 表示的是当前元素的指数与所有元素指数和的比值。Softmax 将多分类的输出数值转化为相对概率，因此更容易理解和比较。

将每一个类别求出的 e^{V_i} 除以类别总和，就可以得到概率，通过上式可以输出一个向量，其中，每个元素值均在 0 到 1 之间，且所有元素的概率之和为 1。在 Python 中，Softmax 函数可以写为：

```
#x 为输入的向量
```

```
def _softmax(x):
    exp_x = np.exp(x)
    return exp_x / np.sum(exp_x)
```

接下来看一下下面这个例子：一个多分类问题，$C = 4$。线性分类器模型最后的输出层包含了 4 个输出值，分别是：

$$V = \begin{pmatrix} -3 \\ 2 \\ -1 \\ 0 \end{pmatrix}$$

经过 Softmax 处理后，数值转化为如下所示的相对概率：

$$S = \begin{pmatrix} 0.0057 \\ 0.8390 \\ 0.0418 \\ 0.1135 \end{pmatrix}$$

很明显，Softmax 的输出表征了不同类别之间的相对概率。我们可以清晰地看出，$S1 = 0.8390$，其对应的概率最大，因此可以清晰地判断出预测为第 1 类的可能性更大。Softmax 将连续数值转化成相对概率，更有利于我们进行理解。

当我们运算的值比较小的时候是不会有什么问题的，但是如果运算的值很大或很小的时候，直接计算就会出现上溢出或下溢出，从而导致严重问题。举个例子，对于 [3, 1, −3]，直接计算是可行的，我们可以得到 (0.88, 0.12, 0)。但是对于 [1000, 1001, 1002]，却并不可行，我们会得到 inf（这也是深度学习训练过程常见的一个错误）；对于 [−1000, −999, −1000]，还是不行，我们会得到 -inf。

实际应用中，需要对 V 进行一些数值处理：即 V 中的每个元素减去 V 中的最大值。

$$D = \max(V)$$

$$S_i = \frac{e^{V_i - D}}{\sum_j^C e^{V_j - D}}$$

相应的 Python 示例代码如下：

```
#x 为输入的向量
def _softmax(x):
    c = np.max(x)
    exp_x = np.exp(x-c)
    return exp_x / np.sum(exp_x)

scores = np.array([123, 456, 789])    # example with 3 classes and each having large scores
p = _softmax(scores)
print(p)
```

下面我们来举例说明，我们把猫分为类 1，狗分为类 2 小鸡分为类 3，如果不属于以上任何一类就分到“其他”（或者说，”以上均不符合”）这一类，我们将这一类称为类 0，如图 5-20 所示，从左往右第一个图是一只小鸡，所以我们将它归到类 3，以此类推，猫是类 1，狗是类 2，最右边的图是考拉，所以属于“以上均不符合”，因此将其归到类 0。

图 5-20　猫狗小鸡分类

假设我们输入了一张猫的图片，其对应的真实标签是 0 1 0 0（类别已经转换成 one-hot 编码形式）。

真值 y 为 $\begin{pmatrix}0\\1\\0\\0\end{pmatrix}$ 其中，$y^{i=1}$ 是 1，其余都是 0，经过 Softmax 计算之后得到的是预测值 $y\_predict$，假设预测值为 $\begin{pmatrix}0.3\\0.2\\0.1\\0.4\end{pmatrix}$，它是一个包括总和为 1 的概率的向量，对于这个样本，神经网络的表现不佳，这实际上是一只猫但是猫的概率只分配到 20%，那么需要使用什么损失函数来训练这个神经网络呢？在 Softmax 分类中，我们用到的损失函数一般是交叉熵（后续篇章我们会详细讲解交叉熵，本节我们将主要关注输出层本身）。

一般来说，神经网络是将输出值最大的神经元所对应的类别作为识别结果，而且即使使用 Softmax 函数也只会改变值的大小而不能改变神经元的位置；另外指数函数的运算也需要一定的计算机运算量，因此可以考虑在多分类问题中省去 Softmax 函数。

5.2.2　one-hotencoding

独热码，在英文中称作 one-hot code，直观来说就是有多少个状态就有多少比特，而且只有一个比特为 1，其他全为 0 这一种码制。这里之所以要讲解独热码，是因为后续篇章中会将标签转为 one-hotencoding 方式。本节中，我们只是简单介绍下独热码。

假如只有一个特征是离散值：{sex：{male，female，other}}。该特征总共包含 3 个不同的分类值，此时需要 3 个 bit 位表示该特征是什么值，bit 位为 1 的位置对应于原特征的值。此时得到的独热码分别为：{100} 男性、{010} 女性、{001} 其他。

假如多个特征需要独热码编码，那么按照上面的方法依次将每个特征的独热码拼接起来就是：

```
{sex: {male, female, other}}
{grade: { 一年级，二年级，三年级，四年级 }}
```

此时对于输入 {sex ：male ；grade ：四年级 } 进行独热码编码，可以首先将 sex 按照上面的内容进行编码得到 {100}，然后按照 grade 进行编码得到 {0001}，那么两者连接起来就能得到最后的独热码 {1000001}。

5.2.3　输出层的神经元个数

输出层的神经元数量应根据实际需要解决的问题来决定。对于分类问题，输出层的神经元个数一般会与类别的数量保持一致。比如，我们以 MNIST（手写数字识别）为例，需要预测类别的数字从 0 到 9（相当于是一个 10 分类的问题），因此我们将输出层的神经元个数设定为 10 个（输出层的每个神经元对应每一个数字），如图 5-21 所示。

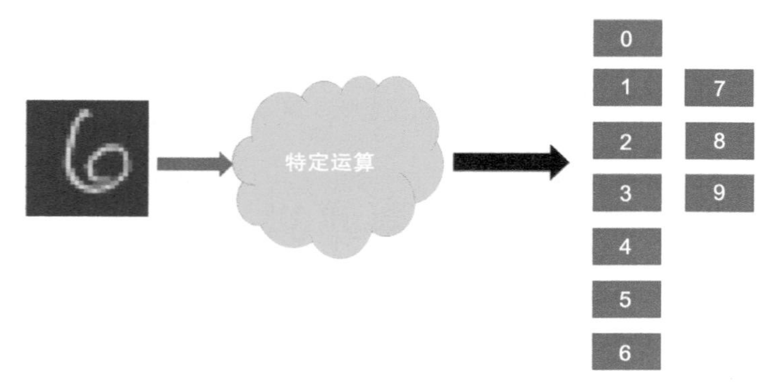

图 5-21　MNIST 示例

5.2.4　MNIST 数据集的前向传播

下面我们对这个 MNIST 数据集实现神经网络的前向传播处理。神经网络的输入层共有 784 个神经元，输出层共有 10 个神经元。输入层的 784 这个数字来源于图像大小的乘积，即 28*28=784，输出层 10 这个数字来源于 10 类别分类（数字 0 到 9，共 10 类别）的数量。此外，这个神经网络包含 2 个隐藏层，第 1 个隐藏层包含 50 个神经元，第 2 个隐藏层包含 100 个神经元；这个 50 和 100 可以设置为任何值。完成 MNIST 数据集的前向传播的主要函数为，MNIST 的数据读取、ReLU 激活函数、初始化网络 init_network 函数以及前向传播函数 forward。其中，ReLU 函数的实现在之前的篇幅中已经给出了实现方法，这里就不再赘述了。

我们先来看一下如何读取 MNIST 数据集，对于这个数据集，之前我们在讲解 KNN 算法的时候就已经给出了代码，在这里，我们使用 train_dataset 和 test_dataset 作为数据源。完整实现代码具体如下：

```
# MNIST dataset
train_dataset = dsets.MNIST(root = '/ml/pymnist',        # 选择数据的根目录
                            train = True,                # 选择训练集
                            transform = transforms.ToTensor(), # 转换成 tensor 变量
                            download = False)            # 不从网络上下载图片
test_dataset = dsets.MNIST(root = '/ml/pymnist',         # 选择数据的根目录
                           train = False,                # 选择测试集
                           transform = transforms.ToTensor(), # 转换成 tensor 变量
                           download = False)             # 不从网络上下载图片
```

接着，我们来看下如何实现初始化网络 init_network 这个函数，在这里我们设置了 weight_scale 变量用于控制随机权重不要过大，我们将 bias 统一设置为 1。实现代码具体如下：

```
def init_network():
    network={}
    weight_scale = 1e-3
    network['W1']=np.random.randn(784,50) * weight_scale
    network['b1']=np.ones(50)
    network['W2']=np.random.randn(50,100) * weight_scale
    network['b2']=np.ones(100)
    network['W3']=np.random.randn(100,10) * weight_scale
    network['b3']=np.ones(10)
    return network
```

接着我们再来实现 forward 函数，我们将之前一直使用的 Sigmoid 激活函数改为 ReLU 激活函数（ReLU 函数计算更快，是目前主流的激活函数）。完整代码具体如下：

```
def forward(network,x):
    w1,w2,w3 = network['W1'],network['W2'],network['W3']
    b1,b2,b3 = network['b1'],network['b2'],network['b3']
    a1 = x.dot(w1) + b1
    z1 = _relu(a1)
    a2 = z1.dot(w2) + b2
    z2 = _relu(a2)
    a3 = z2.dot(w3) + b3
    y = a3
    return y
```

最后，我们测试下在测试集下使用神经网络（仅包含前向传播）的准确度能达到多少。函数以 Numpy 数组的形式输出与各个标签对应的概率。比如输出 [0.1, 0.5, 0.3, ..., 0.04] 的数组，该数组表示“0”的概率为 0.1，“1”的概率为 0.5 等。之后，我们取出这个概率列表中的最大值的索引（第几个元素的概率最高）作为预测结果（使用 np.argmax(x) 函数取出数组中的最大值的索引）。最后通过比较神经网络所预测的分类答案和正确标签，输出回答

正确的概率。完整代码具体如下：

```
network = init_network()
accuracy_cnt = 0
x = test_dataset.test_data.numpy().reshape(-1,28*28)
labels = test_dataset.test_labels.numpy() #tensor 转 numpy
for i in range(len(x)):
    y = forward(network, x[i])
    p = np.argmax(y) # 获取概率最高的元素的索引
    if p == labels[i]:
        accuracy_cnt += 1
print("Accuracy:" + str(float(accuracy_cnt) / len(x) * 100) + "%")
```

最后得到的结果是 Accuracy 约为 10% 左右（对于这个结果，我们其实是可以接受的，因为是 10 分类，哪怕我们随便猜，猜对的概率也在 10% 左右），并且因为我们只做了前向传播，没有做反向传播，所以我们的权重以及 bias 都不是最优的。

5.3　批处理

下面我们来回顾下 MNIST 的前向传播，从整体的处理流程来看，输入虽然是一个形状为 (10000,784) 的数据集，但其实每次计算都是一张图一张图地来计算（代码本身是使用 for 循环来获取每一个数据），如图 5-22 所示。

	X	W1	W2	W3	->	Y 输出
形状：	784	784*50	50*100	100*10		10

图 5-22　单个处理

回顾一下我们之前所写的代码，标黑的部分所代表的就是处理一张一张的图片，具体如下：

```
for i in range(len(x)):
y = forward(network, x[i])
    p = np.argmax(y)                # 获取概率最高的元素的索引
    if p == labels[i]:
        accuracy_cnt += 1
```

如果我们一次直接打包 10000 条数据（或者更大规模的数据），则可能会造成数据传输的瓶颈，批处理对计算机运算的好处在于，批处理可以减轻数据总线的负荷。如果我们考虑使用批处理来打包 100 张图像将其作为一个批次，则需要将 X 的形状改为 100*784，再将 100 张图像打包在一起作为输入数据，如图 5-23 所示。

	X	W1	W2	W3	->	Y 输出
形状：	100*784	784*50	50*100	100*10		100*10

图 5-23　批处理

代码需要修改两个地方，具体说明如下。

其中之一是对我们之前所写的Softmax做一个修改，之前的Softmax只支持向量。现在我们修改下使之可以支持矩阵，修改后的代码如下：

```
import numpy as np
def _softmax(x):
    if x.ndim == 2:
        c = np.max(x,axis=1)
        x = x.T - c #溢出对策
        y = np.exp(x) / np.sum(np.exp(x),axis=0)
        return y.T
    c = np.max(x)
    exp_x = np.exp(x-c)
    return exp_x / np.sum(exp_x)
```

另外一个需要修改的地方如代码段中标黑部分所示：

```
accuracy_cnt = 0
batch_size = 100
x = test_dataset.test_data.numpy().reshape(-1,28*28)
labels = test_dataset.test_labels.numpy()
for i in range(0,len(x),batch_size):
    x_batch = x[i:i+batch_size]
    y_batch = forward(network, x_batch)
    p=np.argmax(y_batch,axis=1)
    accuracy_cnt += np.sum(p == labels[i:i+batch_size])
print("Accuracy:" + str(float(accuracy_cnt) / len(x) * 100) + "%")
```

思考：

我们既然发现Softmax函数需要针对矩阵做一定的修改，那么，Sigmoid和ReLU激活函数是否也需要针对矩阵做一定的修改呢？我们写一段程序测试下就知道了。

首先对于向量与矩阵，我们都初始化一些测试值。

对于Sigmoid激活函数，我们使用a作为矩阵，$a1$作为向量进行测试，看针对向量与矩阵返回的值是否一致，代码如下：

```
import numpy as np
a = np.array([[-1,1,2,3],
              [-2,-1,4,5]])
a1 = np.array([-1,1,2,3])
def _sigmoid(in_data):
    return 1 / (1 + np.exp(-in_data))
print(_sigmoid(a1))
print(_sigmoid(a))
```

对于ReLU激活函数，我们做同样的操作，代码如下：

```
import numpy as np
```

```
a = np.array([[-1,1,2,3],
              [-2,-1,4,5]])
a1 = np.array([-1,1,2,3])
def _relu(in_data):
    return np.maximum(0,in_data)
print(_relu(a))
print(_relu(a1))
```

测试之后我们可以发现，输入 x 变为矩阵之后，其对于 Sigmoid 函数以及 ReLU 函数不会产生影响。

5.4　广播原则

在 Softmax 的代码修改中，我们使用了 Python 中的广播原则，广播原则指的是如果两个数组的后缘维度（trailing dimension，即从末尾开始算起的维度）的轴长度相符，或者其中一方的长度为 1，则认为它们是广播兼容的。广播会在缺失和（或）长度为 1 的维度上进行。这句话乃是理解广播的核心。广播主要发生在两种情况：一种是两个数组的维数不相等，但是它们的后缘维度的轴长相符；另外一种是有一方的长度为 1。

下面我们来列举 2 个例子，代码如下：

```
import numpy as np
arr1 = np.array([[0,0,0],[1,1,1],[2,2,2],[3,3,3]])
arr2 = np.array([1,2,3])
arr_sum = arr1 + arr2
print(arr1.shape)
print(arr2.shape)
print(arr_sum)
```

我们可以看到，arr1 的 shape 是 (4, 3) 而 arr2 的 shape 是 (3,)，虽然它们的维度不同但是它们的后缘维度相等，arr1 的第二个维度为 3，其与 arr2 的维度相同，因此它们可以通过广播原则进行相加。

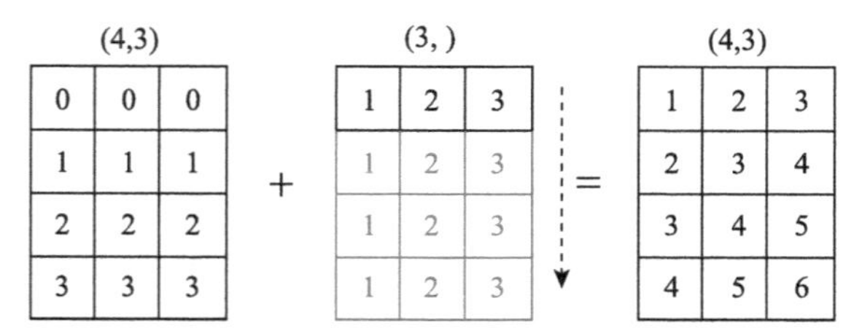

图 5-24　广播原则 1

下面我们来看一下第二个例子，示例代码具体如下：

```
import numpy as np
arr1 = np.array([[0,0,0],[1,1,1],[2,2,2],[3,3,3]])
```

```
arr2 = np.array([[1],[2],[3],[4]])
arr_sum = arr1 + arr2
print(arr1.shape)
print(arr2.shape)
print(arr_sum)
```

如图 5-25 所示，Arr1 的 shape 为 (4,3)，arr2 的 shape 为 (4,1), 它们都是二维的，但是 arr2 在 1 轴上的长度为 1，所以可以通过广播原则进行相加的操作。

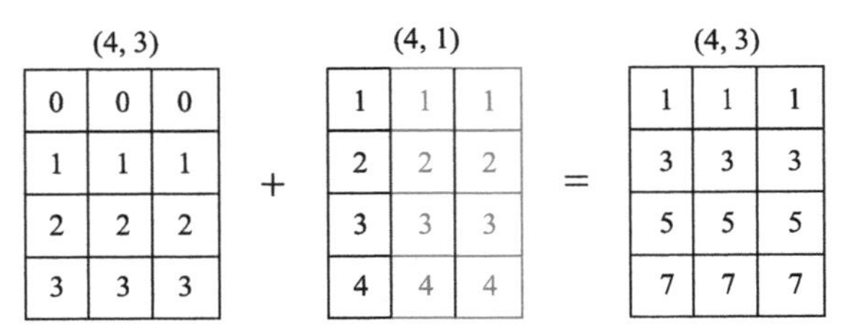

图 5-25　广播原则 2

5.5　损失函数

神经网络模型训练得以实现是经过前向传播计算 Loss，根据 Loss 的值进行反向推导，并进行相关参数的调整。由此可见，Loss 是指导参数进行调整的方向性的指导，是很关键的值，如果 Loss 随意指示下降的方向，那么可能会出现的问题是，无论经过多少次迭代，都是没有目标的随意游走，这样的话又怎么可能到达 Loss 最低点呢？在神经网络的训练中，对于损失函数的选取、以及梯度下降的各个参数的调整都是尤为重要的。使用的最主要的损失函数是均方误差和交叉熵误差。

5.5.1　均方误差

均方误差（meansquarederror）是各数据偏离真实值的距离平方和的平均数，也即误差平方和的平均数，用 σ 表示。均方误差可以用作机器学习中的损失函数，用于预测和回归。均方误差的公式为：

$$\text{Loss}=\frac{\sum_{0}^{n}(x_i-x_i')^2}{n}$$

这里的 x_i 表示的是神经网络的输出，x_i' 表示的是真实值，i 代表每个数据。

用 Python 代码实现，具体如下：

```
def mean_squared_error(p,y):
    return np.sum((p-y)**2)/y.shape[0]
```

下面回到动物分类的例子，我们将猫分为类 1，狗分为类 2，小鸡分类为 3，如果不属于以上任何一类就分到“其他”类（或者说，”以上均不符合”这一类），我们将它称为类 0。假设我们在这里输入了一张猫的图片，其对应的真实标签是 0 1 0 0（类别已经转换成了 one-hot 编码形式）：

$$y=\begin{pmatrix}0\\1\\0\\0\end{pmatrix},\ y_{predict}=\begin{pmatrix}0.3\\0.2\\0.1\\0.4\end{pmatrix}$$

我们通过代码来看下，下述代码的输出是 0.22500000000000003：

```
import numpy as np
y = np.array([0,1,0,0])           #y 是真实标签
p = np.array([0.3,0.2,0.1,0.4]) # 通过 Softmax 得到的概率值
def mean_squared_error(p,y):
     return np.sum((p-y)**2)/y.shape[0]
print(mean_squared_error(p,y))
```

如果分类的类别是正确的，则输出是 0.055000000000000014：

```
import numpy as np
y = np.array([0,1,0,0])
p = np.array([0.2,0.6,0.1,0.1])
def mean_squared_error(p,y):
     return np.sum((p-y)**2)/y.shape[0]
print(mean_squared_error(p,y))
```

假设上述两个例子是图像分类，第一个例子中，我们输入的图片是猫，但是神经网络认为是鸡，其损失函数的输出约为 0.23；第二个例子中，我们输入的图片是猫，神经网络也认为是猫（概率比较大的那个），其损失函数的输出约为 0.055。从上述结果中，我们可以发现，第二个例子的损失函数输出更小，这也就意味着其与真实值之间的误差更小。

5.5.2　交叉熵误差

同样的例子，在使用 Softmax 层时，对应的目标值 y 以及训练结束前某次输出的概率值 *y_predict*（Softmax 得到的是针对每一个类别的概率值）分别为：

$$y=\begin{pmatrix}0\\1\\0\\0\end{pmatrix},\ y_{predict}=\begin{pmatrix}0.3\\0.2\\0.1\\0.4\end{pmatrix}$$

Softmax 使用的损失函数为交叉熵，其中 C 代表类别数量：

$$\text{Loss}=-\sum_{j=1}^{C=4}y_j\log(y\_predict_j)$$

在训练过程中，我们的目标是最小化 Loss 的值，y 已经是 one-hot 类型了，我们输入的

图片是猫，所以我们可以知道 $y_1=y_3=y_4=0, y_2=1$（为便于理解初始索引为 1），所以带入 Loss 函数中可以得到：

$$\text{Loss} = -\sum_{j=1}^{C=4} y_j \log(y\_predict_j) = -y_2 \log(y\_predict_2)$$

所以为了最小化 Loss，我们的目标就变成了使得 $y\_predict_2$ 的概率尽可能地大。上述公式是一个样本所得到的 Loss 函数值，最后我们累加训练集中的 Loss 函数值。

这里用 Python 代码来实现，其中，p 代表预测值；y 代表真实值，实现代码具体如下：

```
def cross_entropy_error(p,y):
    return np.sum(-y*np.log(p))
```

下面依然通过上述例子来求解一遍以查看效果，值得注意的是，为了避免出现 log(0)，所以我们增加了一个 delta 值。下述代码的输出是 1.6094374124342252，具体实现如下：

```
import numpy as np
def cross_entropy_error(p,y):
    delta = 1e-7
    return np.sum(-y*np.log(p+delta))

y = np.array([0,1,0,0])
p = np.array([0.3,0.2,0.1,0.4])
print(cross_entropy_error(p,y))
```

第二个例子的输出是 0.510825457099338，具体实现如下：

```
import numpy as np
y = np.array([0,1,0,0])
p = np.array([0.2,0.6,0.1,0.1])
def cross_entropy_error(p,y):
    delta = 1e-7
    return np.sum(-y*np.log(p+delta))
print(cross_entropy_error(p,y))
```

由上述示例我们可以得出同样的结论：当真实类别与神经网络给出的类别相同的时候，损失函数的输出比较小。

5.5.3 Mini-batch

传统的机器学习是针对所有的训练数据来进行训练的，然后针对所有的训练数据来计算损失函数的值，以找出使该值尽可能小的一系列参数。换句话说就是，如果训练数据有 100 万个的话，那么通过传统的方式，我们需要将这 100 万条数据的损失函数作为之后学习（优化）的指标，如果是这样的话，那对计算机来说，压力也太大了吧。

Mini-batch 是一个一次训练数据集的一小部分，而不是整个训练集的技术。它可以使内存较小、不能同时训练整个数据集的电脑也可以训练模型。Mini-batch 从运算的角度来说是低效的，因为你不能在所有样本中都计算 Loss 值。但是这点小代价也比根本不能运行模型要划算。其与随机梯度下降（SGD）结合在一起使用时也很有帮助。使用方法是在每一代训练之前，都对数据进行随机混洗，然后创建 mini-batches，对每一个 Mini-batch，都使用梯度下降训练网络权重。因为这些 batches 是随机的，因此你其实是在对每个 batch 做随机梯度下降（SGD）的操作。

之前的例子中，我们都是拿一条数据来计算损失函数的值，那如果有 N 条数据呢？我们可以通过交叉熵误差公式来做一个改写：

$$\text{Loss} = -\frac{1}{N}\sum_{N}\sum_{j=1}^{C=4} y_j \log(y\_predict_j)$$

公式虽然复杂了一点，但是简单理解一下，其只是将求单个数据的损失函数扩大到了 N 份数据之和罢了，最后还需要除以 N 来得到平均损失函数，用以规避样本数 N 的影响。

讲完了概念之后，我们再来看下如何通过 Mini-batch 技术来实现交叉熵误差（前提是标签已经转为 one-hot encoding 了）。这里的 y 是实际值，p 是神经网络的预测值。实现代码如下：

```
def cross_entropy_error(p, y):
    delta = 1e-7
    batch_size = p.shape[0]
    return -np.sum(y * np.log(p + delta)) / batch_size
```

5.6　最优化

损失函数可以量化某个具体权重集 W 的质量，即一系列的 W 所得到的损失函数的值，值越小表示预测值越接近真实值。而最优化的目标就是找到能够使损失函数值最小化的一系列 W。下面我们来探讨几个可能的最优化方案。

5.6.1　随机初始化

首先，思考第一个策略，我们随机尝试很多不同的权重，然后观察哪一批 W 的效果最好。核心实现代码如下：

```
accuracy_cnt = 0
batch_size = 100
x = test_dataset.test_data.numpy().reshape(-1,28*28)
labels = test_dataset.test_labels
finallabels = labels.reshape(labels.shape[0],1)
bestloss = float('inf')
for i in range(0,int(len(x)),batch_size):
    network = init_network()
    x_batch = x[i:i+batch_size]
    y_batch = forward(network, x_batch)
    one_hot_labels = torch.zeros(batch_size, 10).scatter_(1, finallabels[i:i+batch_
        size], 1)
```

```
    loss = cross_entropy_error(one_hot_labels.numpy(),y_batch)
    if loss < bestloss:
        bestloss = loss
        bestw1,bestw2,bestw3 = network['W1'],network['W2'],network['W3']
    print("best loss: is %f "  %(bestloss))
```

下面使用这些 bestw 来查看准确率，代码如下：

```
a1 = x.dot(bestw1)
z1 = _relu(a1)
a2 = z1.dot(bestw2)
z2 = _relu(a2)
a3 = z2.dot(bestw3)
y = _softmax(a3)
print(y)
# 找到在每列中评分值最大的索引（即预测的分类）
Yte_predict = np.argmax(y, axis = 1)
one_hot_labels = torch.zeros(x.shape[0], 10).scatter_(1, finallabels, 1)
true_labels = np.argmax(one_hot_labels.numpy(),axis=1)
# 计算准确率
print(np.mean(Yte_predict == true_labels))
```

最后输出的准确率是 0.1218，这个结果与我们自己随便猜测的效果不相上下。

上述代码中值得注意的是，在 PyTorch 中产生的 label 并不是 one-hot 类型的，所以需要将其转换成 one-hot 类型。转换代码如下：

```
one_hot_labels = torch.zeros(batch_size, 10).scatter_(1, finallabels[i:i+batch_size], 1)
```

下面运行转换后的测试代码，效果非常直观，测试代码如下：

```
import torch
from torch.utils.data import DataLoader
import torchvision.datasets as dsets
import torchvision.transforms as transforms
import numpy as np
class_num = 10
batch_size = 4
label = torch.LongTensor(batch_size, 1).random_() % class_num
print(label)
one_hot = torch.zeros(batch_size, class_num).scatter_(1, label, 1)
print('---')
print(one_hot)
```

5.6.2　跟随梯度（数值微分）

上一个策略中，我们尝试的是随机权重，然后找到随机权重中最好的一批（Loss 最小的那一批权重值）。其实不需要随机寻找权重，因为我们可以直接计算出最好的方向，也就是从数学上计算出最陡峭的方向。这个方向就是损失函数的梯度（gradient）。对一维函数进行求导，公式如下：

$$\frac{\mathrm{d}f(x)}{\mathrm{d}x}=\lim_{h\to 0}\frac{f(x+h)-f(x)}{h}$$

左边的 $\frac{\mathrm{d}f(x)}{\mathrm{d}x}$ 表示的是 $f(x)$ 关于 x 的导数，即 $f(x)$ 相对于 x 的变化程度。微小变化 h 无限趋近于 0，表示为 $\lim_{h\to 0}$。

当函数包含多个参数的时候，我们称导数为偏导数。而梯度就是在每个维度上偏导数所形成的向量。

计算梯度有两种方法：一种是缓慢的近似方法，即数值梯度法，其实现相对来说比较简单；另一种方法是分析梯度法，虽然其计算迅速，结果精确，但是实现时容易出错，且需要使用微分。本节主要针对数值梯度法进行讲解：

如果是对上述公式 $\frac{\mathrm{d}f(x)}{\mathrm{d}x}=\lim_{h\to 0}\frac{f(x+h)-f(x)}{h}$ 编写一个 Python 函数的话，则可以写成：

```
def eval_numerical_gradient(f,x):
    h = 0.00001
    return (f(x+h)-f(x))/h
```

上述实现中，该函数接受了两个参数，即“函数 f”和参数 x。

实践考量：

注意在数学公式中，h 的取值是趋近于 0 的，然而在实际中，用一个很小的数值（比如例子中的 1e-5）来代替就足够了。在数值计算不出错的理想前提下，应尽可能地使用较小的 h。还有，实际中使用中心差值公式（centered difference formula）效果较好。实现代码具体如下：

```
def eval_numerical_gradient(f,x):
    h = 0.00001
    return (f(x+h)-f(x-h))/ (2*h)
```

1. 梯度

之前的例子中，我们只计算了一个变量的导数，如果存在多个 x（比如：$x0, x1, x2, x3, \cdots, xn$）的偏导数（$\frac{\mathrm{d}f(x)}{\mathrm{d}x1},\frac{\mathrm{d}f(x)}{\mathrm{d}x2},\frac{\mathrm{d}f(x)}{\mathrm{d}x3}\cdots\frac{\mathrm{d}f(x)}{\mathrm{d}xn}$），则由全部变量的偏导数汇总而成的向量即为梯度（gradient），实现代码具体如下：

```
def numerical_gradient(f,x):
    h = 0.00001
    grad = np.zeros_like(x)
```

```
    for idx in range(x.size):
        tmp_val = x[idx]
        #f(x+h) 的计算
        x[idx] = tmp_val + h
        fxh1 = f(x)
        #f(x-h) 的计算
        x[idx] = tmp_val - h
        fxh2 = f(x)

        grad[idx] = (fxh1 - fxh2) / (2*h)
        x[idx] = tmp_val
    return grad
```

函数 numerical_gradient(f,x) 中的实现看上去比较复杂，其实就是针对 x 中的每一个值都去做一下单个的 eval_numerical_gradient 运算罢了。其中，np.zeros_like(x) 会生成一个形状与 x 相同且所有元素都为 0 的数组。

2. 梯度下降法

之前第 4 章的机器学习中已对梯度下降法进行了更详细的介绍，本节在这里只是稍微补充一下，虽然梯度的方向并不一定指向函数的最小值（可能存在局部最小值的可能性，因而没有找到全局最小值），但的确是在沿着它的方向尽可能地减少函数的值。下面我们利用 Python 语言来实现梯度下降法，实现代码具体如下：

```
def gradient_descent(f,init_x,lr=0.01,step_num=100):
    x =init_x
    for i in range(step_num):
        grad = numerical_gradient(f,x)
        x -= lr*grad
    return x
```

其中，参数 f 是要进行最优化的函数，init_x 是初始值，lr 表示 learning_rate（其是个超参数，需要自己调整），step_num 代表梯度下降法的重复数。

3. 神经网络的梯度下降法

神经网络的学习也要求梯度，这里的梯度所代表的是损失函数中关于权重以及偏移量（bias）的梯度。比如一个形状为 2*2 的权重为 W 的神经网络，损失函数用 L 表示，那么对于：

$$W=\left(\begin{array}{c|c} W11 & W12 \\ W21 & W22 \end{array}\right)$$

其梯度表示为：

$$\frac{\partial L}{\partial W}=\left(\begin{array}{c|c} \dfrac{\partial L}{\partial W11} & \dfrac{\partial L}{\partial W12} \\ \dfrac{\partial L}{\partial W21} & \dfrac{\partial L}{\partial W22} \end{array}\right)$$

$\frac{\partial L}{\partial W}$的元素由各个元素关于 W 的偏导数构成。对于每一个偏导数，其表示的意义是，当每个 W 稍微变化的时候，损失函数 L 会发生多大的变化（这里的 $\frac{\partial L}{\partial W}$ 和 W 的形状是相同的。）

4. 补充概念：Np.nditer

```
import numpy as np
arr1 = np.arange(0,30,5).reshape(2,3)
it = np.nditer(arr1, flags=['multi_index'],op_flags=['readwrite'])
while not it.finished:
    print(it.multi_index)
    it.iternext()
```

输出如下：

```
(0, 0)
(0, 1)
(0, 2)
(1, 0)
(1, 1)
(1, 2)
```

flags=['multi_index'] 表示对 a 进行多重索引，具体解释请看下面的示例代码。

上述代码段中参数的解释如下。

- op_flags=['readwrite'] 表示不仅可以对 a 进行 read（读取），还可以 write（写入），即相当于在创建这个迭代器的时候，我们就规定好了其具有哪些权限。
- print(it.multi_index) 表示输出元素的索引，可以看到输出的结果都是 index。
- it.iternext() 表示进入下一次迭代，如果不加这一条语句的话，输出的结果就会一直都是 (0, 0)。

5. 小案例

讲了这么多的知识点，读者可能会觉得对于一些概念还不是那么理解，所以本节打算再讲解一个小案例，将上述知识点做一个贯穿以帮助大家理解。

案例的背景如下：输入一个 X（人工识别这个 X 的图像为狗），让机器自动判断该图像的分类，其中，图像为三分类（类别分别为鸡、猫、狗），真实标签的分类为 y = [0, 0, 1]（标签已经转为 one-hot 类型，代表是狗）。假设我们有一个数据集 X，X 赋值为 [[0.6, 0.9]]（已经将肉眼识别的狗的图片转为了矩阵），从代码中能够看到 X 的形状为（1, 2），代表的是 1 行 2 列：

```
import numpy as np
X = np.array([[0.6,0.9]])
print(X.shape)
```

接着我们来定义一个简单的神经网络，在 __init__ 初始化方法里，我们初始化了一个符合高斯分布的 W 矩阵，其大小为 (2,3)，并且为了保证效果的可靠性，我们设置了 random.seed(0) 方法以保证每一次随机的 W 都是一致的；另外在 Forward 方法里，我们实现了前向传播；在 Loss 方法里，我们主要的实现思路是通过 Forward 方法得到预测值，经过 Softmax 方法转为相加之和为 1 的概率矩阵，之后再通过 cross_entropy_error 方法计算损失值 Loss。现在大家都了解了我们的目的就是通过 W 的调整（利用梯度下降法）使得 Loss 值不断减少。详细代码如下：

```
class simpleNet:
    def __init__(self):
        np.random.seed(0)
        self.W = np.random.randn(2,3)

    def forward(self,x):
        return np.dot(x,self.W)

    def loss(self,x,y):
        z = self.forward(x)
        p = _softmax(z)
        loss = cross_entropy_error(p,y)
        return loss
```

Softmax 以及 cross_entropy_error 的实现方式分别在本章的 5.5.1 节以及 5.8.3 节进行了详细讲解，如果读者有疑问请翻至对应章节阅读学习。

接着，我们初始化一下简单神经网络，然后输出看下目前随机的 W 分别是哪些值，实现代码如下：

```
net = simpleNet()
print(net.W)
X= np.array([[0.6,0.9]])
p = net.predict(X)
print('预测值为：',p)
print('预测的类别为：',np.argmax(p))
```

因为 W 是随机的，所以读者的输出结果与这里的输出结果可能会不一致，这里的输出结果仅供参考，我们可以发现，结果中预测类别是 0 对应的类别是鸡，很明显预测错误。

```
[[ 1.76405235  0.40015721  0.97873798]
 [ 2.2408932   1.86755799 -0.97727788]]
预测值为：[[ 3.07523529  1.92089652 -0.2923073 ]]
预测的类别为： 0
```

下面我们进一步看一下此时的损失值 Loss：

```
y = np.array([0,0,1]) # 输入正确类别
print(net.loss(x,y))
```

计算一下损失值，我们会发现 Loss 非常大，其值为 15.706416957363151，这个就需要基于数值微分的梯度下降法来进行优化了！详细代码如下：

```
def numerical_gradient(f, x):
    h = 1e-4 # 0.0001
    grad = np.zeros_like(x)

    it = np.nditer(x, flags=['multi_index'], op_flags=['readwrite'])
    while not it.finished:
        idx = it.multi_index
        tmp_val = x[idx]
        x[idx] = float(tmp_val) + h
        fxh1 = f(x) # f(x+h)

        x[idx] = tmp_val - h
        fxh2 = f(x) # f(x-h)
        grad[idx] = (fxh1 - fxh2) / (2*h)

        x[idx] = tmp_val #还原值
        it.iternext()

    return grad
def gradient_descent(f,init_x,lr=0.01,step_num=1000):
    x =init_x
    for i in range(step_num):
        grad = numerical_gradient(f,x)
        x -= lr*grad
    return x
f =  lambda w: net.loss(x,y)
dw = gradient_descent(f,net.W) #需要更新的主要是W
print(dw)
```

上述代码比较简单，而且之前陆陆续续已经讲解过了，这里就不再赘述了，我们此时输出 dw 观察下，通过梯度下降之后的 dw 的值具体如下：

```
[[-4.09592461e-02 -8.44400784e-01  4.02830757e+00]
 [-4.66624189e-01  7.21000464e-04  3.59707650e+00]]
```

最后我们来验证下，通过计算出来的 dw 值，我们重新计算下损失值以及预测的类别，可以发现我们的损失值降低了，并且类别也预测正确了，具体代码如下：

```
print('损失值变为：',cross_entropy_error(_softmax(np.dot(x,dw)),y))
print('预测类别为：',np.argmax(np.dot(x,dw)))
```

上述代码输出结果如下：

```
损失值变为：  0.06991990559251195
预测类别为：  2
```

希望通过这个案例，读者对前文的知识点能有一个直观的了解。

5.7 基于数值微分的反向传播

在本节中，我们尝试使用基于数值微分的方式实现手写数字的识别，并且是使用 mini_batch 来提升计算性能，使用的优化方法是随机梯度下降法，这里需要补充一点的是：随机指的是“随机选择数据源中的小批次”的意思，随机梯度下降法的英文名字就叫作 SGD。

下面我们就来实现手写数字识别的神经网络，整体过程相比之前的案例要复杂很多，不过不用担心，我们一步一步进行剖析，从之前学过的，易于理解的，容易实现的代码开始编写。

第一步，激活函数的定义。在前向传播上，我们主要是使用两类激活函数，ReLU 和 Softmax。这两个函数在之前已经详细讲解过了，在这里我们给出与其对应的 Python 实现代码。

激活函数 ReLU 的实现流程：

```
def _relu(in_data):
    return np.maximum(0,in_data)
```

激活函数 Softmax 的实现流程：

```
def _softmax(x):
    if x.ndim == 2:
        c = np.max(x,axis=1)
        x = x.T - c # 溢出对策
        y = np.exp(x) / np.sum(np.exp(x),axis=0)
        return y.T
    c = np.max(x)
    exp_x = np.exp(x-c)
    return exp_x / np.sum(exp_x)
```

第二步，损失函数以及数值微分的计算逻辑。这两个函数之前也已经详细讲解过了，在这里我们只给出相应的 Python 实现代码。

计算基于小批次的损失函数的损失值，其中，y 代表真实值，p 代表预测值。计算代码具体如下：

```
def cross_entropy_error(p, y):
    delta = 1e-7
    batch_size = p.shape[0]
    return -np.sum(y * np.log(p + delta)) / batch_size
```

数值微分的实现逻辑如下（对于不理解 nditer 使用方法的读者，可以参阅下第 5 章 5.6.2 节的“补充概念：Np.nditer”的相关内容）：

```
def numerical_gradient(f, x):
    h = 1e-4 # 0.0001
```

```
    grad = np.zeros_like(x)
    it = np.nditer(x, flags=['multi_index'], op_flags=['readwrite'])
    while not it.finished:
        idx = it.multi_index
        tmp_val = x[idx]
        x[idx] = float(tmp_val) + h
        fxh1 = f(x) # f(x+h)

        x[idx] = tmp_val - h
        fxh2 = f(x) # f(x-h)
        grad[idx] = (fxh1 - fxh2) / (2*h)

        x[idx] = tmp_val # 还原值
        it.iternext()

    return grad
```

第三步，定义神经网络。

我们先来看下初始化类的代码，首先在类 TwoLayerNet 中定义第一个初始化函数，函数接受 4 个参数：input_size 代表输入的神经元个数；hidden_size 代表隐藏层神经元的个数；output_size 代表输出层神经元的个数；最后的 weight_init_std 则是为了防止权重太大，其默认值为 0.01。那么对于手写数字识别 MNIST 来说：input_size 的值就可以设置为 784，原因是 28*28=784；而 output_size 则可以设置为 10，因为其是一个 10 分类的问题（对应于数字 0～9）；对于 hidden_size 的设置则可以根据经验自行设置。

params 是一个字典，里面存储的是权重以及偏移量的值，*W*1 的形状是 (input_size,hidden_size)，W2 的形状是 (hidden_size,output_size)，具体代码如下：

```
def __init__(self, input_size, hidden_size, output_size, weight_init_std=0.01):
        # 初始化权重
        self.params = {}
        self.params['W1'] = weight_init_std * np.random.randn(input_size, hidden_size)
        self.params['b1'] = np.zeros(hidden_size)
        self.params['W2'] = weight_init_std * np.random.randn(hidden_size, output_size)
        self.params['b2'] = np.zeros(output_size)
```

接着我们来实现对应于这个 TwoLayerNet 类中的前向传播算法：前向传播的实现方式已在本章的前向传播中重点阐述过，其核心思想就是通过矩阵运算计算出结果，再通过激活函数丰富其“表达能力”，最后通过 _softmax 函数计算概率输出结果。实现代码具体如下：

```
def predict(self, x):
    W1, W2 = self.params['W1'], self.params['W2']
    b1, b2 = self.params['b1'], self.params['b2']

    a1 = np.dot(x, W1) + b1
```

```
        z1 = _relu(a1)
        a2 = np.dot(z1, W2) + b2
    p = _softmax(a2)

        return p
```

接着，我们再来看下如何计算损失值。下面这段代码还是比较容易理解的，对于预测值来说，其结果就是通过前向传播计算得到的，然后调用函数 cross_entropy_error，得到损失函数的损失值 Loss，我们的目标就是使 Loss 不断减少，具体代码如下：

```
# x:输入数据，y:监督数据
    def loss(self, x, y):
        p = self.predict(x)

        return cross_entropy_error(p, y)
```

接着，我们来看下如何实现梯度下降。值得注意的一点是，参数 W 是一个伪参数，另外因为名字重复问题，numerical_gradient 函数与类中的 numerical_gradient 重名了，类中该函数调用的是我们之前实现的数值微分的函数，而非类函数自调用。实现代码具体如下：

```
# x:输入数据，y:监督数据
    def numerical_gradient(self, x, y):
        loss_W = lambda W: self.loss(x, y)

        grads = {}
        grads['W1'] = numerical_gradient(loss_W, self.params['W1'])
        grads['b1'] = numerical_gradient(loss_W, self.params['b1'])
        grads['W2'] = numerical_gradient(loss_W, self.params['W2'])
        grads['b2'] = numerical_gradient(loss_W, self.params['b2'])

        return grads
```

最后，我们来实现准确度函数。这个实现方式比较简单，对于 p 来说就是预测值的矩阵，我们取每一行的最大值的索引与真实值中每一行最大值的索引，如果两者的值相同，则说明预测准确。实现代码具体如下：

```
def accuracy(self, x, t):
    p= self.predict(x)
    p = np.argmax(y, axis=1)
    y = np.argmax(t, axis=1)

    accuracy = np.sum(p == y) / float(x.shape[0])
    return accuracy
```

第四步，查看损失值。

首先，我们通过 PyTorch 导入 MNIST 数据源，这部分代码在此就不再赘述了。

接着，我们需要定义训练集和测试集。值得注意的是，通过 PyTorch 导入的标签并不是 one-hot encoding 格式，而是需要我们通过代码自行转换，转换逻辑之前已经给出，实现代码具体如下：

```
x_train = train_dataset.train_data.numpy().reshape(-1,28*28)
y_train_tmp = train_dataset.train_labels.reshape(train_dataset.train_labels.shape[0],1)
y_train = torch.zeros(y_train_tmp.shape[0], 10).scatter_(1, y_train_tmp, 1).numpy()
x_test = test_dataset.test_data.numpy().reshape(-1,28*28)
y_test_tmp = test_dataset.test_labels.reshape(test_dataset.test_labels.shape[0],1)
y_test = torch.zeros(y_test_tmp.shape[0], 10).scatter_(1, y_test_tmp, 1).numpy()
```

下面我们来初始化手写的神经网络以及一些超参数然后输出 Loss。如果我们观察到 Loss 值在不断下降，则说明我们的代码是有效的！值得注意的一点是，下述程序中使用的 np.random.choice 函数是随机选择一个批次的数据的，因此可能会选择到与之前批次重复的数据！实现代码具体如下：

```
# 超参数
iters_num = 1000                # 适当设定循环的次数
train_size = x_train.shape[0]
batch_size = 100
learning_rate = 0.001

network = TwoLayerNet(input_size = 784,hidden_size=50,output_size=10)
for i in range(iters_num):
    batch_mask = np.random.choice(train_size,batch_size)
    x_batch = x_train[batch_mask]
    y_batch = y_train[batch_mask]

    grad = network.numerical_gradient(x_batch,y_batch)

    for key in ('W1','b1','W2','b2'):
        network.params[key] -= learning_rate*grad[key]

# 记录学习过程
    loss = network.loss(x_batch,y_batch)
    if i % 100 == 0:
        print(loss)
```

通过 Loss 的观察，经过 1000 次的迭代，从原来的约等于 13 降低到约等于 2。我们可以更进一步地通过调用 print(network.accuracy(x_test,y_test)) 来观察一下此时的手写数字识别的准确率，我随机运行了几次，准确率大概是在 75%。

5.8　基于测试集的评价

通过之前的篇幅我们能够看到损失函数的值正在不断地变小，这虽然是一个好的现象，但是也只能说明神经网络能够正确识别训练集数据而已，并不能说明对于测试集数据，神经网络也能正确识别。这里需要讲到的一个概念是过拟合。

过拟合是指：基于训练集的数据，神经网络可以正确识别，但是对于训练数据集以外的数据（比如测试集），就无法识别了。

神经网络学习的目的就是需要掌握泛化能力，因此要评价神经网络的泛化能力，就必须使用不包含在训练数据中的数据。

我们在这里引入了一个概念叫 epoch。epoch 是指，当一个完整的数据集通过了神经网络一次并且返回了一次时，这个过程称为一个 epoch。然而，当一个 epoch 对于计算机而言太庞大的时候，就需要将它分成多个小块。下面我们来举例说明，对于 10 000 笔训练数据，用大小为 100 的 batch size 进行学习的时候，重复随机梯度下降法 100 次，所有的训练数据就都学习了一次，此时 100 次就是一个 epoch。

下面我们来思考一个问题：为什么要使用多于一个 epoch？

在神经网络中，不仅传递完整的数据集一次是不够的，而且我们还需要将完整的数据集在同样的神经网络中传递多次。但是请记住，我们使用的是有限的数据集，并且我们使用的是一个迭代过程，即梯度下降。因此仅仅更新权重一次或者说使用一个 epoch 是不够的。随着 epoch 数量的增加，神经网络中权重的更新次数也在增加，曲线从欠拟合变为过拟合。具体的实现过程也非常简单，在后续第 7 章我们介绍 PyTorch 实现神经网络的时候就能看到其具体实现。

最后，我们总结下几个概念：深度学习中经常看到的 epoch、iteration 和 batchsize。下面我就来按照自己的理解说明这三者之间的区别，具体如下。

1）batchsize：批大小。在深度学习中，一般采用 SGD 训练，即每次训练都在训练集中提取 batchsize 个样本进行训练。

2）iteration：1 个 iteration 等于使用 batchsize 个样本训练一次。

3）epoch：1 个 epoch 等于使用训练集中的全部样本训练一次。

下面我们来修改下之前的逻辑，即增加 epoch，结合代码我们可以比较清晰地了解到一个 epoch 就相当于是遍历了整个训练集数据。增加了 epoch 之后，代码修改如下：

```
train_size = x_train.shape[0]
iters_num = 600
learning_rate = 0.001
epoch = 5
batch_size = 100

network = TwoLayerNet(input_size = 784,hidden_size=50,output_size=10)

for i in range(epoch):
    print('current epoch is :', i)
    for num in range(iters_num):
        batch_mask = np.random.choice(train_size,batch_size)
        x_batch = x_train[batch_mask]
```

```
        y_batch = y_train[batch_mask]

        grad = network.numerical_gradient(x_batch,y_batch)

        for key in ('W1','b1','W2','b2'):
            network.params[key] -= learning_rate*grad[key]


        loss = network.loss(x_batch,y_batch)
        if num % 100 == 0:
            print(loss)
print(network.accuracy(x_test,y_test))
```

从输出结果中我们可以看到，通过第一次 epoch，Loss 值从 12.7 减少到 0.89，通过第二次 epoch，Loss 值从 0.87 降低到 0.55。通过最后一次 epoch，Loss 值最终降低到 0.25。对于训练好的模型在测试集上的准确率也达到了 95%。

```
('current epoch is :', 0)
12.749449349344754
1.321577706436449
2.4804280392909557
0.691451612120975
0.7644400653621658
0.8910328349199772
('current epoch is :', 1)
0.8793225139845198
0.5406429175201484
0.8747243449920528
1.214020823308522
0.48728660680810504
0.5577193622438239
('current epoch is :', 2)
0.32463475714288875
0.6505420260993182
0.32280894569470653
0.4885205422074785
0.7975956474074802
0.7105484843503084
('current epoch is :', 3)
0.18508314761722694
0.4604569413264499
0.630673497782514
0.484095564925412
0.32254112075495167
0.7981297562129817
('current epoch is :', 4)
0.5218448922347282
0.25448772007683046
```

```
0.17326277911392846
0.16531914875080655
0.3239636872223559
0.2515810758723941
```

5.9　本章小结

本章节我们花费了大量的篇幅介绍神经网络的各个组成部分，并且用Python代码基于数值微分实现了一个简单的神经网络，神经网络利用训练数据进行学习，并用测试数据评价学习到的模型，神经网络的训练是以损失函数为指标进行的，更新权重以及偏移量，最终使得损失函数的值不断减小。数值微分是非常耗时的，但是其实现过程却比较容易理解。第6章中，我们将要实现的是稍微复杂一点的误差反向传播，以高速地计算梯度。

06 CHAPTER

第 6 章 误差反向传播

第 5 章介绍了神经网络，并通过数值微分计算了神经网络的权重参数以及偏置量（bias）。虽然数值微分实现起来比较容易，但是在计算上花费的时间却比较多。本章将重点介绍一个高效计算权重以及偏置量的梯度方法——误差反向传播法。

本章的要点具体如下。

- 激活函数层的实现。
- Affine 层的实现。
- Softmax 层的实现。
- 整体实现。
- 正则化惩罚。

6.1 激活函数层的实现

通过计算图来理解误差反向传播法这个思想是参考了 CS231n（斯坦福大学的深度学习课程），计算图被定义为有向图，其中，节点对应于数学运算，计算图是表达和评估数学表达式的一种方式。

例如，这里有一个简单的数学等式：

$$p = x + y$$

我们可以绘制上述数学等式的计算图，如图 6-1 所示。

上面的计算图具有一个加法节点，这个节点有两个输入变量 x 和 y，以及一个输出 q。下面我们再来列举一个示例，稍微复杂一些，等式如下所示：

$$g = (x + y) * z$$

下面我们绘制以上等式的计算图，如图 6-2 所示。

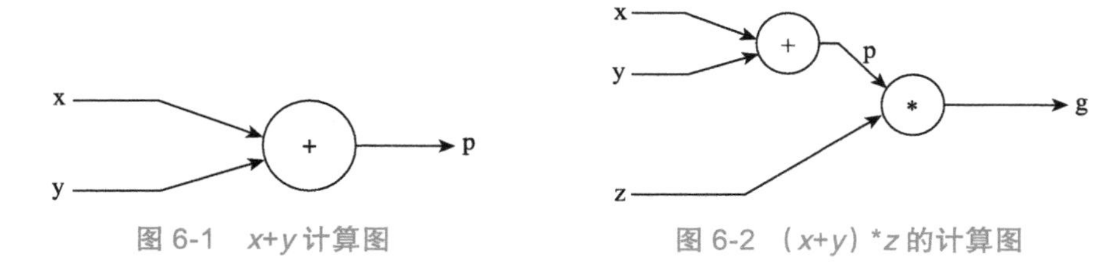

图 6-1　*x*+*y* 计算图　　　　图 6-2　（*x*+*y*）**z* 的计算图

6.1.1　ReLU 反向传播实现

现在，我们利用计算图的思路来实现 ReLU 激活函数的反向传播，首先我们回顾一下激活函数 ReLU 的前向传播：如果前向传播时的输入 x 大于 0，则将这个 x 原封不动地传给下一层；如果输入的 x 小于 0，则将 0 传给下一层。具体表达方程式如下：

$$y=\begin{cases}x & (x>0)\\ 0 & (x\leqslant 0)\end{cases}$$

通过上述方程式，我们可以求出 y 关于 x 的导数，其中，$dout$ 为上一层传过来的导数：

$$\frac{\partial y}{\partial x}=\begin{cases}dout & (x>0)\\ 0 & (x\leqslant 0)\end{cases}$$

ReLU 前向传播利用 Python 实现的代码如下：

```
class Relu:
    def __init__(self):
        self.x = None

    def forward(self,x):
        self.x = np.maximum(0,x)
        out = self.x
        return out

    def backward(self,dout):
        dx = dout
        dx[self.x <=0] = 0
        return dx
```

6.1.2　Sigmoid 反向传播实现

接下来，我们来实现 Sigmoid 函数的反向传播，Sigmoid 函数公式如下所示：

$$y=\frac{1}{1+\mathrm{e}^{-z}}$$

如果使用计算图来表示的话，上述表达式的表示如图 6-3 所示。

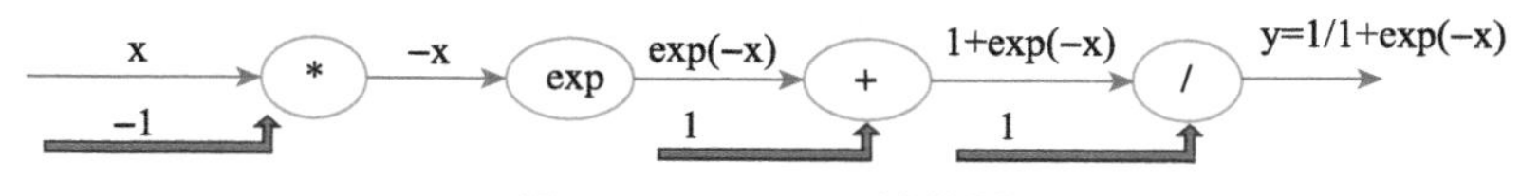

图 6-3　Sigmoid 计算图

现在，我们主要看一下反向传播的路径，对于图 6-3，从右向左依次解说如下。

对于第一个步骤 $y = 1/1 + \exp(-x)$，可以设置为 $x = 1 + \exp(-x)$，那么 $\frac{\partial y}{\partial x} = -\frac{1}{x^2}$，又因为 $y = \frac{1}{x}$，所以最后 $\frac{\partial y}{\partial x} = -y^2$。

对于第二个步骤 1+exp(−x)，进行反向传播时，会将上游的值 $-y^2$ 乘以本阶段的导数，对于 1+exp(−x) 求导得到的导数为 -exp(−x)，因为 e^{-x} 的导数为 $-e^{-x}$。所以第二步的导数为 $-y^2 * (-e^{-x}) = y^2 * (e^{-x})$。

第三个步骤的加法运算不会改变导数值，接着 $-x$ 的导数为 −1，所以对于这个阶段需要将 $y^2 * (e^{-x}) * -1$，最后乘法运算还需要乘以 −1。所以最终求得的导数为 $y^2 * \exp(-x)$，进行一下整理得到的输出为 $y(1-y)$，最后乘以上一层的求导结果，$\frac{\partial L}{\partial y}$ 就会作为本阶段 Sigmoid 函数的求导结果了，最后将这个结果传给下一层（一般来说应该是 Affine 层）。

对于 Python 实现来说，具体实现代码如下。

```
class _sigmoid:
    def __init__(self):
        self.out = None

    def forward(self,x):
        out = 1/ (1+np.exp(-x))
        self.out = out
        return out

    def backward(self,dout):
        dx = dout *self.out*(1-self.out)
        return dx
```

6.2　Affine 层的实现

Affine 的英文翻译是神经网络中的一个全连接层。仿射（Affine）的意思是前面一层中的每一个神经元都连接到当前层中的每一个神经元。在许多方面，这是神经网络的“标准”层。仿射层通常被加在卷积神经网络或循环神经网络中作为最终预测前的输出的顶层。仿射层的一般形式为 $y = f(W*x + b)$，其中，x 是层输入，w 是参数，b 是一个偏置量，f 是一个非线性激活函数。

对 X（矩阵）的求导，可以参看如下公式（此处省略推导过程）需要注意的是，X 和 $\frac{\partial L}{\partial X}$ 形状相同，W 和 $\frac{\partial L}{\partial W}$ 的形状相同）：

$$\frac{\partial L}{\partial X}=\frac{\partial L}{\partial Y}\cdot W^{\mathrm{T}}$$
$$\frac{\partial L}{\partial W}=X^{\mathrm{T}}\cdot\frac{\partial L}{\partial Y}$$

之前列举的示例是对于一个 X，如果是多个 X，那么其形状将从原来的（2,）变为（N，2）。如果加上偏置量的话，偏置量会被加到各个 $X\cdot W$ 中去，比如 $N=3$（数据为 3 个的时候），偏置量会被分别加到这 3 个数据中去，因此偏置量的反向传播会对这三个数据的导数按照第 0 轴的方向上的元素进行求和。其中每一个偏置量的求导公式都可以表示为：

$$\frac{\partial L}{\partial b}=\frac{\partial L}{\partial Y}$$

对于上述所讲的内容，其 Python 实现代码如下：

```
class Affine:
    def __init__(self,W,b):
        self.W = W
        self.b = b
        self.x = None
        self.dW = None
        self.db = None

    def forward(self,x):
        self.x = x
        out = np.dot(x,self.W) + self.b
        return out

    def backward(self,dout):
        dx = np.dot(dout,self.W.T)
        self.dW = np.dot(self.x.T,dout)
        self.db = np.sum(dout,axis=0)
        return dx
```

6.3　Softmaxwithloss 层的实现

假设网络最后一层的输出为 z，经过 Softmax 后输出为 p，真实标签为 y(one-hot 编码)，其中，C 表示共有 C 个类别，那么损失函数为：

$$L=-\sum_{i=1}^{C}y_i\log p_i$$

因为 p 是 z 经过 Softmax 函数计算后的输出，即 p=softmax(z)。其中，

$$p_i=\frac{\mathrm{e}_{z^i}}{\sum_{k=1}^{C}\mathrm{e}^{z_k}}$$

求导过程分为 $i=j$ 和 $i!=j$ 两种情况，分别如下：

当 $i=j$ 的时候，得到的求导解为 $p_j(1-p_j)$。

当 $i!=j$ 的时候，得到的求导解为 $-p_i p_j$。

最终整理一下可以得到，Loss 对 z 的求导为：

$$\frac{\partial L}{\partial z}=p-y$$

其 Python 的实现代码具体如下：

```
class SoftmaxWithLoss:
    def __init__(self):
        self.loss = None # 损失
        self.p = None # Softmax 的输出
        self.y = None # 监督数据代表真值，one-hot vector

    def forward(self,x,y):
        self.y = y
        self.p = softmax(x)
        self.loss = cross_entropy_error(self.p,self.y)
        return self.loss

    def backward(self,dout=1):
        batch_size = self.y.shape[0]
        dx = (self.p - self.y) / batch_size

        return dx
```

上述代码实现是利用了之前实现的 Softmax 和 cross_entropy_error 函数，值得注意的是，进行反向传播的时候，应将需要传播的值除以批的大小（batch_size），并将单个数据的误差传递给前面的层。

6.4　基于数值微分和误差反向传播的比较

到目前为止，我们介绍了两种求梯度的方法：一种是基于数值微分的方法，另一种是基于误差反向传播的方法，对于数值微分来说，它的计算非常耗费时间，如果读者对于误差反向传播掌握得非常好的话，那么根本就没有必要使用到数值微分。现在的问题是，我们为什么要介绍数值微分呢？

原因很简单，数值微分的优点就在于其实现起来非常简单，一般情况下，数值微分实现起来不太容易出错，而误差反向传播法的实现就非常复杂，且很容易出错，所以经常会比较数值微分和误差反向传播的结果（两者的结果应该是非常接近的），以确认我们书写的反向传播逻辑是正确的。这样的操作就称为梯度确认（gradientcheck）。

数值微分和误差反向传播这两者的比较误差应该是非常小的，实现代码具体如下：

```
from collections import OrderedDict
class TwoLayerNet:

    def __init__(self, input_size, hidden_size, output_size, weight_init_std = 0.01):
        # 初始化权重
        self.params = {}
        self.params['W1'] = weight_init_std * np.random.randn(input_size, hidden_size)
        self.params['b1'] = np.zeros(hidden_size)
        self.params['W2'] = weight_init_std * np.random.randn(hidden_size, output_size)
        self.params['b2'] = np.zeros(output_size)

        # 生成层
        self.layers = OrderedDict()
        self.layers['Affine1'] = Affine(self.params['W1'], self.params['b1'])
        self.layers['Relu1'] = Relu()
        self.layers['Affine2'] = Affine(self.params['W2'], self.params['b2'])
        self.layers['Relu2'] = Relu()
        self.lastLayer = SoftmaxWithLoss()

    def predict(self, x):
        for layer in self.layers.values():
            x = layer.forward(x)

        return x

    # x:输入数据 , y:监督数据
    def loss(self, x, y):
        p = self.predict(x)
        return self.lastLayer.forward(p, y)

    def accuracy(self, x, y):
        p = self.predict(x)
        p = np.argmax(y, axis=1)
        if y.ndim != 1 : y = np.argmax(y, axis=1)

        accuracy = np.sum(p == y) / float(x.shape[0])
        return accuracy

    # x:输入数据 , y:监督数据
    def numerical_gradient(self, x, y):
        loss_W = lambda W: self.loss(x, y)

        grads = {}
        grads['W1'] = numerical_gradient(loss_W, self.params['W1'])
        grads['b1'] = numerical_gradient(loss_W, self.params['b1'])
        grads['W2'] = numerical_gradient(loss_W, self.params['W2'])
        grads['b2'] = numerical_gradient(loss_W, self.params['b2'])

        return grads

    def gradient(self, x, y):
```

```
        # forward
        self.loss(x, y)

        # backward
        dout = 1
        dout = self.lastLayer.backward(dout)

        layers = list(self.layers.values())
        layers.reverse()
        for layer in layers:
            dout = layer.backward(dout)

        # 设定
        grads = {}
        grads['W1'], grads['b1'] = self.layers['Affine1'].dW, self.layers['Affine1'].db
        grads['W2'], grads['b2'] = self.layers['Affine2'].dW, self.layers['Affine2'].db

        return grads

network = TwoLayerNet(input_size=784,hidden_size=50,output_size=10)
x_batch = x_train[:100]
y_batch = y_train[:100]
grad_numerical = network.numerical_gradient(x_batch,y_batch)
grad_backprop = network.gradient(x_batch,y_batch)

for key in grad_numerical.keys():
    diff = np.average( np.abs(grad_backprop[key] - grad_numerical[key]) )
    print(key + ":" + str(diff))
```

从以下输出结果中，我们可以观察到，它们两者的差值并不是很大。

```
W1:5.9329106471124405e-05
b1:1.844024470884823e-09
W2:0.0007755803070111151
b2:9.234723605880401e-08
```

这里需要补充一点的是，我们在代码中使用了 OrderedDict 这个类，OrderedDict 是有序字典，“有序”是指它可以“记住”我们向这个类里添加元素的顺序，因此神经网络的前向传播只需要按照添加元素的顺序调用各层的 Forward 方法即可完成处理，而相对的误差反向传播则只需要按照前向传播相反的顺序调用各层的 backward 方法即可。

6.5　通过反向传播实现 MNIST 识别

第五章中，我们是使用数值微分求梯度的方式来实现 MNIST 识别，我们已经了解了数值微分的实现方式虽然比较简单，但是在计算上要耗费较多的时间。误差反向传播法可以快速高效地进行梯度计算。下面我们就来熟悉下如何使用误差反向传播法来重新实现 MNIST 识别。

前文中，我们已经多次给出了读取数据的代码，在这里就不再赘述了。对于神经网络的代码，这里只需稍加整理（去掉了数值微分的实现逻辑）即可，具体的实现代码如下：

```
from collections import OrderedDict
class TwoLayerNet:

    def __init__(self, input_size, hidden_size, output_size, weight_init_std = 0.01):
        #初始化权重
        self.params = {}
        self.params['W1'] = weight_init_std * np.random.randn(input_size, hidden_size)
        self.params['b1'] = np.zeros(hidden_size)
        self.params['W2'] = weight_init_std * np.random.randn(hidden_size, output_size)
        self.params['b2'] = np.zeros(output_size)

        #生成层
        self.layers = OrderedDict()
        self.layers['Affine1'] = Affine(self.params['W1'], self.params['b1'])
        self.layers['Relu1'] = Relu()
        self.layers['Affine2'] = Affine(self.params['W2'], self.params['b2'])
        self.layers['Relu2'] = Relu()
        self.lastLayer = SoftmaxWithLoss()

    def predict(self, x):
        for layer in self.layers.values():
            x = layer.forward(x)

        return x

    # x:输入数据，y:监督数据
    def loss(self, x, y):
        p = self.predict(x)
        return self.lastLayer.forward(p, y)

    def accuracy(self, x, y):
        p = self.predict(x)
        p = np.argmax(p, axis=1)
        y = np.argmax(y, axis=1)

        accuracy = np.sum(y == p) / float(x.shape[0])
        return accuracy

    def gradient(self, x, y):
        # forward
        self.loss(x, y)

        # backward
        dout = 1
        dout = self.lastLayer.backward(dout)

        layers = list(self.layers.values())
```

```
        layers.reverse()
        for layer in layers:
            dout = layer.backward(dout)

        # 设定
        grads = {}
        grads['W1'], grads['b1'] = self.layers['Affine1'].dW, self.layers['Affine1'].db
        grads['W2'], grads['b2'] = self.layers['Affine2'].dW, self.layers['Affine2'].db

        return grads
```

最后，我们训练下这个神经网络，并且观察下训练好的权重与偏置量在测试集上的准确率。实现代码具体如下：

```
train_size = x_train.shape[0]
iters_num = 600
learning_rate = 0.001
epoch = 5
batch_size = 100

network = TwoLayerNet(input_size = 784,hidden_size=50,output_size=10)
for i in range(epoch):
    print('current epoch is :', i)
    for num in range(iters_num):
        batch_mask = np.random.choice(train_size,batch_size)
        x_batch = x_train[batch_mask]
        y_batch = y_train[batch_mask]

        grad = network.gradient(x_batch,y_batch)

        for key in ('W1','b1','W2','b2'):
            network.params[key] -= learning_rate*grad[key]


        loss = network.loss(x_batch,y_batch)
        if num % 100 == 0:
            print(loss)
print(' 准确率: ',network.accuracy(x_test,y_test) * 100,'%')
```

得到的结果具体如下（在没有进行任何额外优化的情况下，约 96% 的准确率还是相当不错的）：

```
current epoch is : 0
2.2753798478814895
0.6610914122397926
0.3003014145366447
0.25776192989088054
0.17468173033680465
0.12297262305993698
```

```
current epoch is : 1
0.14476994572636273
0.16806233003386506
0.10899282838635063
0.1398080642943528
0.0631957790462195
0.14957822424574135
current epoch is : 2
0.1290895688384963
0.09535212679963873
0.18500797494490775
0.057708589923198696
0.05688971712292652
0.0868967341522295
current epoch is : 3
0.06375133753928874
0.11429593125907099
0.11290842006721384
0.04896661977912546
0.20236172555026669
0.06978181342959813
current epoch is : 4
0.05107801847346741
0.07954869456879843
0.04250498953199182
0.06376040515564727
0.025734163371306584
0.035472113296809826
准确率： 96.49 %
```

6.6 正则化惩罚

本节我们主要讲解神经网络的一种重要的优化方式——正则化惩罚。我们希望能向某些特定的权重 W 添加一些偏好，对其他权重则不添加，以此来消除模糊性。这一点是能够实现的，方法是向损失函数增加一个正则化惩罚（regularization penalty）。最常用的正则化惩罚是 L2 范式，L2 范式通过对所有参数进行逐元素的平方惩罚来抑制大数值的权重：

$$R(W)=\sum_k\sum_l w_{k,l}^2$$

举个例子，假设输入向量 $x=[1, 1, 1, 1]$，两个权重向量，w_1=[1, 0, 0, 0]，w_2=[0.25, 0.25, 0.25, 0.25]，那么 $w_1x^{\mathrm{T}}=w_2x^{\mathrm{T}}=1$，两个权重向量都得到了同样的内积，但是从主观判断来说，w_2 会好一点，因为 w_1 只关心第一个像素，其他像素不管是什么值，最后相乘之后都是 0。计算公式 $w_iw_i^{\mathrm{T}}$，可以得到惩罚项，w_1 的 L2 惩罚是 1.0，而 w_2 的 L2 惩罚是 0.25。因此，根据 L2 惩罚来看，w_2 更好一些，因为它的正则化损失更小。从直观上来看，这是因为的权重值更小且更分散。既然 L2 惩罚倾向于更小更分散的权重向量，那么这就会鼓励分类器最终将所有维度上的特征都用起来，而不是强烈依赖其中少数几个维度。

需要注意的是，与权重不同，偏差没有这样的效果，因为它们并不控制输入维度上的影响强度。因此通常只对权重正则化，而不正则化偏差（bias）。在实际操作中，可以发现这一操作的影响基本上可忽略不计；另外我们还需要定义一个超参数（lambda），其与学习率差不多，需要我们自己调整。超参数定义如下：

$$R(W) = \lambda \sum_k \sum_l w_{k,l}^2$$

来理解下 $w_{k,l}^2$：

假设有一个三层网络，输入层是 N（样本数）行、D（维度）列；比如 3 行数据，每一行是 28*28=784 个维度，所以输入层的矩阵是：（3, 784）。假设最后输出层的类别为 10 类，分别代表 0～9 个数字。那么中间层的权重的矩阵尺寸就应该是 (784, 10)。对于 W 矩阵的平方的意思是针对权重矩阵里的每一项相乘（实现了平方）然后全部相加，这个时候就不能使用点乘而是直接使用矩阵相乘然后全部相加。

下面通过示例来说明正则化项在神经网络中的重要作用，如图 6-4 所示。

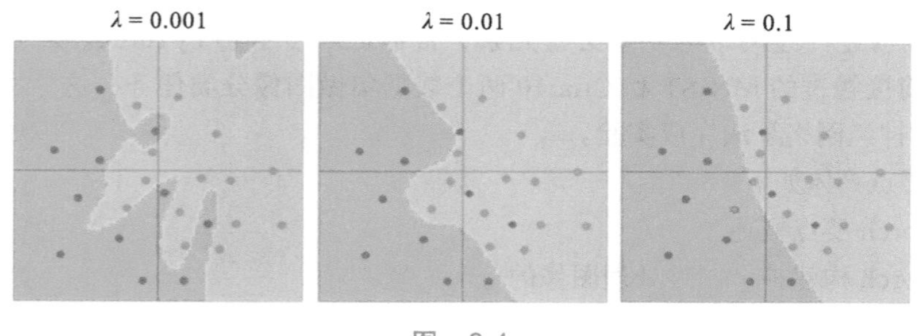

图　6-4

由图 6-4 可知，惩罚系数 λ=0.001 伸出的爪子本质就是过拟合了（由于惩罚的程度不够），λ=0.1 泛化能力强。

6.7　本章小结

本章介绍了将计算过程可视化的计算图，介绍了神经网络中的误差反向传播法，并以层为单位实现了神经网络的搭建。在 ReLU 层、Sigmoid 层、Affine 层以及 Softmaxwithloss 层都实现了前向以及反向传播，以高效地进行权重和偏置量的梯度计算。在各个层中我们都进行了模块化的封装，因此在搭建自己的神经网络的时候可以自由组合，任意添加层数。

CHAPTER 07

第7章 PyTorch实现神经网络图像分类

本章将主要介绍如何使用PyTorch编写神经网络，在之前的章节中，我们已经带领读者根据所学的知识编写出属于自己的神经网络图像分类程序，但是如今业界有非常多成熟的深度学习框架（在本书第二章有详细介绍）可以直接应用。在本章中，我们将介绍如何使用PyTorch构建神经网络的一些必备元素，带你进一步了解PyTorch。之后我们会带领大家使用之前接触过的MNIST和Cifar10两个数据集做图像分类任务，这一次我们将使用PyTorch构建神经网络算法完成实验。

本章的要点具体如下。

- PyTorch要点概述。
- PyTorch构建神经网络处理图像的分类问题。

7.1 PyTorch的使用

本节将介绍PyTorch如何构建神经网络的一些必备元素。如果大家对PyTorch有更多的学习需求，则请参考PyTorch官网https://pytorch.org/，其中的文档和教学案例都很全面。

7.1.1 Tensor

在PyTorch中，最核心的数据结构就是Tensor了，可以认为Tensor与Numpy中的ndarrays非常类似，但是Tensor可以使用GPU加速而ndarrays不可以。我们在PyTorch下可以使用如下命令来进行GPU运算：

```
if torch.cuda.is_available():
 x = x.cuda()
 y = y.cuda()
 print(x+y)
```

现在我们来列举几个小例子说明下 Tensor 是如何使用的。

例子一，Tensor 和 Numpy 如何互相转换。代码首先引入 torch 包（import torch），之后我们定义一个 Numpy 的二维数组，再使用 torch.from_numpy(data) 这个方法将 Numpy 数组转为 PyTorch 中的 Tensor 结构，另外，我们还可以使用 numpy() 方法将 Tensor 重新转为 Numpy 结构，具体代码如下：

```
import torch
import numpy as np
np_data = np.arange(8).reshape((2,4))  # 定义一个 numpy 的二维数组
torch_data = torch.from_numpy(np_data)
print(np_data)
print(torch_data)
np_data2 = torch_data.numpy()          # 转回 numpy
print(np_data2)
```

输出结果如下：

```
[[0 1 2 3]
 [4 5 6 7]]
tensor([[0, 1, 2, 3],
        [4, 5, 6, 7]])
[[0 1 2 3]
 [4 5 6 7]]
```

上述输出结果中，第二个就是 Tensor 结构了，其他的都是 Numpy 中的 ndarrays 结构。

例子二，Tensor 是如何做矩阵运算的。下面的代码演示了一个比较重要的操作即矩阵相乘，我们可以看到，在 Numpy 中矩阵相乘使用的是 dot 这个方法，而在 PyTorch 中使用的是 mm 这个方法来表示，它们的结果是一样的，具体代码如下：

```
import torch
import numpy as np
np_data = np.array([[1,2],[3,5]])
torch_data = torch.from_numpy(np_data)
print(np_data)
print(np_data.dot(np_data))
print(torch_data.mm(torch_data))
```

输出结果如下：

```
[[1 2]
 [3 5]]
[[ 7 12]
 [18 31]]
tensor([[ 7, 12],
        [18, 31]])
```

7.1.2　Variable

Tensor 是 PyTorch 中的基础组件，但是构建神经网络还远远不够，我们需要能够构建

计算图的 Tensor，也就是 Variable（简单理解就是 Variable 是对 Tensor 的一种封装）。其操作与 Tensor 是一样的，但是每个 Variable 都包含了三个属性（data、grad 以及 creator）：Variable 中的 Tensor 本身（通过 .data 来进行访问）、对应 Tensor 的梯度（通过 .grad 进行访问）以及创建这个 Variable 的 Function 的引用（通过 .grad_fn 进行访问），该引用可用于回溯整个创建链路，如果是用户自己创建 Variable，则其 grad_fn 为 None，如图 7-1 所示。

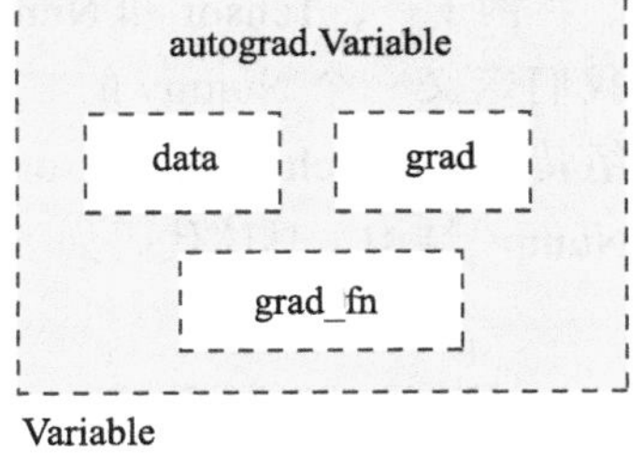

图 7-1　Variable

如果我们需要使用 Variable，则可在代码中输入如下语句：

```
from torch.autograd import Variable # 导入Variable
```

我们来看一个简单的小例子，示例代码如下：

```
from torch.autograd import Variable
import torch
x_tensor = torch.randn(10, 5)    # 从标准正态分布中返回多个样本值

# 将 Tensor 变成 Variable
x = Variable(x_tensor, requires_grad=True)
                    # 默认 Variable 是不需要求梯度的，所以用这个方式申明需要对其进行求梯度的操作
print(x.data)
print(x.grad)
print(x.grad_fn)
```

返回的结果如下（值得注意的是，我们使用的是随机数，所以读者看到的结果与下面的输出值会不一样）：

```
tensor([[-2.0649,  0.1842,  0.5331, -1.0484,  0.0831],
        [ 1.7195, -1.0548,  2.1493,  0.0560, -1.0903],
        [-1.0321, -1.8917, -0.5778,  0.0067, -0.0236],
        [ 0.0899, -0.8397,  1.0165,  1.2902, -1.1621],
        [ 1.5001, -0.6694, -0.4219,  1.1915,  0.3660],
        [ 0.7689, -1.5318, -1.7156, -1.9283, -0.3875],
        [ 1.1318,  0.7693,  1.8216, -0.3324, -0.8397],
        [ 0.0843,  0.1739,  0.8270,  1.4916,  0.7978],
        [ 1.4329,  0.0845,  0.0045, -0.7277, -0.2752],
        [-1.3560,  0.2973,  1.8447, -0.5960,  1.8151]])
None
None
```

7.1.3　激活函数

我们来看下如何在 PyTorch 中加载常见的激活函数。之前的版本是通过 import torch.nn.functional as F 来加载激活函数，随着 PyTorch 版本的更新，如今通过 torch 可以直接加载激活函数了。

下面我们通过一个示例代码段来看下如何使用 PyTorch 来构建激活函数，实现代码具

体如下：

```
import torch
from torch.autograd import Variable
import matplotlib.pyplot as plt

tensor = torch.linspace(-6,6,200)
tensor = Variable(tensor)
np_data = tensor.numpy()

# 定义激活函数
y_relu = torch.relu(tensor).data.numpy()
y_sigmoid =torch.sigmoid(tensor).data.numpy()
y_tanh = torch.tanh(tensor).data.numpy()

plt.figure(1, figsize=(8, 6))
plt.subplot(221)
plt.plot(np_data, y_relu, c='red', label='relu')
plt.legend(loc='best')

plt.subplot(222)
plt.plot(np_data, y_sigmoid, c='red', label='sigmoid')
plt.legend(loc='best')

plt.subplot(223)
plt.plot(np_data, y_tanh, c='red', label='tanh')
plt.legend(loc='best')

plt.show()
```

上述代码非常直观且易于理解，关于其解释就不多赘述了。代码的运行效果如图 7-2 所示。

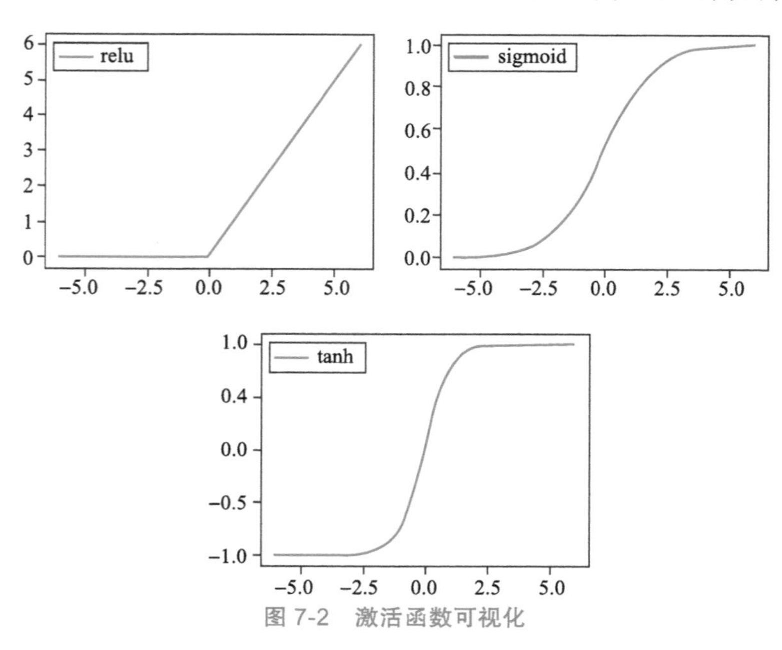

图 7-2　激活函数可视化

7.1.4 损失函数

在之前的章节中我们已经对常用的损失函数做了一些讲解，本节中就不再赘述了。PyTorch 已经对这些常用的损失函数做好了封装，不必再向之前那样自己写代码来实现了。我们在本节中将主要介绍两个损失函数：均方误差损失（MeanSquareErrorLoss）函数和交叉熵损失（CrossEntropyLoss）函数。

1. 均方误差损失函数

PyTorch 中均方差损失函数被封装成 MSELoss 函数，其调用方法如下：

```
torch.nn.MSELoss(size_average=None, reduce=None, reduction='mean')
```

调用方法中的参数及说明具体如下。

- size_average(bool,optional)：基本弃用（参见 reduction）。默认情况下，损失是批次（batch）中每个损失元素的平均值。请注意，对于某些损失，每个样本均有多个元素。如果将字段 size_average 设置为 False，则需要将每个 batch 的损失相加。当 reduce 设置为 False 时忽略。默认值为 True。
- reduce(bool,optional)：基本弃用（参见 reduction）。默认情况下，根据 size_average，对每个 batch 中结果的损失进行平均或求和。当 reduce 为 False 时，返回 batch 中每个元素的损失并忽略 size_average。默认值为 True。
- reduction(string,optional)：输出元素包含 3 种操作方式，即 none、mean 和 sum。'none'：不做处理。'mean'：输出的总和除以输出中元素的数量。'sum'：输出的和。注意：size_average 和 reduce 基本已被弃用，而且指定这两个 args 中的任何一个都将覆盖 reduce。默认值为 mean。

在 PyTorch 0.4 之后，参数 size_average 和 reduce 已被舍弃，最新版本是推荐使用 reduction 参数控制损失函数的输出行为，如果读者需要了解更具体的使用情况，则请参阅 https://pytorch.org/docs/stable/nn.html#torch.nn.MSELoss。

2. 交叉熵损失函数

PyTorch 中的交叉熵损失函数将 nn.LogSoftmax() 和 nn.NLLLoss() 合并在一个类中，函数名为 CrossEntropyLoss()。CrossEntropyLoss 是多分类任务中常用的损失函数，在 PyTorch 中其调用方法如下：

```
torch.nn.CrossEntropyLoss(weight=None, size_average=None, ignore_index=-100,
    reduce=None, reduction='mean')
```

调用方法中的参数及其说明具体如下。

- weight(Tensor,optional)：多分类任务中，手动给出每个类别权重的缩放量。如果给出，则其是一个大小等于类别个数的张量。

- size_average(bool,optional)：已基本弃用（参见 reduction）。默认情况下，损失是 batch 中每个损失元素的平均值。请注意，对于某些损失，每个样本都包含了多个元素。如果将字段 size_average 设置为 False，则将每个小批量的损失相加。当 reduce 为 False 时则忽略。默认值为 True。
- ignore_index(int,optional)：指定被忽略且不对输入梯度做贡献的目标值。当 size_average 为 True 时，损失则是未被忽略目标的平均。
- reduce(bool,optional)：已基本弃用（参见 reduction）。默认情况下，根据 size_average，对每个 batch 中结果的损失进行平均或求和。当 reduce 为 False 时，返回 batch 中每个元素的损失并忽略 size_average。默认值为 True。
- reduction(string,optional)：输出元素有 3 种操作方式，即 none、mean 和 sum。'none'：不做处理。'mean'：输出的总和除以输出中的元素数量。'sum'：输出的和。注意：size_average 和 reduce 正在被弃用，而且指定这两个 args 中的任何一个都将覆盖 reduce。默认值为 mean。

官方的示例代码如下：

```
>>> loss = nn.CrossEntropyLoss()
>>> input = torch.randn(3, 5, requires_grad=True)
>>> target = torch.empty(3, dtype=torch.long).random_(5)
>>> output = loss(input, target)
>>> output.backward()
```

值得注意的是，PyTorch 是不支持 one-hot 编码类型的，输入的都是真实的 target，所以如果输入的真实分类是 one-hot 编码的话则需要自行转换，即将 target one_hot 的编码格式转换为每个样本的类别，再传给 CrossEntropyLoss。完整的代码实现具体如下：

```
import torch
from torch import nn
import numpy as np
# 编码 one_hot
def one_hot(y):
    '''
    y: (N) 的一维 Tensor，值为每个样本的类别
    out:
        y_onehot：转换为 one_hot 编码格式
    '''
    y = y.view(-1, 1)
    y_onehot = torch.FloatTensor(3, 5)

    # In your for loop
    y_onehot.zero_()
    y_onehot.scatter_(1, y, 1)
    return y_onehot

def cross_entropy_one_hot(target):
```

```
    # 解码
    _, labels = target.max(dim=1)
    return labels
    # 如果需要调用 cross_entropy，则还需要传入一个 input_
    #return F.cross_entropy(input_, labels)

x = np.array([1,2,3])
x_tensor =torch.from_numpy(x)
print(one_hot(x_tensor))
x2 = np.array([[0,1,0,0,0]])
x2_tensor = torch.from_numpy(x2)
print(cross_entropy_one_hot(x2_tensor))
```

输出结果具体如下：

```
tensor([[0., 1., 0., 0., 0.],
        [0., 0., 1., 0., 0.],
        [0., 0., 0., 1., 0.]]) #one-hot 编码类型
tensor([1]) #truelabel 类型
```

7.2 PyTorch 实战

7.1 节中，我们介绍了 PyTorch 的一些基本概念，本节我们将结合之前的知识点，通过 PyTorch 实现神经网络，完成之前接触过的 MNIST 和 Cifar10 图像分类。

7.2.1 PyTorch 实战之 MNIST 分类

第一个案例我们使用 MNIST 数据集来进行手写数字的识别。

1. 数据准备

数据准备其实非常容易，PyTorch 已经为我们准备了完整的 MNIST 数据集供我们下载，实现代码具体如下：

```
import torch
from torch.utils.data import DataLoader
import torchvision.datasets as dsets
import torchvision.transforms as transforms
batch_size = 100
# MNIST dataset
train_dataset = dsets.MNIST(root = '/pymnist', # 选择数据的根目录
                           train = True,        # 选择训练集
                           transform = transforms.ToTensor(), # 转换成 Tensor 变量
                           download = True)     # 从网络上下载图片
test_dataset = dsets.MNIST(root = '/pymnist',  # 选择数据的根目录
                           train = False,       # 选择测试集
                           transform = transforms.ToTensor(), # 转换成 Tensor 变量
```

```
                          download = True) # 从网络上下载图片
# 加载数据
train_loader = torch.utils.data.DataLoader(dataset = train_dataset,
                                           batch_size = batch_size,   # 使用批次数据
                                           shuffle = True)            # 将数据打乱
test_loader = torch.utils.data.DataLoader(dataset = test_dataset,
                                          batch_size = batch_size,
                                          shuffle = True)
```

下面我们来查看下原始数据以及打乱后的批次数据，具体如下：

```
# 原始数据
print("train_data:", train_dataset.train_data.size())
print("train_labels:", train_dataset.train_labels.size())
print("test_data:", test_dataset.test_data.size())
print("test_labels:", test_dataset.test_labels.size())
# 数据打乱取小批次
print('批次的尺寸：',train_loader.batch_size)
print('load_train_data:',train_loader.dataset.train_data.shape)
print('load_train_labels:',train_loader.dataset.train_labels.shape)
```

输出结果具体如下：

```
train_data: torch.Size([60000, 28, 28])
train_labels: torch.Size([60000])
test_data: torch.Size([10000, 28, 28])
test_labels: torch.Size([10000])
批次的尺寸：100
load_train_data: torch.Size([60000, 28, 28])
load_train_labels: torch.Size([60000])
```

从输出结果中，我们可以看到原始数据和数据打乱按照批次读取的数据集的总行数是一样的，实际操作的时候，train_loader 以及 test_loader 将作为神经网络的输入数据源。

2. 定义神经网络

在讲解完如何通过 PyTorch 加载数据源之后，接下来我们看一下如何通过 PyTorch 定义一个简单的神经网络。示例代码如下：

```
import torch.nn as nn
import torch

input_size = 784 #mnist 的像素为 28*28
hidden_size = 500
num_classes = 10 # 输出为 10 个类别分别对应于 0~9

# 创建神经网络模型
class Neural_net(nn.Module):
# 初始化函数，接受自定义输入特征的维数，隐含层特征维数以及输出层特征维数
    def __init__(self, input_num,hidden_size, out_put):
```

```
        super(Neural_net, self).__init__()
        self.layer1 = nn.Linear(input_num, hidden_size)  # 从输入到隐藏层的线性处理
        self.layer2 = nn.Linear(hidden_size, out_put) # 从隐藏层到输出层的线性处理

    def forward(self, x):
        out = self.layer1(x)      # 输入层到隐藏层的线性计算
        out = torch.relu(out)     # 隐藏层激活
        out = self.layer2(out)  # 输出层，注意，输出层直接接 Loss
        return out

net = Neural_net(input_size, hidden_size, num_classes)
print(net)
```

上述代码中为了方便读者理解，加入了很多注释，现在就来对上述代码做额外的补充解释：自定义神经网络模型在 PyTorch 中需要继承 Module，然后用户自己重写 Forward 方法完成前向计算，因此我们的类 Neural_net 必须继承 torch.nn.Module。

网络结构打印的输出结果具体如下：

```
Neural_net(
  (layer1): Linear(in_features=784, out_features=500, bias=True)
  (layer2): Linear(in_features=500, out_features=10, bias=True)
)
```

3. 训练

用于训练的示例代码具体如下：

```
# optimization
from torch.autograd import Variable
import numpy as np
learning_rate = 1e-1 # 学习率
num_epoches = 5
criterion = nn.CrossEntropyLoss()
optimizer = torch.optim.SGD(net.parameters(), lr = learning_rate)# 使用随机梯度下降
for epoch in range(num_epoches):
    print('current epoch = %d' % epoch)
    for i, (images, labels) in enumerate(train_loader): # 利用 enumerate 取出一个
                                                          可迭代对象的内容
        images = Variable(images.view(-1, 28 * 28))
        labels = Variable(labels)

        outputs = net(images)                     # 将数据集传入网络做前向计算
        loss = criterion(outputs, labels)         # 计算 Loss
        optimizer.zero_grad()                     # 在做反向传播之前先清除下网络状态
        loss.backward()                           #Loss 反向传播
        optimizer.step()                          # 更新参数

        if i % 100 == 0:
```

```
        print('current loss = %.5f' % loss.item())
print('finished training')
```

4. 测试集准确度测试

我们接着来测试下，各层的权重通过随机梯度下降法更新 Loss 之后，针对测试集数字分类的准确率，具体代码如下：

```
# 做 prediction
total = 0
correct = 0

for images, labels in test_loader:

    images = Variable(images.view(-1, 28 * 28))
    outputs = net(images)

    _, predicts = torch.max(outputs.data, 1)
    total += labels.size(0)
    correct += (predicts == labels).sum()

print('Accuracy = %.2f' % (100 * correct / total))
```

最后的准确率大约在 96% 左右，比第 3 章我们用 KNN 方法得到的（95%）效果还要更好些。

7.2.2　PyTorch 实战之 Cifar10 分类

1. 数据准备

我们在第 3 章已经介绍过 Cifar10 数据集，它是一个常用的彩色图片数据集，它是由 10 个类别组成的，分别是 airplane、automobile、bird、cat、deer、dog、frog、horse、ship 和 truck，其中，每一张照片都是 3*32*32，即 3 通道彩色图片，分辨率为 32*32。如下代码之前讲解过，这里再次给出：

```
import torch
from torch.utils.data import DataLoader
import torchvision.datasets as dsets
import torchvision.transforms as transforms
batch_size = 100

# MNIST dataset
train_dataset = dsets.CIFAR10(root = '/ml/pycifar',   # 选择数据的根目录
                              train = True,            # 选择训练集
                              transform = transforms.ToTensor(), # 转换成 Tensor 变量
                              download = True)         # 从网络上下载图片
```

```
test_dataset = dsets.CIFAR10(root = '/ml/pycifar',               # 选择数据的根目录
                             train = False,     # 选择测试集
                             transform = transforms.ToTensor(), # 转换成 Tensor 变量
                             download = True)   # 从网络上下载图片
# 加载数据

train_loader = torch.utils.data.DataLoader(dataset = train_dataset,
                                           batch_size = batch_size,
                                           shuffle = True)  # 将数据打乱
test_loader = torch.utils.data.DataLoader(dataset = test_dataset,
                                          batch_size = batch_size,
                                          shuffle = True)
```

2. 定义神经网络

神经网络的定义代码具体如下：

```
from torch.autograd import Variable
import torch.nn as nn
import torch
input_size = 3072
hidden_size = 500
hidden_size2 = 200
num_classes = 10
num_epochs = 5
batch_size = 100
learning_rate = 0.001


# 定义两层神经网络
class Net(nn.Module):
    def __init__(self,input_size,hidden_size,hidden_size2,num_classes):
        super(Net,self).__init__()
        self.layer1 = nn.Linear(input_size,hidden_size)
        self.layer2 = nn.Linear(hidden_size,hidden_size2)
        self.layer3 = nn.Linear(hidden_size2,num_classes)

    def forward(self,x):
        out = torch.relu(self.layer1(x))
        out = torch.relu(self.layer2(out))
        out = self.layer3(out)
        return out

net = Net(input_size,hidden_size,hidden_size2,num_classes)
print(net)
```

3. 训练

用于训练的代码具体如下：

```
# optimization
from torch.autograd import Variable
import numpy as np
learning_rate = 1e-3
num_epoches = 5
criterion = nn.CrossEntropyLoss()
optimizer = torch.optim.SGD(net.parameters(), lr = learning_rate)
for epoch in range(num_epoches):
    print('current epoch = %d' % epoch)
    for i, (images, labels) in enumerate(train_loader): # 利用 enumerate 取出一个
                                                          可迭代对象的内容
        images = Variable(images.view(images.size(0), -1))
        labels = Variable(labels)
        optimizer.zero_grad()
        outputs = net(images)
        loss = criterion(outputs, labels)
        loss.backward()
        optimizer.step()

        if i % 100 == 0:
            print('current loss = %.5f' % loss.item())
print('Finished training')
```

4. 测试集准确度测试

测试集准确度的测试代码具体如下：

```
# 做 prediction
total = 0
correct = 0

for images, labels in test_loader:

    images = Variable(images.view(images.size(0), -1))
    outputs = net(images)

    _, predicts = torch.max(outputs.data, 1)
    total += labels.size(0)
    correct += (predicts == labels).sum()

print('Accuracy = %.2f' % (100 * correct / total))
```

由输出结果可知，准确度比较低，只有 49%。我们可以看出，浅层神经网络可以解决一部分简单的问题（在只有单通道的 MNIST 数据集上表现良好），但对于稍微复杂一些的彩色 Cifar10 数据集则表现很差。在接下来的第 8 章中，我们将进一步使用深度卷积神经网络实现 Cifar10 数据集的分类。

7.3 本章小结

本章主要讲解了如何通过 PyTorch 建立神经网络，并且展示了手写数字识别与 Cifar10 分类的案例，我们可以发现通过 PyTorch 来编写神经网络比起我们自己手写神经网络要方便很多，而且 PyTorch 本身内置了非常丰富的损失函数，并且只需要几句代码即可实现自动微分。

同时，我们还发现了浅层神经网络在处理复杂图像问题上效果并不好，接下来我们将从第 8 章开始接触深度卷积神经网络，处理更复杂的图像识别问题。

08 CHAPTER

第 8 章

卷积神经网络

卷积神经网络（ConvolutionalNeuralNetwork，CNN）是一种深度前馈神经网络，目前在图片分类、图片检索、目标检测、目标分割、目标跟踪、视频分类、姿态估计等图像视频相关领域中已有很多较为成功的应用。本章首先会介绍卷积神经网络的基础知识，然后介绍一些常见的卷积神经网络的结构，最后给出卷积神经网络在 Cifar10 上的实战案例。

8.1 卷积神经网络基础

与前面介绍的普通神经网络相比，卷积神经网络有一些特殊的层，也有一些卷积神经网络中特有的专业名词，这些都将在本节中做介绍。

8.1.1 全连接层

全连接层（Fully Connected Layer）可以简单地理解为前面章节中提到的神经网络的一个隐藏层，它包含权重向量 W 和激活函数。具体来说，对于一张 32*32*3 的图片（宽和高均为 32 个像素，有 RGB 三个通道，可以将其理解为一个 32*32*3 的矩阵），要通过全连接层，首先要将其拉伸为 3072*1 的向量作为神经网络隐藏层的输入，然后该向量与权重向量 W 做点乘操作，再将点乘后的结果作为激活函数（如 Sigmoid 或 tanh）的输入，最终，激活函数输出的结果便是全连接层的最终结果。操作过程如图 8-1 所示，其中 activation 中蓝色圆圈的值表示所有 3072 个输入和 10 维权重向量 W 点乘的结果。

补充说明：

当完成激活（activation）后的结果为一维向量时，通常将该结果称为特征向量（或激活向量）；当激活后的结果为二维向量时，通常称为特征层（feature map，有时也称为

激活层，activation map）。由于后面要介绍的卷积层也需要经过激活函数，因此卷积操作得到的结果通常被称为“特征层”。

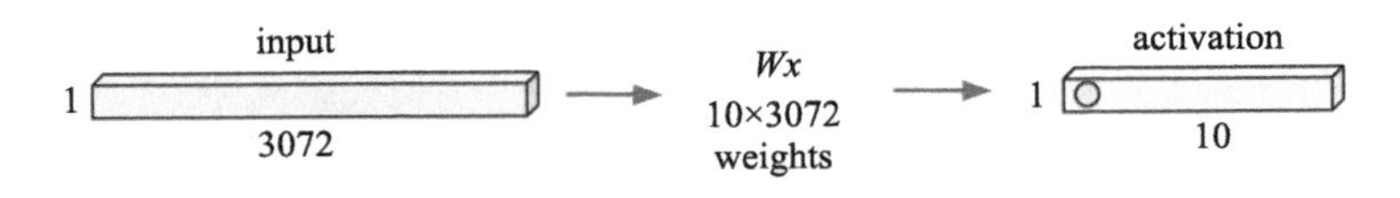

图 8-1　全连接示意图 [5]

8.1.2　卷积层

卷积层（Convolution Layer）与全连接层不同，它保留了输入图像的空间特征，即对于一张 32*32*3 的图片而言，卷积层的输入就是 32*32*3 的矩阵，不需要做任何改变。在卷积层中，我们引入了一个新的概念：卷积核 kernel（常简称为卷积，有时也称为滤波器 filter）。卷积的大小可以在实际需要时自定义其长和宽（常见的卷积神经网络中通常将其设置为 1*1、3*3、5*5 等），其通道个数一般设置为与输入图片通道数量一致。

必要的概念已经介绍完毕，接下来我们讲一下卷积的过程：让卷积（核）在输入图片上依次进行滑动，滑动方向为从左到右，从上到下；每滑动一次，卷积（核）就与其滑窗位置对应的输入图片 x 做一次点积计算并得到一个数值。

这里需要提到另外一个概念：步长（stride）。步长是指卷积在输入图片上移动时需要移动的像素数，如步长为 1 时，卷积每次只移动 1 个像素，计算过程不会跳过任何一个像素，而步长为 2 时，卷积每次移动 2 个像素。

为方便大家理解，我们先来看一下一维卷积的情况，如图 8-2a 所示，输入是一个 1*7 维的向量及其对应的数值，我们定义一维卷积，其卷积大小为 1*3（数值分别为“10, 5, 11”），那么经过第一次卷积操作（卷积与其对应的输入做点积）后我们可以得到 10*5+5*2+11*6 = 126，所以这里的 A 对应的数值即为 126。在这个例子里，我们定义步长为 1，所以接下来卷积移动一个格子（在图像中一个步长可以理解为一个像素），如图 8-2b 所示，可以计算得到 B 的数值为 160。以此类推，最终得到一个 1*5 维的向量。

补充说明：

卷积每次滑动覆盖的格子范围在图像处理中被称为“感受野”，这个名词在后文中还会用到。图 8-2 中所示的“感受野”为 1*3。

接下来，我们可以扩展到如图 8-3 所示的步长为 2 的情况，同样是 1*7 的输入向量，每次移动两个格子，即卷积从“5, 2, 6”移动到“6, 10, 7”，然后再移动到“7, 12, 8”，完成所有的卷积操作之后（与步长为 1 不同），这里最终将得到一个 1*3 的向量。

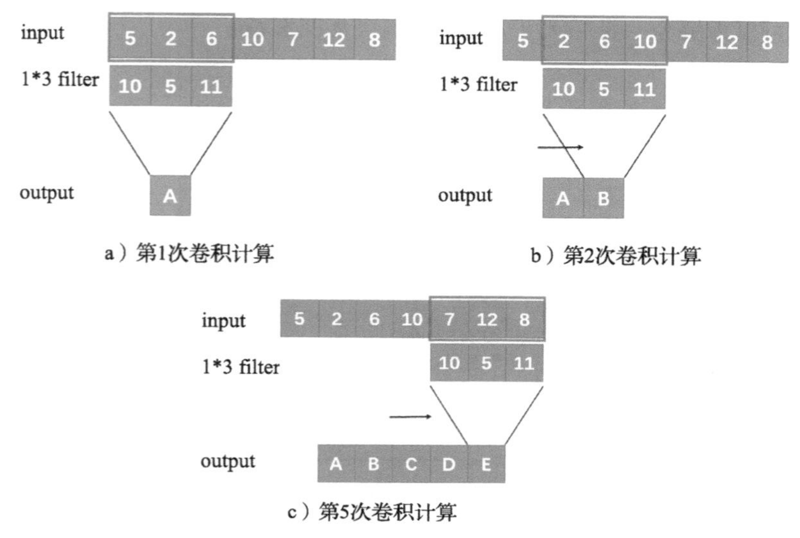

图 8-2　一维卷积 kernel=1*3，stride=1 计算过程示意图

看完了一维卷积的计算之后，我们再来学习下二维卷积的计算。对于一个 7*7 的图片，我们定义一个 3*3 的卷积，步长分别为 1 和 2，读者可以先自行思考一下其计算过程，如果你已经想好了，请参考图 8-4 和图 8-5，看与你的想法是否一致。由图 8-4 和图 8-5 我们可以看出，步长为 1 时，输出的特征层（feature map，有时也称为激活层 activation map）大小为 5*5，而步长为 2 时，则为 3*3。那么，当步长为 3 时，输出的卷积层大小是多少呢？答案是：会有错误，对于一个 7*7 的图片不能使用步长为 3 的 3*3 卷积。

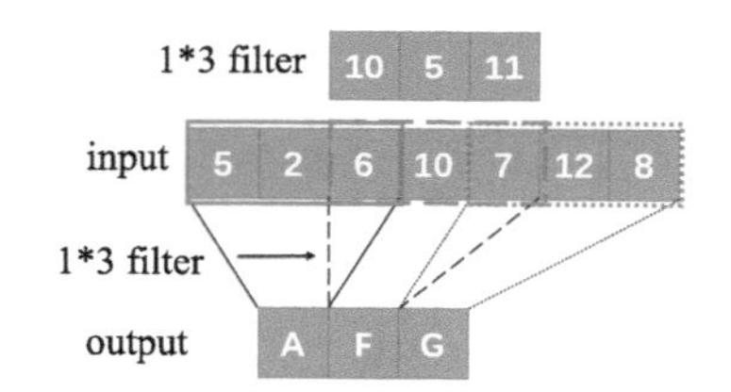

图 8-3　一维卷积 kernel=1*3，stride=2 计算过程示意图

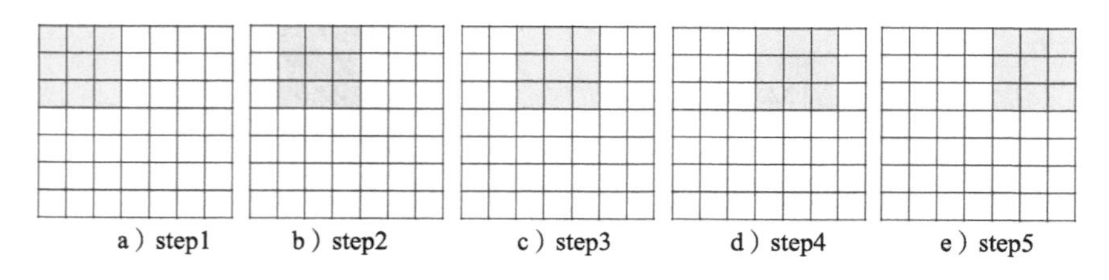

图 8-4　二维卷积，kernel=3*3，stride=1 计算过程示意图

如图 8-6a 所示，输入为一张 32*32*3 的图，kernel 大小为 5*5*3（这里的感受野为 3*3），那么每一次滑动都将带来卷积和输入图片 5*5*3=75 点乘的计算量，完成整个图片的卷积后最终将生成一张 28*28*1 的新图片（如图 8-6b），即特征层（feature map）。类似地，我们再定义一个卷积（通常可以理解为不同卷积完成不同的任务），这时特征层将产生 2 个通道。接下来，我们连续堆叠 6 个不同的卷积（kerne/filter）结果，最终特征层将得到 6 个

通道，而这就可以理解为一张 28*28*6 的新图片（如图 8-6c）。

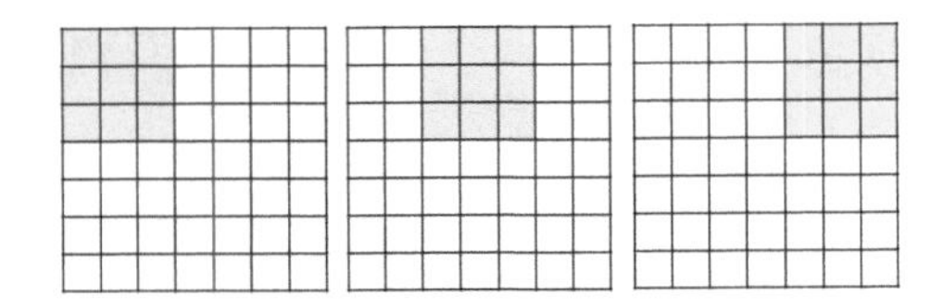

图 8-5　二维卷积，kernel=3*3，stride=2 计算过程示意图

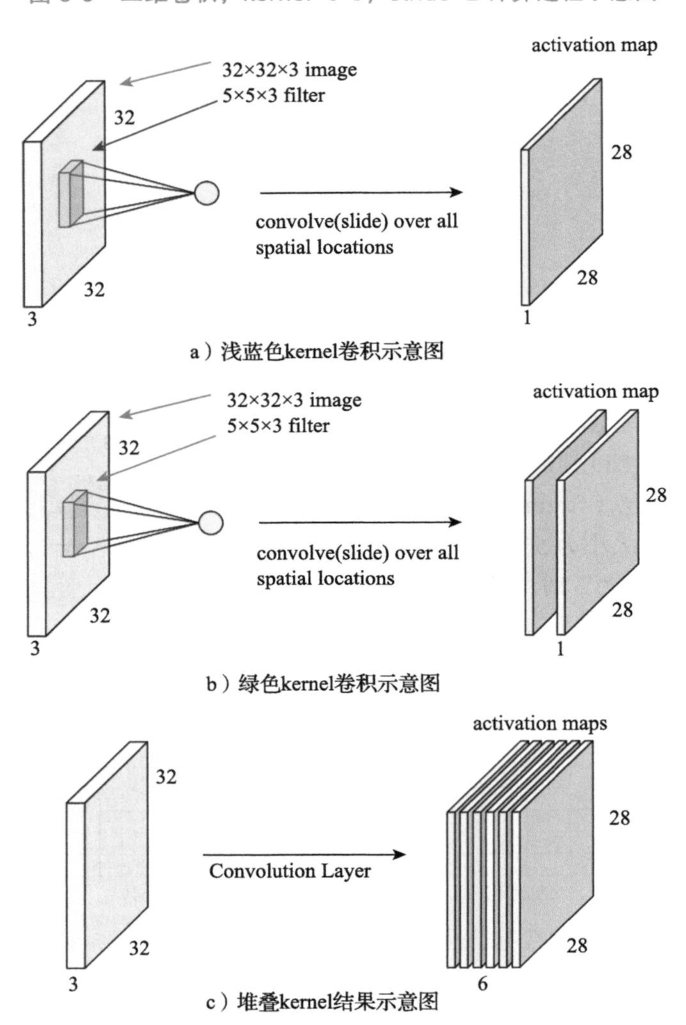

图 8-6　三维卷积 kernel=5*5*3，stride=1，计算过程示意图 [5]

介绍完了卷积层，接下来我们看看什么是卷积神经网络。如图 8-7 所示，卷积神经网络是由一系列卷积层经过激活来得到的。

接下来我们看一种更为通用的卷积形式，在 7*7 的输入图片周边做 1 个像素的填充（pad=1），如图 8-8 所示，步长为 1，kernel 为 3*3 的卷积输出的特征层将为 7*7。我们在这里给出通用卷积层的计算公式：输入图像为 $W_1 * H_1 * D_1$（字母分别表示图像的宽、高、channel），卷积层的参数中 kernel 大小为 $F*F$，步长为 S，pad 大小为 P，kernel 个数为 K，那么经过卷积后，输出图像的宽、高、channel 分别为：

$$W_2 = \frac{W_1 - F + 2P}{S} + 1$$

$$H_2 = \frac{H_1 - F + 2P}{S} + 1$$

$$D_2 = K$$

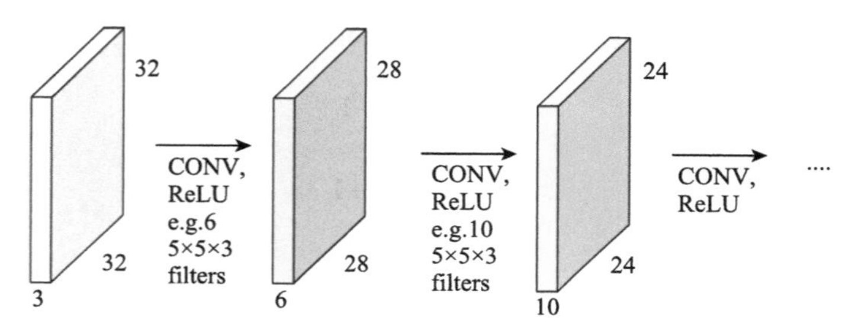

图 8-7　卷积神经网络示意图 [5]

接下来我们看一个例子，输入为 32*32*3，kernel 个数为 10，大小为 5*5，步长为 1，pad 为 2，那么根据以上计算公式可以得出（32−5+2*2）/1+1 = 32，因此我们可以得知输出的特征层大小为 32*32*10。与此同时，我们也可以得到每个 kernel 对应的参数个数 5*5*3+1=76（+1 表示 bias），因此该层卷积最终的参数个数为 76*10=760。

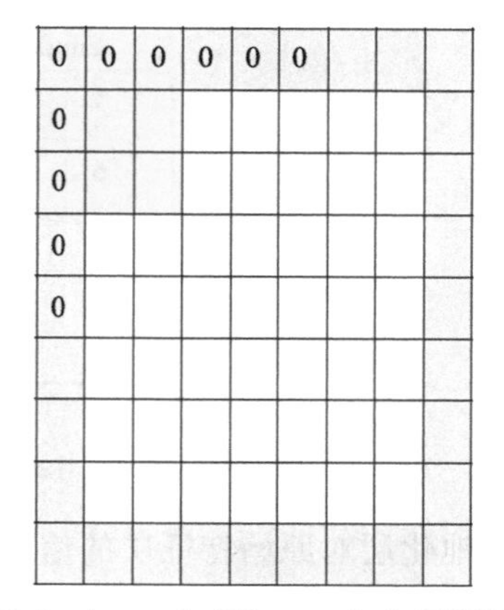

图 8-8　kernel=3*3，pad=1 示意图 [5]

至此，卷积层的基本运算已介绍完毕，那么卷积层的参数是如何与第 7 章介绍的传统神经网络参数对应的呢？实际上，卷积层学习的关键就是几个 kernel。在上例中，76*10=760 可以对应到传统神经网络中的 $w_0 \sim w_n$，而输入 $x_1 \sim x_n$ 则是输入图片。与传统神经网络不同的是，卷积层的计算是含有空间信息的。

PyTorch 中的卷积函数代码具体如下：

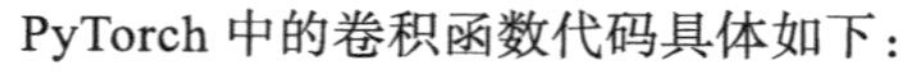

```
classtorch.nn.Conv2d(in_channels, out_channels, kernel_size, stride=1, padding=0,
    dilation=1, groups=1, bias=True)

in_channels (int) : 输入图片的 channel
out_channels (int) : 输出图片（特征层）的 channel
```

```
kernel_size (int or tuple) : kernel 的大小
stride (int or tuple, optional) : 卷积的步长，默认为 1
padding (int or tuple, optional) : 四周 pad 的大小，默认为 0
dilation (int or tuple, optional) :kernel 元素间的距离，默认为 1(dilation 翻译为扩张，
    有时候也称为“空洞”，有专门的文章研究 dilation convolution)
groups (int, optional) : 将原始输入 channel 划分成的组数，默认为 1 (初级读者暂时可以不必
    细究其用处)
bias (bool, optional) : 如果是 Ture，则输出的 bias 可学，默认为 True
```

8.1.3　池化层

池化（pooling）是对图片进行压缩（降采样）的一种方法，池化的方法有很多，如 max pooling、average pooling 等。池化层也有操作参数，我们假设输入图像为 $W_1 * H_1 * D_1$（字母分别表示图像的宽、高、channel），池化层的参数中，池化 kernel 的大小为 $F * F$，步长为 S，那么经过池化后输出的图像的宽、高、channel 分别为：

$$W_2 = \frac{W_1 - F}{S} + 1$$

$$H_2 = \frac{H_1 - F}{S} + 1$$

$$D_2 = D_1$$

通常情况下 F=2，S=2。如图 8-9 所示，一个 4*4 的特征层经过池化 filter=2*2，stride=2 的最大池化操作后可以得到一个 2*2 的特征层。

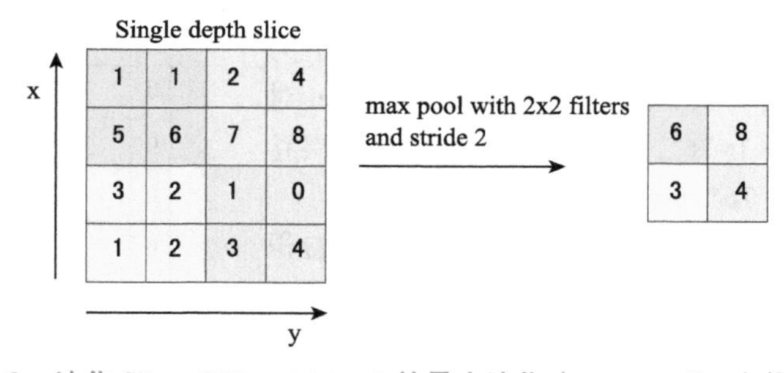

图 8-9　池化 filter=2*2，stride=2 的最大池化（max pooling）操作[5]

池化层对原始特征层的信息进行压缩，是卷积神经网络中很重要的一步。在后面的 8.2 节中，我们将会看到在绝大多数情况下，卷积层、池化层、激活层三者几乎像一个整体一样常常共同出现。下面给出 PyTorch 定义卷积神经网络的代码（这里只是初步介绍，更详细的代码将在 8.3 节中给出）：

```
import torch.nn as nn
import torch.nn.functional as F

class Net(nn.Module):
```

```
    def __init__(self):                              # 在这里定义卷积神经网络需要的元素
        super(Net, self).__init__()
        self.conv1 = nn.Conv2d(3, 6, 5)              # 定义第一个卷积层
        self.pool = nn.MaxPool2d(2, 2)               # 池化层
        self.conv2 = nn.Conv2d(6, 16, 5)             # 定义第二个卷积层
        self.fc1 = nn.Linear(16 * 5 * 5, 120)        # 全连接层
        self.fc2 = nn.Linear(120, 84)                # 全连接层
        self.fc3 = nn.Linear(84, 10)                 # 最后一个全连接层用作10分类

    def forward(self, x):                            # 使用__init__中的定义，构建卷积神经网络结构
        x = self.pool(F.relu(self.conv1(x)))         # 第一个卷积层首先要经过ReLU做激活，然
                                                       后使用前面定义好的nn.MaxPool2d(2, 2)
                                                       方法做池化
        x = self.pool(F.relu(self.conv2(x)))         # 第二个卷积层也要经过ReLU做激活，然后
                                                       使用前面定义好的nn.MaxPool2d(2, 2)
                                                       方法做池化
        x = x.view(-1, 16 * 5 * 5)                   # 对特征层Tensor维度进行变换
        x = F.relu(self.fc1(x))                      # 卷积神经网络的特征层经过第一次全连接
                                                       层操作，然后再通过ReLU层激活
        x = F.relu(self.fc2(x))                      # 卷积神经网络的特征层经过第二次全连接
                                                       层操作，然后再通过ReLU层激活
        x = self.fc3(x)                              # 卷积神经网络的特征层经过最后一次全连接层
                                                       操作，得到最终要分类的结果（10分类标签）
        return x

net = Net()
```

8.1.4　批规范化层

批规范化层（BatchNorm层）是2015年Ioffe和Szegedy等人提出的想法，主要是为了加速神经网络的收敛过程以及提高训练过程中的稳定性。虽然深度学习被证明有效，但它的训练过程始终需要经过精心调试，比如精心设置初始化参数、使用较小的学习率等。Ioffe和Szegedy等人进行了详细的分析，并给出了BatchNorm方法，在后面的很多实验中该方法均被证明非常有效（8.2.4节中介绍的ResNet就在重复使用该结构）。

这里首先介绍一下batch的概念：在使用卷积神经网络处理图像数据时，往往是几张图片（如32张、64张、128张等）被同时输入到网络中一起进行前向计算，误差也是将该batch中所有图片的误差累计起来一起回传。BatchNorm方法其实就是对一个batch中的数据根据公式（8-1）做了归一化。

$$\hat{x}_k = \frac{x_k - \mathrm{E}[x_k]}{\sqrt{\mathrm{Var}(x_k)}} \tag{8-1}$$

8.2　常见卷积神经网络结构

接下来将介绍常见的卷积神经网络结构，读者可以从这里看到CNN的发展历程，并从现有的常见CNN结构中获取到构建CNN的一些经验。

8.2.1　AlexNet

首先，我们来看下神经网络的坚守者 Hinton 在 2012 年和他的学生 Alex Krizhevsky 设计的 AlexNet[1]，该模型拿到了当年 ImageNet 竞赛的冠军并因此掀起了一波深度学习的热潮。

ImageNet 是李飞飞团队创建的一个用于图像识别的大型数据库，里面包含了超过 1400 万张带标记的图片。2010 年以来，ImageNet 每年举办一次图片分类和物体检测的比赛——ILSVRC。图片分类比赛中有 1000 个不同类别的图片，每个类别大约有 200～1000 张来自不同源的图片。自 ImageNet 竞赛举办开始，业界便将其视为标准数据集，后续很多优秀的神经网络结构都是从该比赛中诞生的。

回到 AlexNet，我们先看下其网络结构（参考论文 [1]）。AlexNet 的网络结构如表 8-1 所示。

表 8-1　AlexNet 网络结构

input	layer	kernel	kernel_num	stride	pad	output	parameters
227*227*3	CONV1	11*11*3	96	4	0	55*55*96	(11*11*3)*96 = 35K
55*55*96	MAX POOL1	3*3		2	0	27*27*96	
27*27*96	NORM1						
27*27*96	CONV2	5*5*96	256	1	2	27*27*256	(5*5*96)*256 = 614K
27*27*256	MAX POOL2	3*3		2	0	13*13*256	
13*13*256	NORM2						
13*13*256	CONV3	3*3*256	384	1	1	13*13*384	(3*3*256)*384 = 885K
13*13*384	CONV4	3*3*384	384	1	1	13*13*384	(3*3*384)*384 = 1327K
13*13*384	CONV5	3*3*384	256	1	1	13*13*256	(3*3*384)*256 = 885K
13*13*256	Max POOL3	3*3		2	0		
6*6*256	FC6					4096	(6*6*256)*4096 =3775W
4096	FC7					4096	4096*4096 = 1678W
4096	FC8					1000	4096*4096 = 410W

AlexNet 主要由 5 个卷积层和 3 个全连接层组成，最后一个全连接层通过 Softmax 最终产生的结果将作为输入图片在 1000 个类别（ILSVRC 图片分类比赛有 1000 个类别）上的得分。

下面以输入一个 227*227*3 的图像（长和宽均为 227 个像素的 3 通道彩色图）为例，第一层卷积的卷积核大小为 11*11*3，并且由 96 个卷积核组成。所有卷积核均以 stride 为 4 滑过整张 227*227*3 的图片，根据卷积输出层分辨率计算公式 $(W+2*\text{pad}-\text{kernel})/\text{stride}+1$ 可以得出第一个卷积层输出层的分辨率大小为 $(227+2*0-11)/4+1=55$。因此，不难得出第一层卷积最终的输出大小为 55*55*96。由于卷积层只有卷积核含有神经网络的参数，因此第一层卷积参数总量为 $(11*11*3)*96=35\text{K}$。以此类推，读者可根据表 8-1 中 AlexNet 的网络结构自行推导出对应 output 的大小以及相应的参数个数，并与表 8-1 的结果进行对比。

AlexNet 是第一个使用卷积神经网络在 ILSVRC 比赛中获得冠军的网络结构，它有如下几个特点。

（1）使用 ReLU 作为激活函数

为了加快深度神经网络的训练速度，AlexNet 将传统神经网络神经元激活函数 $f(x) = \tanh(x)$ 或 $f(x) = (1 + e^{-x})-1$ 改为 $f(x) = \max(0; x)$，即 Rectified Linear Units（ReLUs）。如图 8-10 所示，从一个含有 4 层卷积的神经网络上看，相比 tanh，ReLUs 的收敛速度要快好几倍。当训练误差同为 25% 时，ReLUs 约进行 5 次迭代即可达到 tanh 约 35 次迭代的效果。

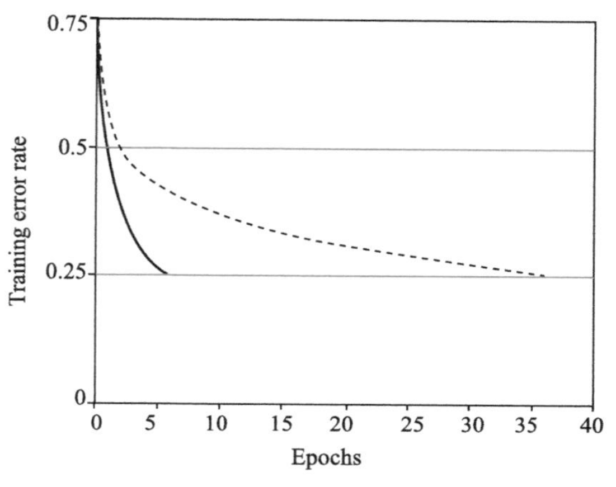

图 8-10　ReLUs 与 tanh 作为激活函数在 4 层卷积神经网络中的收敛速度对比

其中，横轴为迭代次数，纵轴为训练过程产生的误差，实线为 ReLUs 作为激活函数的收敛过程，虚线为 tanh 作为激活函数的收敛过程。

（2）使用多种方法避免过拟合

经过表 8-1 的分析可知，AlexNet 有超过 6000 万的参数，虽然 ILSVRC 比赛含有大量的训练数据，但仍然很难完成对如此庞大参数的完全训练，从而导致严重的过拟合问题。AlexNet 很巧妙地运用下面两种方法处理了这个问题。

1）数据增强：在图像领域，最简单也最常用的避免过拟合的方法就是对数据集的增强。这里介绍一些比较常见的数据增强方法。

- 对原始图片做随机裁剪。假如原始输入图片的大小为 256*256，那么训练时可随机从 256*256 的图片上裁剪 224*224 的图片作为网络的输入。
- 另外还有一些常见数据增强方法，AlexNet 论文中并没有全部用到，例如训练时对原始图片进行随机地上下、左右翻转，平移，缩放，旋转等，这些在实践中都有很好的效果。

2）使用 dropout：该方法一方面是为了避免过拟合，另一方面是使用更有效的方式进行模型融合。具体方法是在训练时让神经网络中每一个中间层神经元以 5 的一定倍数的概率（如 0.5）置为 0。当某个神经元被置为 0 时，它便不会参与前向传播以及反向回传的计算。因此每当有一个新的图片输入时就意味着网络随机采样出一个新的网络结构，而真正的整个网络的权重一直是共享的。从感性的角度来讲，dropout 的存在也强迫了神经网络学习出更稳定的特征（因为在训练过程中随机屏蔽一些权重的同时还要保证算法的效果，因此学习出来的模型相对来说更稳定）。预测时使用所有的神经元，但需要将其输出均乘以 0.5。

2012 年，AlexNet 使用 8 层神经网络以 top1 分类误差 16.4% 的成绩摘得 ILSVRC 的桂冠。2013 年，ZFNet 在 AlexNet 的基础上做了超参的调整，使 top1 的误差降低到 11.7%，并成为新的冠军。ZFNet 将 AlexNet 第一个卷积层的 kernel 为 11*11，stride 为 4 改为 7*7，stride 为 2；第三、四、五层卷积的 kernel 个数从 384、384、256 分别改为 512、1024 和 512。2014 年，Simonyan 和 Zisserman 设计了层次更深并且 kernel 更小的 VGGNet。

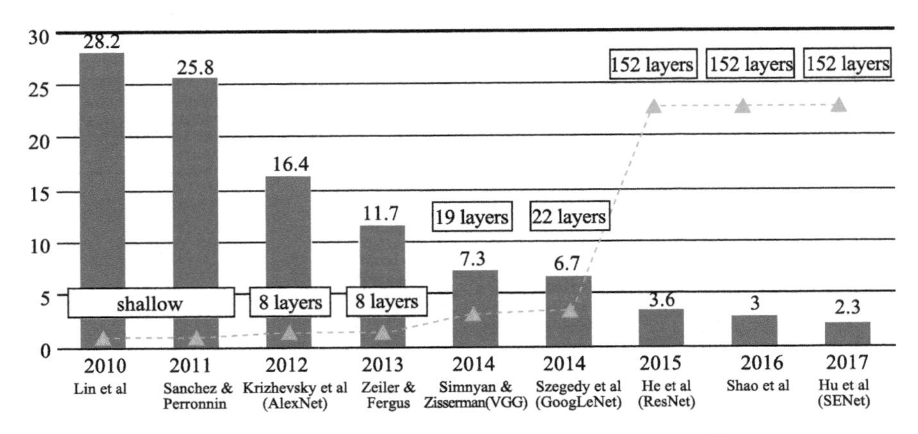

图 8-11　ILSVRC 图像识别分类比赛优胜情况 [5]

8.2.2　VGGNet

我们先来看下 VGGNet[2] 的网络结构，如图 8-12 所示。

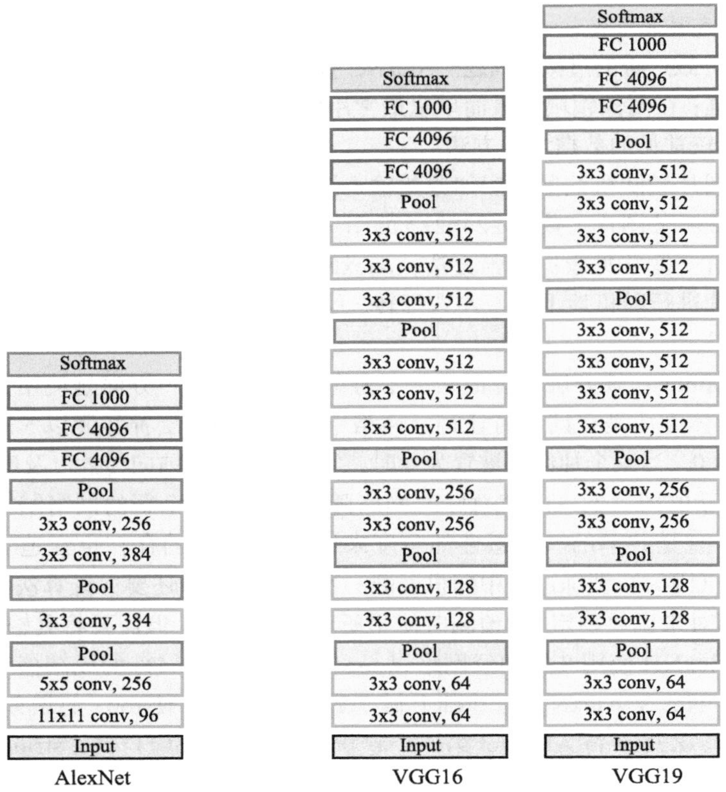

AlexNet:
Softmax
FC 1000
FC 4096
FC 4096
Pool
3x3 conv, 256
3x3 conv, 384
Pool
3x3 conv, 384
Pool
5x5 conv, 256
11x11 conv, 96
Input

VGG16:
Softmax
FC 1000
FC 4096
FC 4096
Pool
3x3 conv, 512
3x3 conv, 512
3x3 conv, 512
Pool
3x3 conv, 512
3x3 conv, 512
3x3 conv, 512
Pool
3x3 conv, 256
3x3 conv, 256
Pool
3x3 conv, 128
3x3 conv, 128
Pool
3x3 conv, 64
3x3 conv, 64
Input

VGG19:
Softmax
FC 1000
FC 4096
FC 4096
Pool
3x3 conv, 512
3x3 conv, 512
3x3 conv, 512
3x3 conv, 512
Pool
3x3 conv, 512
3x3 conv, 512
3x3 conv, 512
3x3 conv, 512
Pool
3x3 conv, 256
3x3 conv, 256
Pool
3x3 conv, 128
3x3 conv, 128
Pool
3x3 conv, 64
3x3 conv, 64
Input

图 8-12　AlexNet 和 VGGNet 网络结构对比 [5]

VGGNet 包含两种结构，分别为 16 层和 19 层。从图 8-12 中可以看出，VGGNet 结构中，所有卷积层的 kernel 都只有 3*3。VGGNet 中连续使用 3 组 3*3kernel（stride 为 1）的原因是它与使用 1 个 7*7kernel 产生的效果相同（图 8-13 以一维卷积为例解释了两者效果相同的原理），然而更深的网络结构还会学习到更复杂的非线性关系，从而使得模型的效果更好。该操作带来的另一个好处是参数数量的减少，因为对于一个包含了 C 个 kernel 的卷积层来说，原来的参数个数为 $7*7*C$，而新的参数个数为 $3*(3*3*C)$。

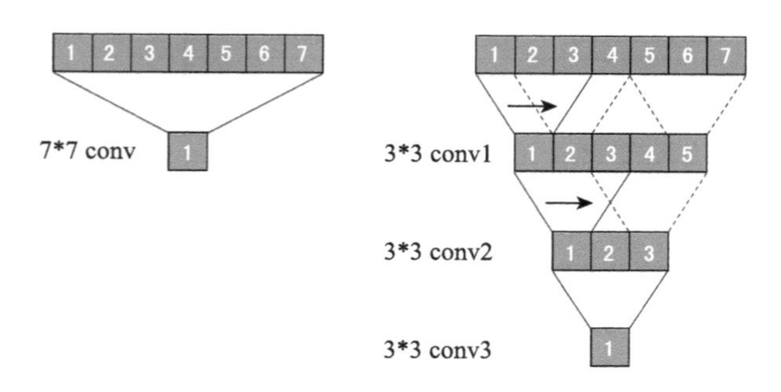

图 8-13　一维卷积中 3 组 3*3 与 1 组 7*7kernel 效果相同的原理解说图

表 8-2 给出了 VGG16Net 的网络结构以及每一层计算所对应的需要消耗的内存和计算量。从表中我们可以看出，内存消耗主要来自于早期的卷积，而参数量的激增则发生在后期的全连接层。

表 8-2　VGG16Net 网络结构

input_size	layer	memory	parameters
[224x224x3]	input	224*224*3=150K	0
[224x224x64]	CONV3-64	224*224*64=3.2M	(3*3*3)*64 = 1,728
[224x224x64]	CONV3-64	224*224*64=3.2M	(3*3*64)*64 = 36,864
[112x112x64]	POOL2	112*112*64=800K	0
[112x112x128]	CONV3-128	112*112*128=1.6M	(3*3*64)*128 = 73,728
[112x112x128]	CONV3-128	112*112*128=1.6M	(3*3*128)*128 = 147,456
[56x56x128]	POOL2	56*56*128=400K	0
[56x56x256]	CONV3-256	56*56*256=800K	(3*3*128)*256 = 294,912
[56x56x256]	CONV3-256	56*56*256=800K	(3*3*256)*256 = 589,824
[56x56x256]	CONV3-256	56*56*256=800K	(3*3*256)*256 = 589,824
[28x28x256]	POOL2	28*28*256=200K	0
[28x28x512]	CONV3-512	28*28*512=400K	(3*3*256)*512 = 1,179,648
[28x28x512]	CONV3-512	28*28*512=400K	(3*3*512)*512 = 2,359,296

（续）

input_size	layer	memory	parameters
[28x28x512]	CONV3-512	28*28*512=400K	(3*3*512)*512 = 2,359,296
[14x14x512]	POOL2	14*14*512=100K	0
[14x14x512]	CONV3-512	14*14*512=100K	(3*3*512)*512 = 2,359,296
[14x14x512]	CONV3-512	14*14*512=100K	(3*3*512)*512 = 2,359,296
[14x14x512]	CONV3-512	14*14*512=100K	(3*3*512)*512 = 2,359,296
[7x7x512]	POOL2	7*7*512=25K	0
[1x1x4096]	FC	4096	7*7*512*4096 = 102,760,448
[1x1x4096]	FC	4096	4096*4096 = 16,777,216
[1x1x1000]	FC	1000	4096*1000 = 4,096,000

8.2.3 GoogLeNet

GoogLeNet[3] 最初的想法很简单，就是若想要得到更好的预测效果，就要增加网络的复杂度，即从两个角度出发：网络深度和网络宽度。但这个思路有两个较为明显的问题。

首先，更复杂的网络意味着更多的参数，就算是 ILSVRC 这种包含了 1000 类标签的数据也很容易过拟合。

其次，更复杂的网络会带来更大的计算资源的消耗，而且当 kernel 个数设计不合理导致 kernel 中的参数没有被完全利用（多数权重都趋近 0）时，会导致大量计算资源的浪费。

GoogLeNet 引入了 inception 结构来解决这个问题，其中涉及了大量的数学推导和原理，感兴趣的读者可参考论文[3]，这里以一种简单的方式解释 inception 设计的初衷。

首先，神经网络的权重矩阵是稀疏的，如果能将图 8-14 中左边的稀疏矩阵和 2*2 的矩阵卷积转换成右边 2 个子矩阵和 2*2 矩阵做卷积的方式则会大大降低计算量。那么，同样的道理，应用在降低卷积神经网络的计算量上就产生了如图 8-15 所示的 inception 结构。这个结构是将 256 个均匀分布在 3*3 尺度的特征转换成多个不同尺度的聚类，如 96 个 1*1、96 个 3*3 和 64 个 5*5 分别聚在一起，这样可以使计算更有效，收敛更快。

$$\begin{bmatrix} 5 & 2 & 0 & 0 & 0 & 0 \\ 1 & 2 & 0 & 0 & 0 & 0 \\ 0 & 0 & 3 & 7 & 4 & 0 \\ 0 & 0 & 6 & 4 & 0 & 0 \\ 0 & 0 & 0 & 0 & 5 & 0 \\ 0 & 0 & 0 & 0 & 0 & 0 \end{bmatrix} \oplus \begin{bmatrix} 3 & 4 \\ 2 & 2 \end{bmatrix} \Leftrightarrow \begin{matrix} \begin{bmatrix} 5 & 2 \\ 1 & 2 \end{bmatrix} \oplus \begin{bmatrix} 3 & 4 \\ 2 & 2 \end{bmatrix} \\ \begin{bmatrix} 3 & 7 & 4 \\ 6 & 4 & 0 \\ 0 & 0 & 5 \end{bmatrix} \oplus \begin{bmatrix} 3 & 4 \\ 2 & 2 \end{bmatrix} \end{matrix}$$

图 8-14 矩阵转换方式

但是，图 8-15 所示的结构仍然有较大的计算量，具体如表 8-3 所示。由表 8-3 可以看出，对于最简单的 inception 结构而言，一个 28*28*256 的输入最终需要的计算量约为 854M。为了进一步减小计算量，Szegedy 等人引入了小尺寸 kernel 对 inception 结构进行降维，如图 8-16 所示。通过降维，原来一个 28*28*256 的输入计算量能够降低到约 358M。

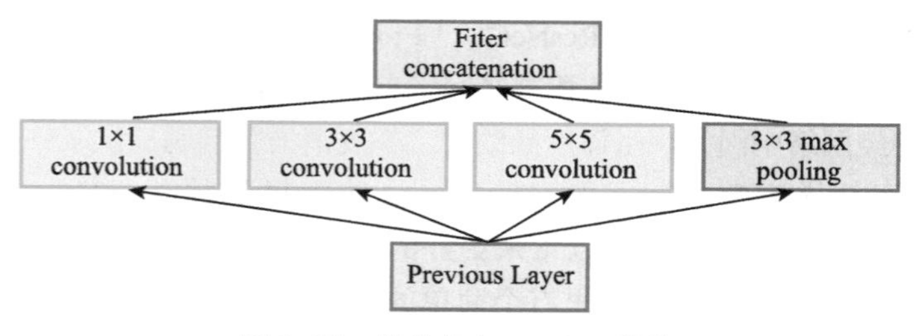

图 8-15　简单的 inception 结构

表 8-3　简单 inception 结构对应计算量

input	layer	output_size	computation
28*28*256	1*1*128 conv	28*28*128	28*28*128*1*1*256
	3*3*192 conv	28*28*192	28*28*192*3*3*256
	5*5*96 conv	28*28*96	28*28*96*5*5*256
	3*3 pool	28*28*256	

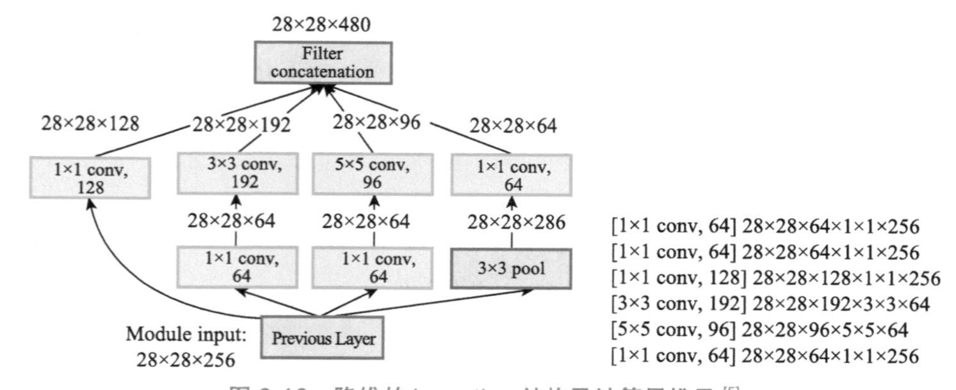

图 8-16　降维的 inception 结构及计算量推导 [5]

除了 inception 结构，GoogLeNet 的另外一个特点是主干网络部分全部使用卷积网络，仅仅在最终分类部分使用全连接层。

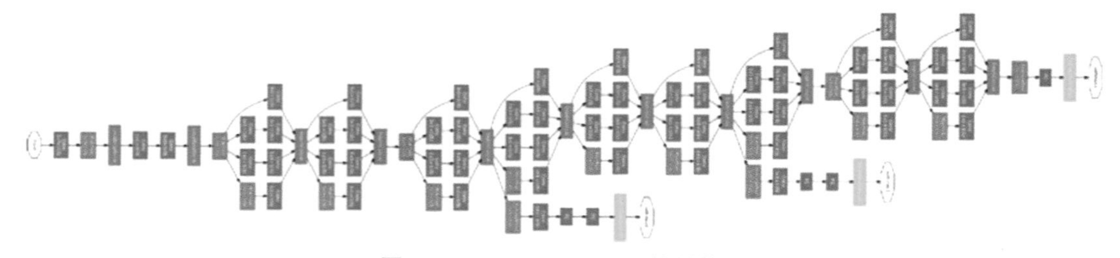

图 8-17　GoogLeNet 网络结构图

8.2.4 ResNet

2015 年，何凯明提出了 152 层的 ResNet[4]，以 top1 误差 3.6% 的图像识别记录获得了 2015 年 ILSVRC 比赛的冠军，同时也使得卷积神经网络有了真正的“深度”。ResNet 的提出是革命性的，它为解决神经网络中因为网络深度导致的“梯度消失”问题提供了一个非常好的思路。

这里解释一下“梯度消失”问题。首先，从前面提到的 AlexNet、VGGNet、GoogLeNet 可以看出，更深层次的网络可以带来更好的识别效果。那么，是不是网络结构越深、卷积层数量堆叠得越多就越好呢？这里有个简单的实验，从图 8-18 可以看出，56 层的卷积神经网络在训练和预测方面的误差都大于 20 层的网络，所以可以排除过拟合的干扰因素。真实的原因是“梯度消失”，下面我们简单看下其原理。

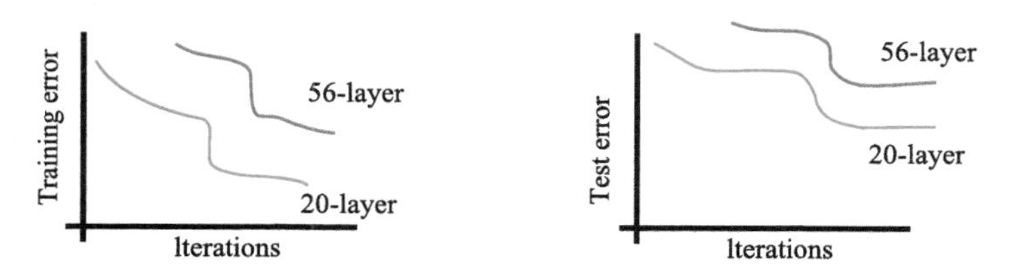

图 8-18　一个 20 层和 56 层卷积神经网络中训练和预测过程中的误差情况 [5]

如公式（8-2）所示，网络的损失函数为 $F(X, W)$，其反向传播的梯度值如公式（8-3）所示。同样的原理，扩展到多层神经网络，网络的损失函数如公式（8-4）所示，其中，n 为神经网络的层数，最终根据链式法则可推出第 i 层的梯度如公式（8-5）所示。因此，可以看出，随着误差的回传，前层网络的梯度也变得越来越小。

$$\text{Loss}=F(X, W) \tag{8-2}$$

$$\frac{\partial \text{Loss}}{\partial X}=\frac{\partial F(X,W)}{\partial X} \tag{8-3}$$

$$\text{Loss}=F_n\ (X_n,\ W_n),\ L_n=F_{n-1}\ (X_{n-1},\ W_{n-1}),\ \cdots\ L_2=F_1\ (X_1,\ W_1) \tag{8-4}$$

$$\frac{\partial \text{Loss}}{\partial X_i}=\frac{\partial F_n(X_n,W_n)}{\partial X_n}*\cdots*\frac{\partial F(X_{i+1},W_{i+1})}{\partial X_i} \tag{8-5}$$

为了解决神经网络过深导致的梯度消失问题，ResNet 巧妙地引入了残差结构，如图 8-19 所示，即将输出层 $H(X) = F(X)$ 改为 $H(X) = F(X) + X$，也就是从公式（8-5）变为了公式（8-6），所以，就算网络结构很深，梯度也不会消失了。

$$\frac{\partial X_{i+1}}{\partial X_i}=\frac{\partial X_i+\partial F(X_i,W_i)}{\partial X_i}=1+\frac{\partial F(X_{i+1},W_{i+1})}{\partial X_i} \tag{8-6}$$

除了残差结构之外，ResNet 还沿用了前人的一些可以提升网络性能和效果的设计，如堆叠式残差结构，每个残差模块又由多个小尺度 kernel 组成，整个 ResNet 除最后用于分类的全连接层以外都是全卷积的，这大大提升了计算速度。ResNet 网络深度有 34、50、

101、152 等多种，50 层以上的 ResNet 也借鉴了类似 GoogLeNet 的思想，在细节上使用了 bottleneck 的设计方式。ResNet 网络结构缩略图如图 8-20 所示。

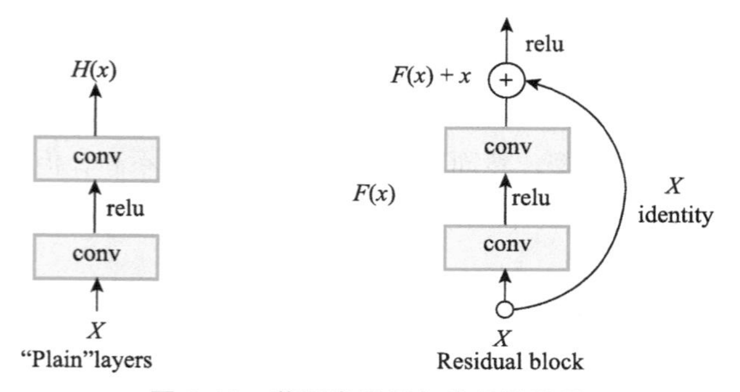

图 8-19　普通卷积层与残差卷积层

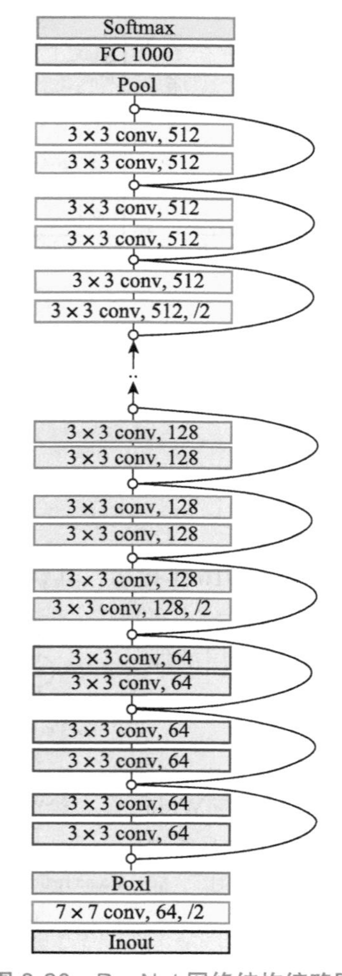

图 8-20　ResNet 网络结构缩略图

至此，我们已经介绍了 4 种基础的网络结构和设计网络时涉及的主要思想。在 ResNet 之后，还有很多新的网络结构不断出现，但主要思想大体上都是基于以上 4 种类型做的一些改进，如 Inception-v4 的主要思想便是 ResNet+Inception。

图 8-21 列出了不同网络结构可以达到的算法精度及其内存消耗情况。如与其他模型相比，VGGNet 占用最多的计算量并且消耗最大的内存，GoogLeNet 是刚刚介绍的 4 个模型中计算量和内存消耗最小的模型，然而 AlexNet 虽然计算量不高，但也会占用较大的内存并且精度也不高，而不同大小的 ResNet 模型性能差异也较大，具体情况需要根据应用场景选择合适的模型。

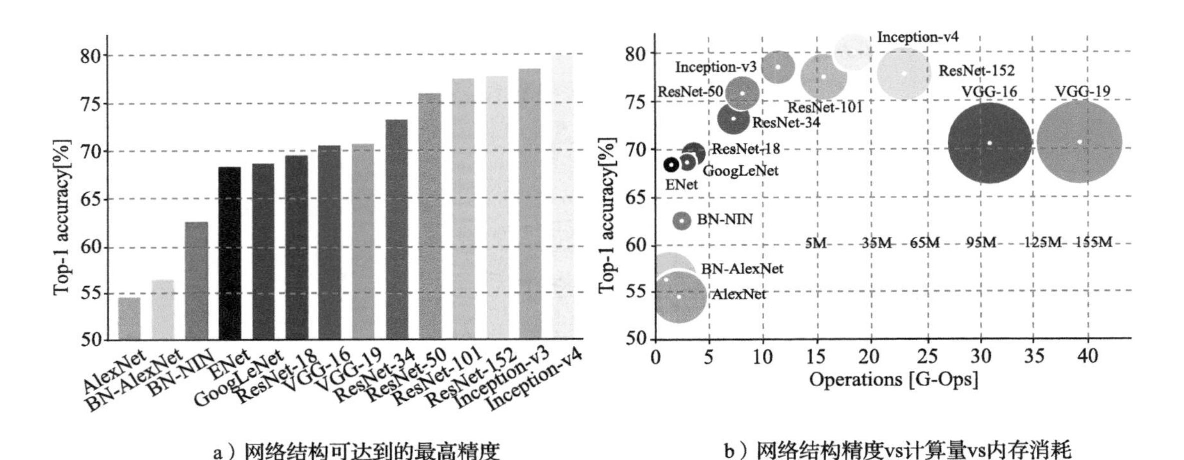

a）网络结构可达到的最高精度　　b）网络结构精度vs计算量vs内存消耗

图 8-21　不同网络结构性能对比

8.2.5　其他网络结构

1. Wide ResNet

Wide ResNet 为 Zagoruyko 等人于 2016 年提出，其认为残差结构比深度更重要。他们设计了更宽的残差模块（如图 8-22 所示），实验证明 50 层的加宽残差网络效果比 152 层的原 ResNet 网络效果更好。

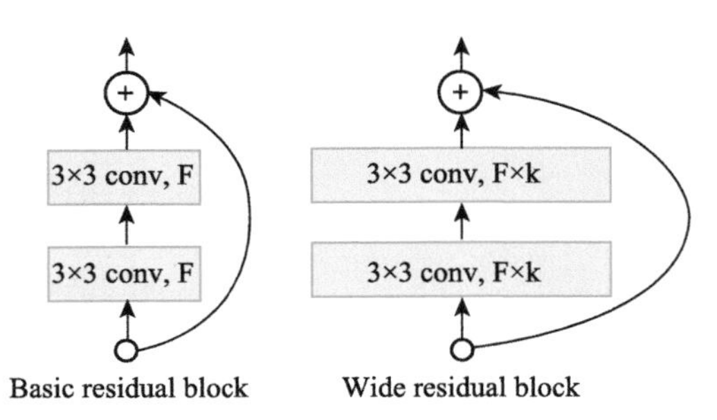

图 8-22　加宽的残差网络模块

2. ResNeXT

ResNeXT 由 Xie 等人于 2016 年提出，与 Wide ResNet 不同，ResNeXT 在 ResNet 的基础上通过加宽 inception 个数的方式来扩展残差模块，如图 8-23 所示。

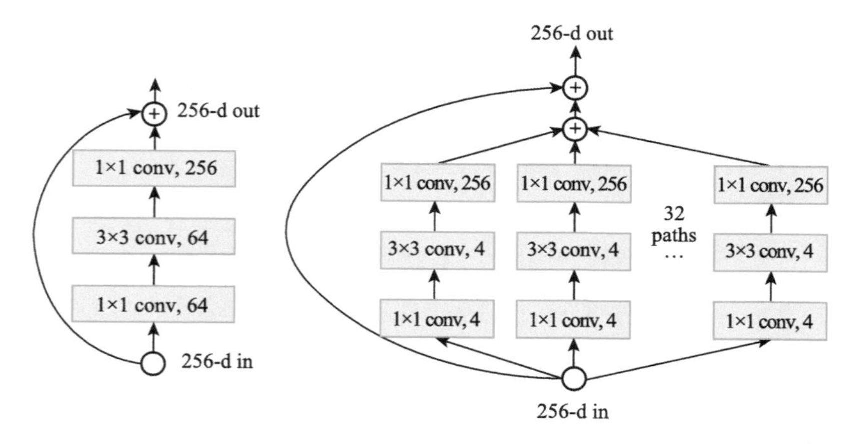

图 8-23　ResNeXT 网络模块

3. DenseNet

DenseNet 由 Huang 等人于 2017 年提出，网络模块如图 8-24 所示。在 DenseNet 中，每一层都与其他层相关联，这样的设计也大大缓解了“梯度消失”的问题。

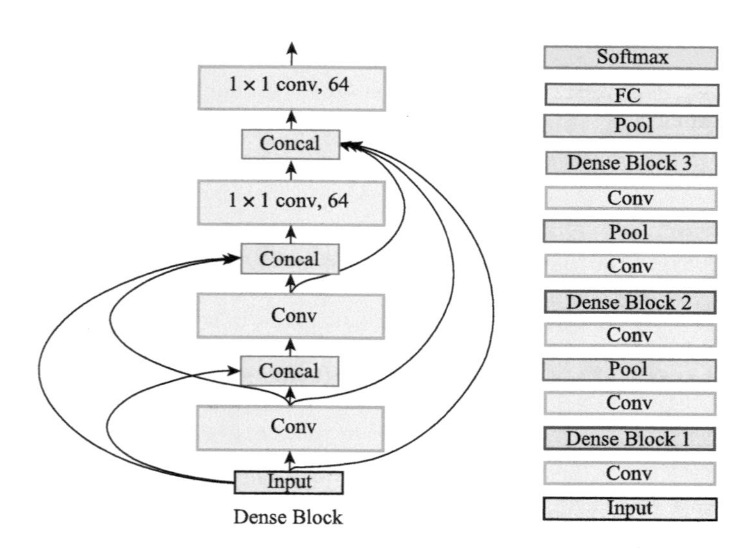

图 8-24　DenseNet 核心网络结构

8.3　VGG16 实现 Cifar10 分类

接下来，我们使用第 3 章提到的 Cifar10 数据集来做实验，看看卷积神经网络在图片分类任务中的表现如何。

8.3.1 训练

```
##########################################
# 第 1 步：载入数据
##########################################
import torch
import torchvision
import torchvision.transforms as transforms
# 使用 torchvision 可以很方便地下载 Cifar10 数据集，而 torchvision 下载的数据集为 [0, 1] 的
 PILImage 格式，我们需要将张量 Tensor 归一化到 [-1, 1]

transform = transforms.Compose(
    [transforms.ToTensor(),        # 将 PILImage 转换为张量
        transforms.Normalize((0.5, 0.5, 0.5), (0.5, 0.5, 0.5))] # 将 [0, 1] 归一化到 [-1, 1]
        )

trainset = torchvision.datasets.CIFAR10(root='./book/classifier_cifar10/
    data', #root 表示的是 Cifar10 的数据存放目录，使用 torchvision 可直接下载 Cifar10 数
    据集，也可直接在 https://www.cs.toronto.edu/~kriz/cifar-10-python.tar.gz 这里
    下载（链接来自 Cifar10 官网）
    train=True,
    download=True,
    transform=transform            # 按照上面定义的 transform 格式转换下载的数据
    )
trainloader = torch.utils.data.DataLoader(trainset,
    batch_size=4,                  # 每个 batch 载入的图片数量，默认为 1
    shuffle=True,
    num_workers=2                  # 载入训练数据所需的子任务数
    )

testset = torchvision.datasets.CIFAR10(root='./book/classifier_cifar10/data',
                                       train=False,
                                       download=True,
                                       transform=transform)
testloader = torch.utils.data.DataLoader(testset,
                                         batch_size=4,
                                         shuffle=False,
                                         num_workers=2)

cifar10_classes = ('plane', 'car', 'bird', 'cat', 'deer', 'dog', 'frog',
    'horse', 'ship', 'truck')

##########################################
# 查看训练数据
# 备注：该部分代码可以不放入主函数
##########################################
import numpy as np

dataiter = iter(trainloader)    # 从训练数据中随机取一些数据
images, labels = dataiter.next()
```

```
images.shape #(4L, 3L, 32L, 32L)
# 我们可以看到 images 的 shape 是 4*3*32*32，原因是上面载入训练数据 trainloader 时一个 batch
  里面有 4 张图片

torchvision.utils.save_image(images[1],"test.jpg") # 我们仅随机保存 images 中的一张
                                                      图片看看
cifar10_classes[labels[j]] # 打印 label

##########################################
# 第 2 步：构建卷积神经网络
##########################################
import math
import torch
import torch.nn as nn

cfg = {'VGG16':[64, 64, 'M', 128, 128, 'M', 256, 256, 256, 'M', 512, 512,
   512, 'M', 512, 512, 512, 'M']}

class VGG(nn.Module):
    def __init__(self, net_name):
        super(VGG, self).__init__()

        # 构建网络的卷积层和池化层，最终输出命名 features，原因是通常认为经过这些操作的输出
          为包含图像空间信息的特征层
        self.features = self._make_layers(cfg[net_name])

        # 构建卷积层之后的全连接层以及分类器
        self.classifier = nn.Sequential(
            nn.Dropout(),
            nn.Linear(512, 512),  #fc1
            nn.ReLU(True),
            nn.Dropout(),
            nn.Linear(512, 512),  #fc2
            nn.ReLU(True),
            nn.Linear(512, 10),   #fc3，最终 Cifar10 的输出是 10 类
        )
        # 初始化权重
        for m in self.modules():
            if isinstance(m, nn.Conv2d):
                n = m.kernel_size[0] * m.kernel_size[1] * m.out_channels
                m.weight.data.normal_(0, math.sqrt(2. / n))
                m.bias.data.zero_()

    def forward(self, x):
        x = self.features(x)         # 前向传播的时候先经过卷积层和池化层
        x = x.view(x.size(0), -1)
        x = self.classifier(x)       # 再将 features（得到网络输出的特征层）的结果拼接到分类器上
        return x

    def _make_layers(self, cfg):
```

```
        layers = []
        in_channels = 3
        for v in cfg:
            if v == 'M':
                layers += [nn.MaxPool2d(kernel_size=2, stride=2)]
            else:
                #conv2d = nn.Conv2d(in_channels, v, kernel_size=3, padding=1)
                #layers += [conv2d, nn.ReLU(inplace=True)]
                layers += [nn.Conv2d(in_channels, v, kernel_size=3, padding=1),
                           nn.BatchNorm2d(v),
                           nn.ReLU(inplace=True)]
                in_channels = v
        return nn.Sequential(*layers)

net = VGG('VGG16')

########################################
# 第 3 步：定义损失函数和优化方法
########################################
import torch.optim as optim

#x = torch.randn(2,3,32,32)
#y = net(x)
#print(y.size())
criterion = nn.CrossEntropyLoss()            # 定义损失函数：交叉熵
optimizer = optim.SGD(net.parameters(), lr=0.001, momentum=0.9)
          # 定义优化方法：随机梯度下降

########################################
# 第 4 步：卷积神经网络的训练
########################################
for epoch in range(5):                       # 训练数据集的迭代次数，这里 Cifar10 数据集将迭代 2 次
    train_loss = 0.0
    for batch_idx, data in enumerate(trainloader, 0):
        # 初始化
        inputs, labels = data                # 获取数据
        optimizer.zero_grad()                # 先将梯度置为 0

        # 优化过程
        outputs = net(inputs)                # 将数据输入到网络，得到第一轮网络前向传播的预测
                                               结果 outputs
        loss = criterion(outputs, labels)    # 预测结果 outputs 和 labels 通过之前定义的交叉
                                               熵计算损失
        loss.backward()                      # 误差反向传播
        optimizer.step()                     # 随机梯度下降方法（之前定义的）优化权重

        # 查看网络训练状态
        train_loss += loss.item()
        if batch_idx % 2000 == 1999:         # 每迭代 2000 个 batch 打印一次以查看当前网络的
                                               收敛情况
            print('[%d, %5d] loss: %.3f' % (epoch + 1, batch_idx + 1, train_loss / 2000))
```

```
            train_loss = 0.0

    print('Saving epoch %d model ...' % (epoch + 1))
    state = {
        'net': net.state_dict(),
        'epoch': epoch + 1,
    }
    if not os.path.isdir('checkpoint'):
        os.mkdir('checkpoint')
    torch.save(state, './checkpoint/cifar10_epoch_%d.ckpt' % (epoch + 1))

print('Finished Training')
```

我们将上述代码（除查看数据部分）保存到 main.py 文件中，然后运行 python main.py，可以看到如图 8-25 所示的打印结果（得到完成 5 次迭代的结果需要一段时间）。

```
Files already downloaded and verified
Files already downloaded and verified
[1,  2000] loss: 2.089
[1,  4000] loss: 1.912
[1,  6000] loss: 1.812
[1,  8000] loss: 1.711
[1, 10000] loss: 1.658
[1, 12000] loss: 1.574
Saving epoch 1 model ...
[2,  2000] loss: 1.477
[2,  4000] loss: 1.417
[2,  6000] loss: 1.340
[2,  8000] loss: 1.269
[2, 10000] loss: 1.235
[2, 12000] loss: 1.198
Saving epoch 2 model ...
[3,  2000] loss: 1.130
[3,  4000] loss: 1.104
[3,  6000] loss: 1.062
[3,  8000] loss: 1.028
[3, 10000] loss: 1.015
[3, 12000] loss: 0.963
Saving epoch 3 model ...
[4,  2000] loss: 0.924
[4,  4000] loss: 0.914
[4,  6000] loss: 0.883
[4,  8000] loss: 0.857
[4, 10000] loss: 0.849
[4, 12000] loss: 0.828
Saving epoch 4 model ...
[5,  2000] loss: 0.765
[5,  4000] loss: 0.764
[5,  6000] loss: 0.763
[5,  8000] loss: 0.744
[5, 10000] loss: 0.745
[5, 12000] loss: 0.741
Saving epoch 5 model ...
Finished Training
```

图 8-25　VGG16 训练 Cifar10 过程输出

8.3.2　预测及评估

我们可以明显地看到，在训练过程中，Loss 在不断下降，并且随着迭代次数的增加，的下降速度逐渐变缓。同时，在“checkpoint/”文件夹下我们能够看到训练过程中得到的5个模型文件：

```
cifar10_epoch_1.ckpt cifar10_epock_2.ckpt cifar10_epoch_3.ckpt cifar10_
    epoch_4.ckpt cifar10_epoch_5.ckpt
```

接下来我们载入效果最好的模型，看一下预测效果如何，实现代码如下：

```
checkpoint = torch.load('./checkpoint/cifar10_epoch_5.ckpt') # 载入现有模型
net.load_state_dict(checkpoint['net'])
start_epoch = checkpoint['epoch']

dataiter = iter(testloader)
test_images, test_labels = dataiter.next()

outputs = net(test_images)                                    # 查看网络预测效果
_, predicted = torch.max(outputs, 1)                          # 获取分数最高的类别
```

上述代码的打印内容具体如下（读者的实验结果可能与书中有所不同）：

```
predicted
tensor([3, 8, 8, 0])
test_labels
tensor([3, 8, 8, 0])
```

在这里，我们可以看到4张图片完全预测正确。接下来我们批量查看预测效果，代码如下：

```
########################################
# 第5步：批量计算整个测试集的预测效果
########################################
correct = 0
total = 0
with torch.no_grad():
    for data in testloader:
        images, labels = data
        outputs = net(images)
        _, predicted = torch.max(outputs.data, 1)
        total += labels.size(0)
        correct += (predicted == labels).sum().item() # 当标记的label种类和预测的种
                                                        类一致时认为正确，并计数

print('Accuracy of the network on the 10000 test images: %d %%' % (100 * correct / total))

# 结果打印：Accuracy of the network on the 10000 test images: 73 %

########################################
# 分别查看每个类的预测效果
########################################
class_correct = list(0. for i in range(10))
```

```
    class_total = list(0. for i in range(10))
    with torch.no_grad():
        for data in testloader:
            images, labels = data
            outputs = net(images)
            _, predicted = torch.max(outputs, 1)
            c = (predicted == labels).squeeze()
            for i in range(4):
                label = labels[i]
                class_correct[label] += c[i].item()
                class_total[label] += 1

    for i in range(10):
        print('Accuracy of %5s : %2d %%' % (
            cifar10_classes[i], 100 * class_correct[i] / class_total[i]))

# 结果打印:
Accuracy of plane : 85 %
Accuracy of   car : 89 %
Accuracy of  bird : 55 %
Accuracy of   cat : 64 %
Accuracy of  deer : 70 %
Accuracy of   dog : 34 %
Accuracy of  frog : 87 %
Accuracy of horse : 82 %
Accuracy of  ship : 85 %
Accuracy of truck : 79 %
```

请注意，这个例子使用的是 PyTorch 中已存在的 VGG16 的网络结构，而 8.1.3 节后面给出的代码是一个从头构建 CNN 的方法。感兴趣的读者可以尝试使用 8.1.3 节给出的核心代码替换这里的 main.py，这里给出使用 8.1.3 节中简单神经网络得到的结果：

```
Accuracy of plane : 53 %
Accuracy of   car : 71 %
Accuracy of  bird : 53 %
Accuracy of   cat : 40 %
Accuracy of  deer : 42 %
Accuracy of   dog : 44 %
Accuracy of  frog : 64 %
Accuracy of horse : 57 %
Accuracy of  ship : 71 %
Accuracy of truck : 54 %
```

可以看出，VGG16 的效果明显好于简单的卷积神经网络（也好于第 7 章使用普通神经网络的结果），可见一个好的网络结构是很重要的。在这个例子中，我们全程都是使用 CPU 来进行计算，大家可以自己尝试一下，如何将程序转成利用 GPU 进行计算，那样速度将会快很多。至此，我们完成了常见神经网络结构的学习，第 9 章我们将学习目标检测。

8.4 本章小结

经过前几章的铺垫，从本章开始，读者正式进入卷积神经网络。我们在 8.1 节介绍了卷积神经网络常用的一些模块，这些模块就像是“积木”一样，可以帮助我们构建出卷积神经网络。然而“积木”的排列方法有很多种，如何设计出一个好的网络结构才是关键。因此我们在 8.2 节列举了几种常见的网络结构供大家学习。本章是卷积神经网络处理图像识别问题的基础。

8.5 参考文献

[1] Krizhevsky A, Sutskever I, Hinton G E. Imagenet classification with deep convolutional neural networks[C]//Advances in neural information processing systems. 2012: 1098-1105.

[2] Simonyan K, Zisserman A. Very deep convolutional networks for large-scale image recognition[J]. arXiv preprint arXiv:1409.1556, 2014.

[3] Szegedy C, Liu W, Jia Y, et al. Going deeper with convolutions[C]//Proceedings of the IEEE conference on computer vision and pattern recognition. 2015: 1-9.

[4] He K, Zhang X, Ren S, et al. Deep residual learning for image recognition[C]//Proceedings of the IEEE conference on computer vision and pattern recognition. 2016: 770-778.

[5] Fei-Fei Li, Justin Johnson, Serena Yeung et al. CS231n: Convolutional Neural Networks for Visual Recognition.

09 CHAPTER

第9章

目标检测

本章首先会介绍目标检测的概念，然后介绍一种简化了的目标检测问题，即定位 + 分类，以及它存在的问题，最后由浅入深逐步讲解目标检测常用的模型及方法，如 Faster R-CNN、SSD 等。整个过程中会涉及很多细节的概念和知识点，本书会在提及这些概念和知识点时，做详细介绍。本章针对 SSD 算法给出了 PyTorch 版的代码，大家也会从这里看到一些细节的实现方法。

学习本章时，建议首先顺序将所有检测方法都浏览一遍，使自己对这些方法能有一个初步的了解；然后深入研究 SSD 部分的代码，理解其中涉及的很多细节将有助于大家的深入理解。学习完 SSD 之后，再看一遍 Faster R-CNN 等方法，将第一次阅读时的缺失细节补充上去，这样能帮助大家循序渐进地深入了解目标检测算法。当然，擅长实战的读者可以直接跳到 SSD 部分查看代码，实战之后再补充理论也不迟。

开始本章内容之前，我们先明确如下 2 个定义。

1）定位 + 分类：对于仅有一个目标的图片，检测出该目标所处的位置以及该目标的类别，如图 9-1a 和 c 所示。

2）目标检测：对于有多个目标的图片，检测出所有目标所处的位置及其类别，如图 9-1b 和 d 所示。

我们先从相对简单的定位 + 分类的定义开始，然后重点介绍目标检测。学完本章，你会发现很多图像问题都可以轻松解决了。

9.1 定位 + 分类

定位 + 分类问题是分类到目标检测的一个过渡问题，从单纯地图片分类到分类后给出目标所处的位置，再到多目标的类别和位置。接下来，我们看一下定位 + 分类问题的解法，如图 9-2 所示。

a）原图　　b）原图

c）定位 + 分类　　d）目标检测

图 9-1　检测问题定义 [9]

a）分类问题　　b）定位问题

图 9-2　分类问题 vs 定位问题 [9]

关于分类问题不再多说，第 8 章我们以分类为例讲解了卷积神经网络。定位问题则需要模型返回目标所在的外界矩形框，即目标的（x, y, w, h）四元组。接下来介绍一种比较容易想到的实现思路，将定位当作回归问题，具体步骤如下。

1）训练（或下载）一个分类模型，例如，AlexNet、VGGNet 或 ResNet。

2）在分类网络最后一个卷积层的特征层（feature map）上添加“regression head”，如图 9-3 所示。

补充说明：

神经网络中不同的“head”通常用来训练不同的目标，每个“head”的损失函数和优化方向均不相同。如果你想让一个网络实现多个功能，那么通常是在神经网络后面接多个不同功能的“head”。

3）同时训练“classification head”和“regression head”，为了同时训练分类和定位（定位是回归问题）两个问题，最终损失函数是分类和定位两个“head”产生的损失的加权和。

4）在预测时同时使用分类和回归“head”得到分类 + 定位的结果。这里需要强调一下的是，分类预测出的结果就是 C 个类别，回归预测的结果可能有两种：一种是类别无关，输出 4 个值；一种是类别相关，输出 4*C 个值，这就要看读者想要哪种结果了。

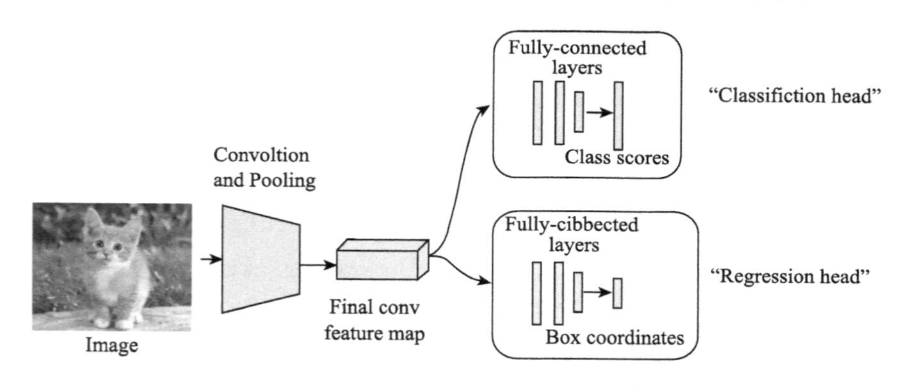

图 9-3　分类 + 定位网络结构设计 [9]

9.2　目标检测

目标检测需要获取图片中所有目标的位置及其类别，对于图 9-4 中的 3 张图片而言，当图片中只有一个目标时，“regression head”预测 4 个值，当图片中有 3 个目标时，“regression head”预测 12 个值，那么当图片中有多个目标时，“regression head”具体要预测多少个值呢？

这时根据已经学过的一些知识，读者可能会尝试使用滑窗的方法来解决，如图 9-5 所示。但是，这里又会出现一个问题，我们需要设计大量的不同尺度和长宽比的“滑窗”来使它们通过 CNN，然而这个计算量是非常巨大的。有没有什么方法能使我们快速定位到目标的潜在区域，从而减少大量不必要的计算呢？

学者们在这个方向上做了很多研究，比较有名的是 selective search 方法，具体方法这里不做详细说明，感兴趣的读者可以查看关于 selective search 的论文。大家只要知道这是一种从图片中选出潜在物体候选框（Regions of Interest，ROI）的方法即可。有了获取 ROI

的方法，接下来就可以通过分类和合并的方法来获取最终的目标检测结果了。基于这个思路就有了下面的 R-CNN 方法。

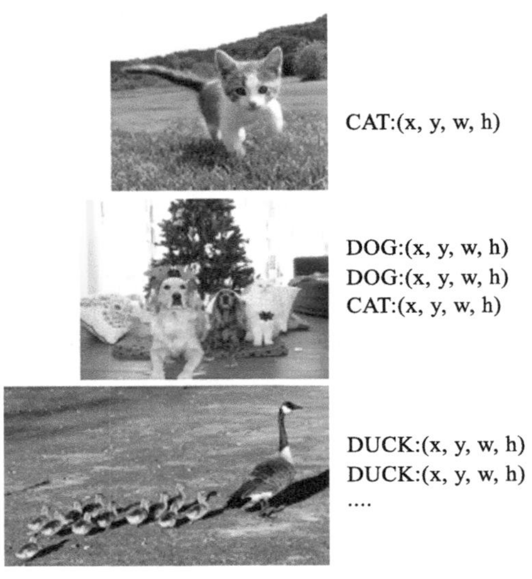

图 9-4　使用定位 + 分类解决目标检测存在的问题 [9]

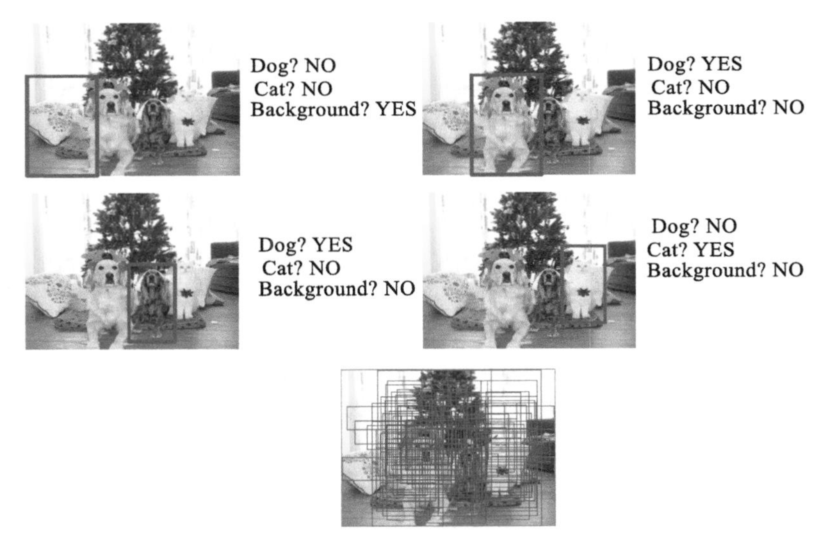

图 9-5　使用滑窗方法做目标检测存在的问题：滑窗的尺寸、大小、位置不同将产生非常大的计算量 [9]

9.2.1　R-CNN

下面介绍 R-CNN[1] 的训练过程，整体训练流程如图 9-6 所示。

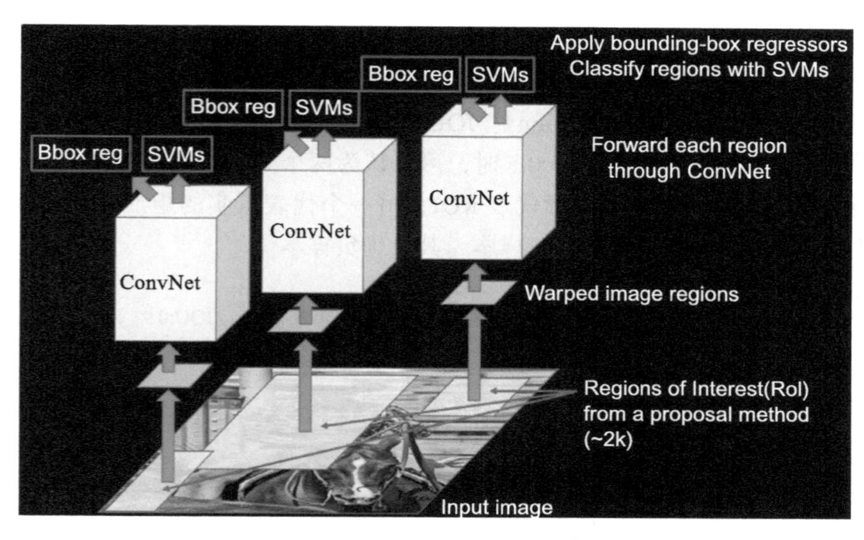

图 9-6　R-CNN 训练过程 [9]

（1）选出潜在目标候选框（ROI）

objectness[10]、selective search[11]、category-independent object proposals[12] 等很多论文都讲述了候选框提取的方法，R-CNN 使用 selective search 的方法选出了 2000 个潜在物体候选框。

（2）训练一个好的特征提取器

R-CNN 的提出者使用卷积神经网络 AlexNet 提取 4096 维的特征向量，实际上使用 VGGNet、GoogLeNet 或 ResNet 等也可以。细心的读者会发现，AlexNet 等网络要求输入的图片尺寸是固定的，而（1）中的 ROI 尺寸大小不定，这就需要将每个 ROI 调整到指定尺寸，调整的方法有很多种，参见图 9-7，其中图 9-7a 是原始 ROI 图片，图 9-7b 是包含上下文的尺寸调整，图 9-7c 是不包含上下文的尺寸调整，图 9-7d 是尺度缩放。

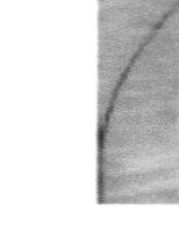
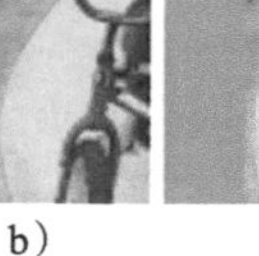
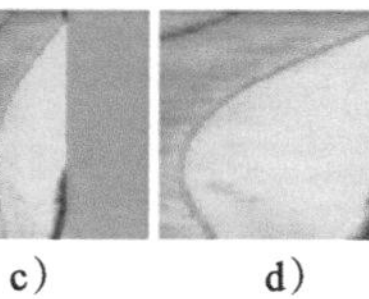

a)　b)　c)　d)

图 9-7　不同压缩方法图示

接下来，为了获得一个好的特征提取器，一般会在 ImageNet 预训练好的模型基础上做调整（因为 ImageNet 预测的种类较多，特征学习相对比较完善），唯一的改动就是将 ImageNet 中的 1000 个类别的输出改为（C +1）个输出，其中，C 是真实需要预测的类别个数，1 是背景类。新特征的训练方法是使用随机梯度下降（Stochastic

Gradient Descent，SGD)，与前几章介绍的普通神经网络的训练方法相同。

提到训练，就一定要有正样本和负样本，这里先抛出一个用于衡量两个矩形交叠情况的指标：IOU（Intersection Over Union)。IOU 其实就是两个矩形面积的交集除以并集，如图 9-8 所示。一般情况下，当 IOU>=0.5 时，可以认为两个矩形基本相交，所以在这个任务中，假定在两个矩形框中，1 个矩形代表 ROI，另一个代表真实的矩形框，那么当 ROI 和真实矩形框的 IOU>=0.5 时则认为是正样本，其余为负样本。

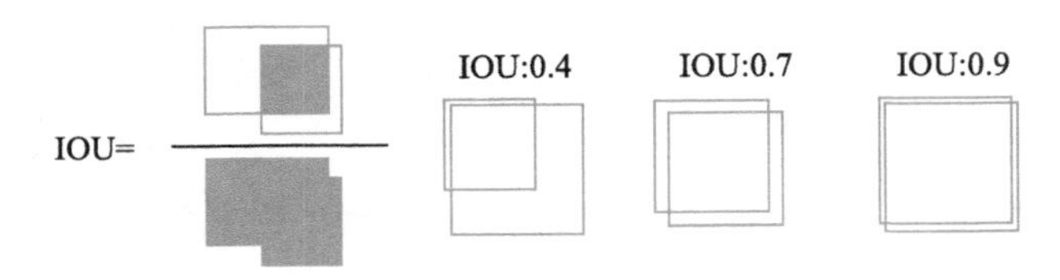

图 9-8　IOU 图示

至此，R-CNN 的第二步特征提取器就可以开始训练了，不过在训练过程中应注意，需要对负样本进行采样，因为训练数据中正样本太少会导致正负样本极度不平衡。最终在该步得到的是一个卷积神经网络的特征提取器，其特征是一个 4096 维特征向量。

（3）训练最终的分类器

下面为每个类别单独训练一个 SVM 分类器。这里介绍一个小技巧，SVM 的训练也需要选择正负样本，R-CNN 的提出者做了一个实验来选择最优 IOU 阈值，最终仅仅选择真实值的矩形框作为正样本。

> 注意　正负样本的选择比较有讲究，Fast R-CNN 和 Faster R-CNN 是根据 IOU 的大小选取正负样本，9.2.3 节进行了详细介绍。

（4）训练回归模型

为每个类训练一个回归模型，用来微调 ROI 与真实矩形框位置和大小的偏差，如图 9-9 所示。

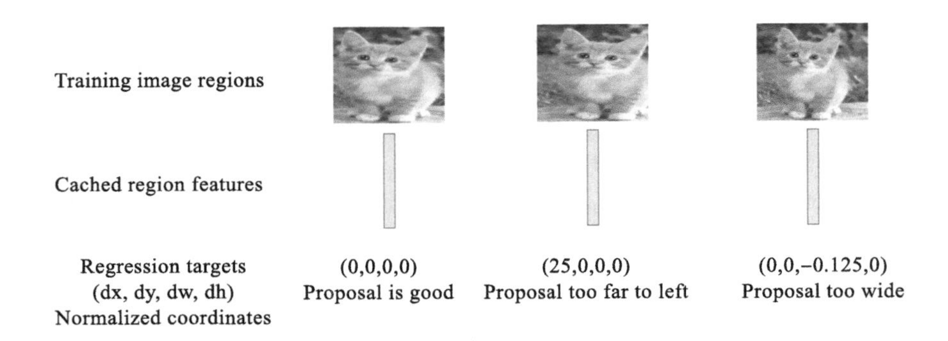

图 9-9　R-CNN 中的 ROI 结果微调 [9]

下面是所有检测问题都会用到的一段代码（IOU 的计算）：

```
def bboxIOU (bboxA, bboxB):
    A_xmin = bboxA[0]
    A_ymin = bboxA[1]
    A_xmax = bboxA[2]
    A_ymax = bboxA[3]
    A_width = A_xmax - A_xmin
    A_height = A_ymax - A_ymin

    B_xmin = bboxB[0]
    B_ymin = bboxB[1]
    B_xmax = bboxB[2]
    B_ymax = bboxB[3]
    B_width = B_xmax - B_xmin
    B_height = B_ymax - B_ymin

    xmin = min(A_xmin, B_xmin)
    ymin = min(A_ymin, B_ymin)
    xmax = max(A_xmax, B_xmax)
    ymax = max(A_ymax, B_ymax)

    A_width_and = (A_width + B_width) - (xmax - xmin)        # 宽的交集
    A_height_and = (A_height + B_height) - (ymax - ymin)     # 高的交集

    if ( A_width_and <= 0.0001 or A_height_and <= 0.0001):
        return 0

    area_and = (A_width_and * A_height_and)
    area_or = (A_width * A_height) + (B_width * B_height)
    IOU = area_and / (area_or - area_and)

    return IOU
```

预测阶段可分为如下几个步骤。

1）使用 selective search 方法先选出 2000 个 ROI。

2）所有 ROI 调整为特征提取网络所需的输入大小并进行特征提取，得到与 2000 个 ROI 对应的 2000 个 4096 维的特征向量。

3）将 2000 个特征向量分别输入到 SVM 中，得到每个 ROI 预测的类别。

4）通过回归网络微调 ROI 的位置。

5）最终使用非极大值抑制（Non-MaximumSuppression，NMS）方法对同一个类别的 ROI 进行合并得到最终检测结果。NMS 的原理是得到每个矩形框的分数（置信度），如果两个矩形框的 IOU 超过指定阈值，则仅仅保留分数大的那个矩形框。

以上就是 R-CNN 的全部过程，我们可以从中看出，R-CNN 存在如下一些问题。

- 不论是训练还是预测，都需要对 selective search 出来的 2000 个 ROI 全部通过 CNN

的 Forward 过程来获取特征，这个过程花费的时间会非常长。

- 卷积神经网络的特征提取器和用来预测分类的 SVM 是分开的，也就是特征提取的过程不会因 SVM 和回归的调整而更新。
- R-CNN 具有非常复杂的操作流程，而且每一步都是分裂的，如特征提取器通过 Softmax 分类获得，最终的分类结果由 SVM 获得，矩形框的位置则是通过回归方式获得。

9.2.2 Fast R-CNN

针对 R-CNN 的 3 个主要问题，我们思考一下是否还有更好的解决方案。

首先是速度，2000 个 ROI 的 CNN 特征提取占用了大量的时间，是否可以使用更好的方法（比如，共享卷积层）来同时处理这 2000 个 ROI？

其次是 CNN 的特征不会因 SVM 和回归的调整而更新。

R-CNN 的操作流程比较复杂，是否有更好的方式使得训练过程成为端到端的？接下来我们将介绍 Firshick 等人于 2015 年提出的 Fast R-CNN[2]，它非常巧妙地解决了 R-CNN 的几个主要问题。Fast R-CNN 的训练和预测过程如图 9-10 所示。

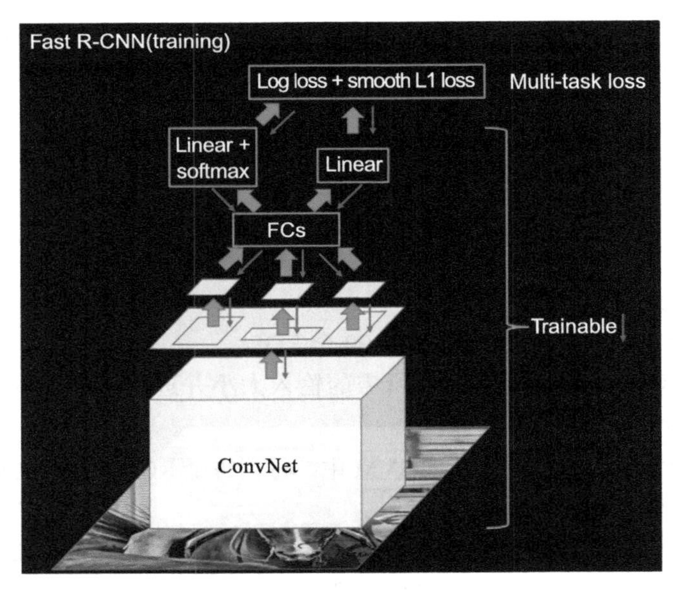

a）Fast R-CNN 训练过程示意图

图 9-10 Fast R-CNN 训练和预测过程示意图 [9]

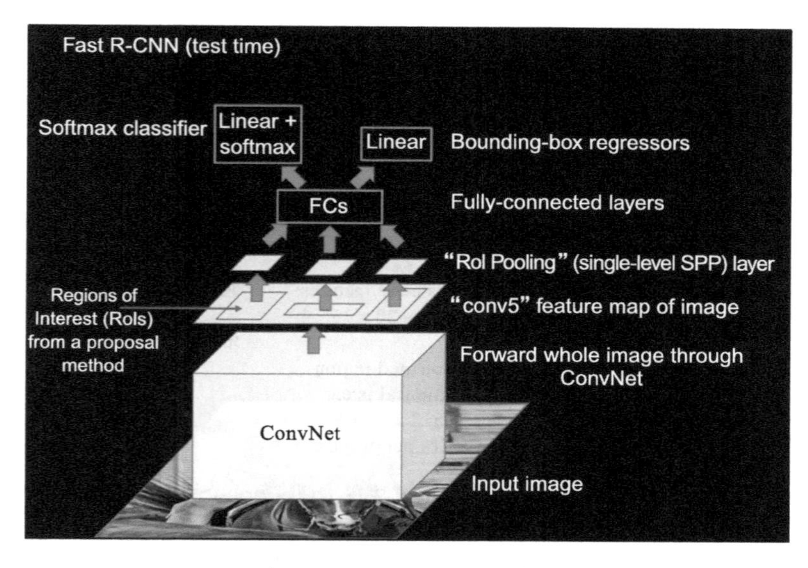

b）Fast R-CNN 预测过程示意图

图 9-10 （续）

具体训练步骤如下。

1）将整张图片和 ROI 直接输入到全卷积的 CNN 中，得到特征层和对应在特征层上的 ROI（特征层的 ROI 信息可用其几何位置加卷积坐标公式推导得出）。

2）与 R-CNN 类似，为了使不同尺寸的 ROI 可以统一进行训练，Fast R-CNN 将每块候选区域通过池化的方法调整到指定的 $M*N$，此时特征层上将调整后的 ROI 作为分类器的训练数据。与 R-CNN 不同的是，这里将分类和回归任务合并到一起进行训练，这样就将整个流程串联起来。Fast R-CNN 的池化示意图如图 9-11 所示，即先将整张图通过卷积神经网络进行处理，然后在特征层上找到 ROI 对应的位置并取出，对取出的 ROI 进行池化（此处的池化方法有很多）。池化后，全部 2000 个 $M*N$ 个训练数据通过全连接层并分别经过 2 个 head：softmax 分类以及 L2 回归，最终的损失函数是分类和回归的损失函数的加权和。利用这种方式即可实现端到端的训练。

Fast R-CNN 极大地提升了目标检测训练和预测的速度，如图 9-12 所示。从图 9-12 中我们可以看出，Fast R-CNN 将训练时长从 R-CNN 的 84 小时下降到了 8.75 小时，每张图片平均总预测时长从 49 秒降低到 2.3 秒。从图 9-12 中我们还可以看出，在 Fast R-CNN 预测的这 2.3 秒中，真正的预测过程仅占 0.32 秒，而 Regionproposal 占用了绝大多数的时间。

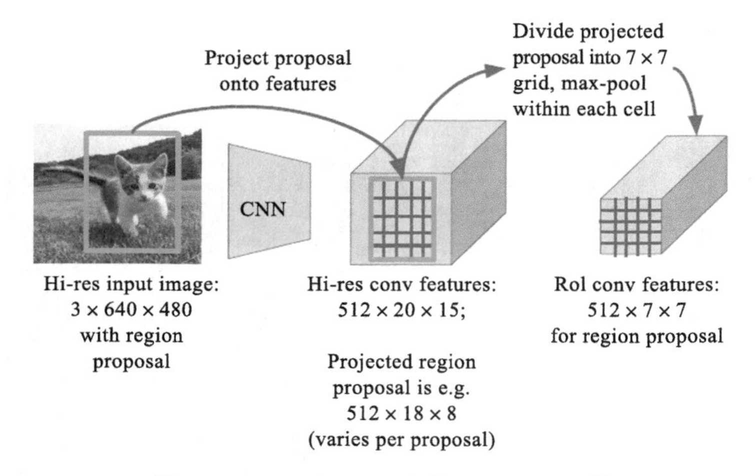

图 9-11　Fast R-CNN 中的 ROI Pooling[9]

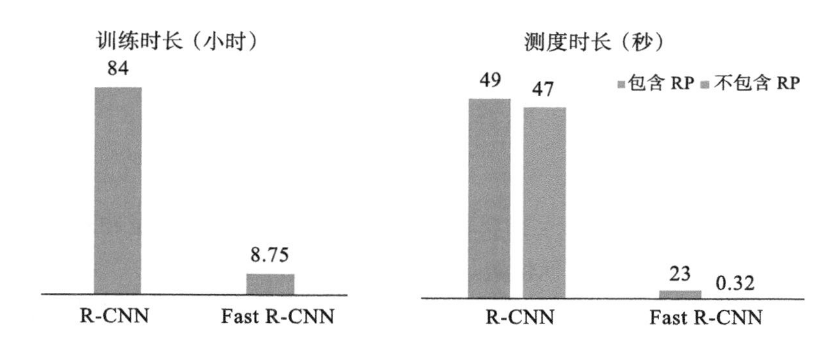

图 9-12　R-CNN 和 Fast R-CNN 训练和测试时间对比

9.2.3　Faster R-CNN

Faster R-CNN[3] 作为目标检测的经典方法在现今很多实战项目和比赛中频频出现。其实，Faster R-CNN 就是在 Fast R-CNN 的基础上构建一个小的网络，直接产生 Region Proposal 来代替其他方法（如 selective search）得到 ROI。这个小型的网络被称为区域预测网络（Region Proposal Network，RPN）。Faster R-CNN 的训练流程如图 9-13 所示，其中的 RPN 是关键，其余流程与 Fast R-CNN 基本一致。

RPN 的核心思想是构建一个小的全卷积网络，对于任意大小的图片，输出 ROI 的具体位置以及该 ROI 是否为物体。RPN 网络在卷积神经网的最后一个特征层上滑动。

接下来我们对照图 9-14 来进一步解释 RPN。图 9-14a 中最下面灰色的网格表示卷积神经网络的特征层，红框表示 RPN 的输入，其大小为 3*3，而后连接到 256 维的一个低维向量上。这个 3*3 的窗口滑动经过整个特征层，并且每次计算都将经过这 256 维的向量并最终输出 2 个结果：该 3*3 滑动窗口位置中是否有物体，以及该滑动窗口对应物体的矩形框位置。如果还是不好理解，那么我们将图 9-14a 中的 RPN 顺时针旋转 90 度，如图 9-14b 所示，现在我们可以很清晰地看出神经网络的结构了，这里 input 维度是 9，即图 9-14a 中的 3*3 大小。

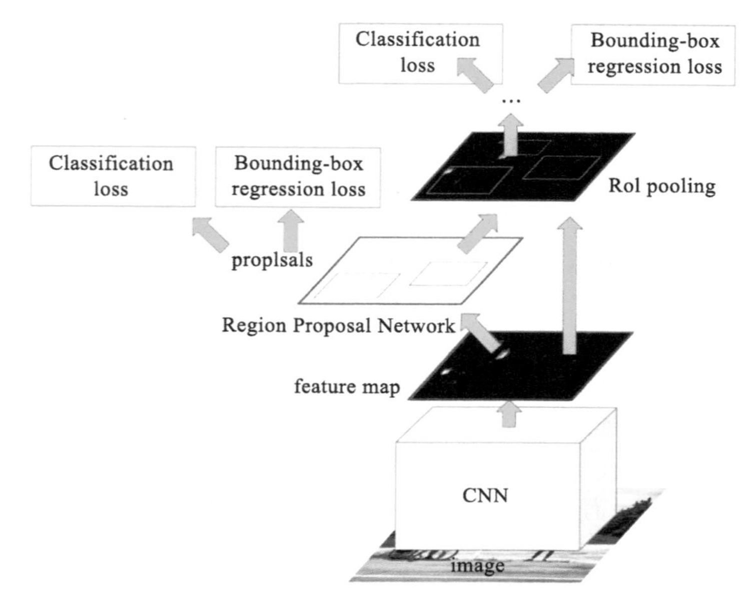

图 9-13　Faster R-CNN 训练流程 [9]

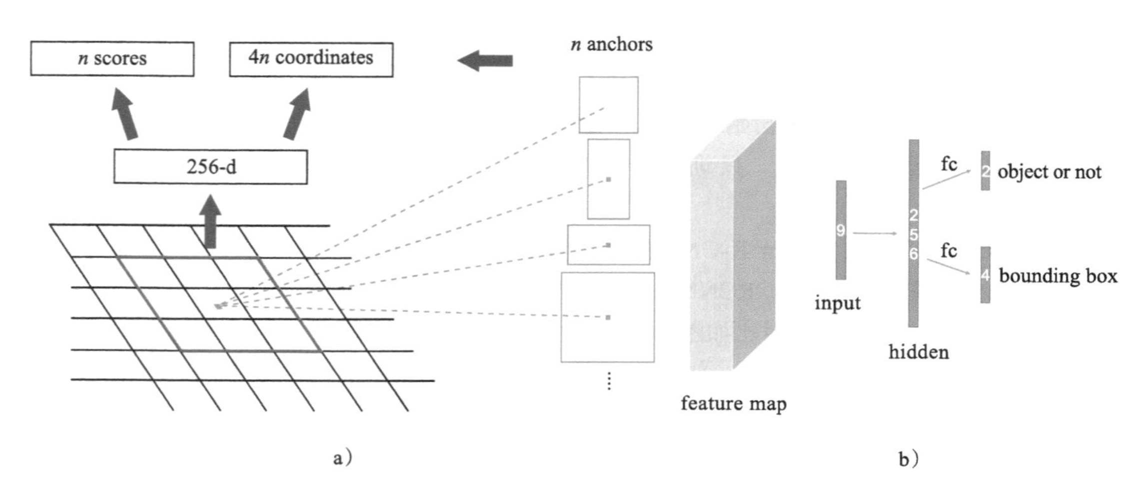

图 9-14　RPN 原理

为了适应多种形状的物体，RPN 定义了 k 种不同尺度的滑窗（因为有的目标是长的，有的是扁的，有的是大的，有的是小的，统一用一个 3*3 的滑窗难以很好地拟合多种情况），它有一个专业的名词——anchor，每个 anchor 都是以特征层（feature map）上的像素点为中心并且根据其尺度大小进行后续计算的。在 Faster-RCNN 论文中，滑窗在特征层的每个位置上使用 3 种大小和 3 种比例，共 3*3=9 种 anchor，在图 9-14a 中，n=9。

根据上面的介绍，我们知道 RPN 包含 2 类输出：二分类网络输出是否为物体，回归网络返回矩形框位置对应的 4 个值。

接下来，我们看一下训练过程中的一些细节问题。首先，针对分类任务，对于滑窗产生的每一个 anchor 都计算该 anchor 与真实标记矩形框的 IOU。当 IOU 大于 0.7 时，便认为该 anchor 中含有物体；当 IOU 小于 0.3 时，便认为该 anchor 中不包含物体；当 IOU 介于 0.3～0.7 时，则不参与网络训练的迭代过程。

对于回归任务，这里定义为 anchor 中心点的横、纵坐标以及 anchor 的宽、高，学习目标为 anchor 与真实 bbox 在这四个值上的偏移。RPN 为一个全卷积网络，可以用随机梯度下降的方式端到端地进行训练。

这里需要注意的是，训练过程中能与真实物体矩形框相交的 IOU 大于 0.7 的 anchor 并不多，它们绝大多数都是负样本，因此会导致正负样本比例严重失衡，从而影响识别效果。因此，在 RPN 训练的过程，对每个 batch 进行随机采样（每个 batch 中有 256 个样本）并保证正负样本的比例为 1:1，而当正样本数量小于 128 时，取全部的正样本，其余的则随机使用负样本进行补全。

使用 RPN 产生 ROI 的好处是可以与检测网络共享卷积层，使用随机梯度下降的方式端到端地进行训练。接下来我们看下 Faster R-CNN 的训练过程，具体步骤如下。

1）使用 ImageNet 预训练好的模型训练一个 RPN。

2）使用 ImageNet 预训练好的模型，以及第 1 步里产生的建议区域训练 Fast R-CNN，得到物体的实际类别以及微调的矩形框位置。

3）使用第 2 步中的网络初始化 RPN，固定前面的卷积层，只调整 RPN 层的参数。

4）固定前面的卷积层，只训练并调整 Fast R-CNN 的 FC 层。

有了 RPN 的帮助，Faster R-CNN 的速度得到了极大提升，如图 9-15 所示。RCNN、Fast R-CNN、Faster R-CNN 这几个模型的对比如图 9-16 所示。

从 R-CNN 到 Faster R-CNN，前面讲解了基于 proposal 想法做目标检测的发展史，这种思路分为产生 proposal 和检测两个步骤，可以得到相对较好的精度，但缺点是速度较慢。接下来我们介绍另外几种常用的检测方法。

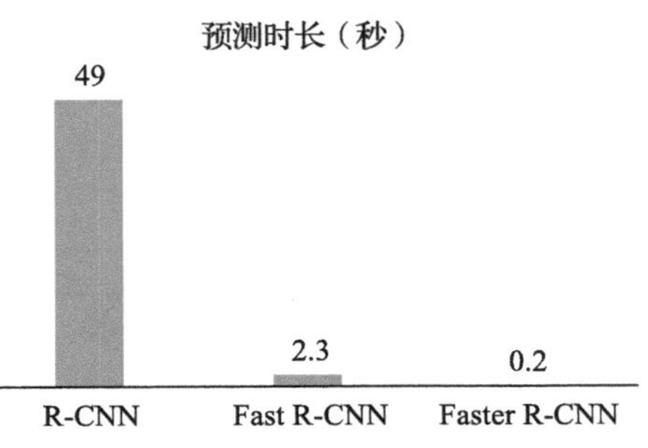

图 9-15　RCNN、Fast R-CNN、Faster R-CNN 模型耗时对比

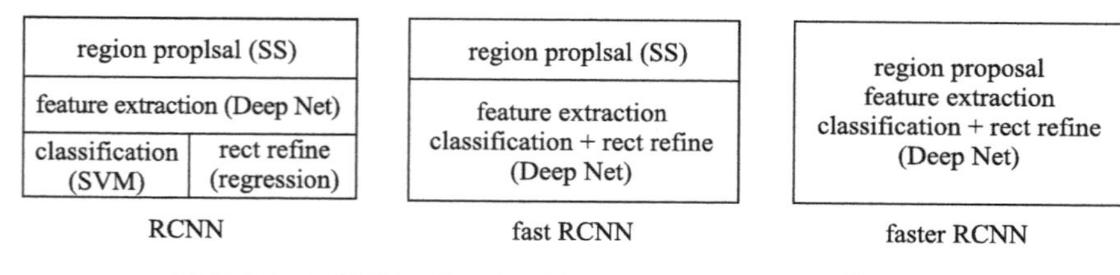

图 9-16 RCNN、Fast R-CNN、Faster R-CNN 模型对比

9.2.4 YOLO

由于在 R-CNN 的系列算法中需要先获取大量的 proposal，但是 proposal 之间又有很大的重叠，会带来很多重复的工作。YOLO[5] 一改基于 proposal 的预测思路，将输入图片划分成 S*S 个小格子，在每个小格子中做预测，最终将结果合并，如图 9-17 所示。接下来我们看一下学习 YOLO 的关键步骤。

1）YOLO 对于网络输入图片的尺寸有要求，首先需要将图片缩放到指定尺寸（448*448），再将图片划分成 S*S 的小格。

2）在每个小格里进行这样几个预测：该小格是否包含物体？包含物体对应的矩形框位置以及该小格对应 C 个类别的分数是多少？因此，每个小格需要预测的维度为 $B*(1+4)+C$，其中，B 代表每个小格最多可能交叠物体的个数，1 为该小格是否包含物体的置信度，4 用来预测矩形框，C 表示任务中所有可能的类别个数（不包含背景）。因此，YOLO 网络最终特征层的大小为 $S*S*(B*5+C)$，图 9-17 中特征层的大小即为 7 * 7 * (2*5 + 20) =7*7*30（PASCAL VOC2012 目标检测数据集共有 20 种类别）。

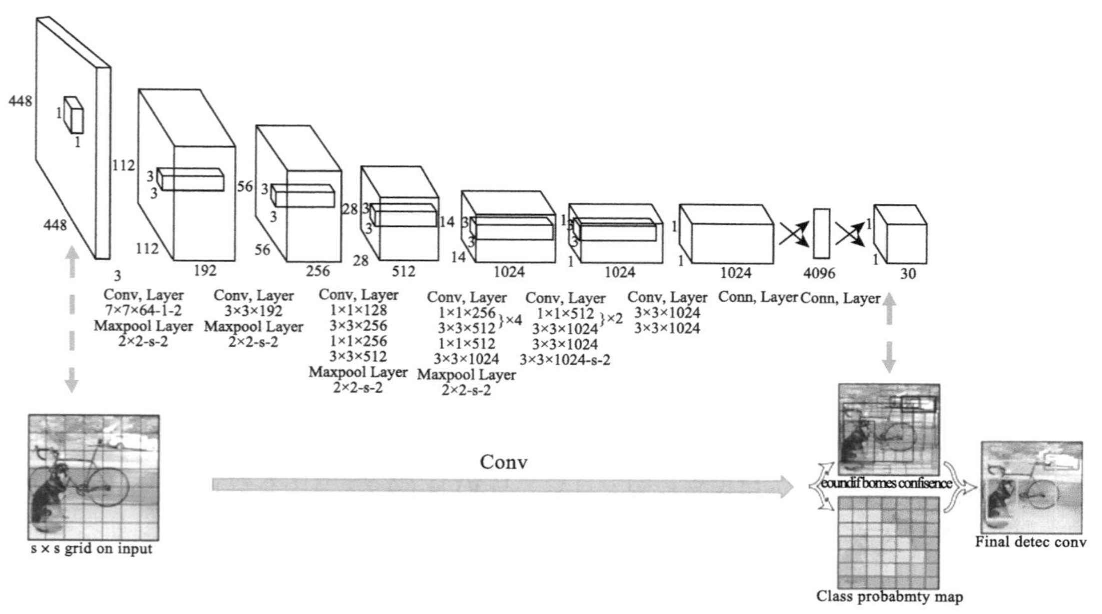

图 9-17 基于 PASCAL VOC2012 目标检测数据集的 YOLO 示意图

由于YOLO直接将输入图片划分为$S*S$个小格，不需要产生proposal，所以速度比Faster R-CNN快很多，但是因为其粒度较粗，所以精度相比Faster R-CNN略逊一筹。YOLO的主要贡献是为目标检测提供了另外一种思路，并使实时目标检测成为可能。近几年，YOLOv2和YOLOv3接连推出，感兴趣的读者可以参考“9.5节”附录中的[6]和[7]。

9.2.5　SSD

SSD[4]同时借鉴了YOLO网格的思想和Faster R-CNN的anchor机制，使SSD可以在进行快速预测的同时又可以相对准确地获取目标的位置。

图9-18b和图9-18c分别代表不同的特征层，图9-18c相对于图9-18b离最终的预测结果较近，因此其跨越同样像素个数能检测的目标就更大。如b所示，在特征层的每个点上都将产生4个不同大小的anchor（1∶1两个,1∶2两个），如c所示，在特征层上也是如此。因此，根据真实目标矩形框与每个anchor的IOU大小计算可知，b中包含2个anchor为正样本，c中只有1个anchor为正样本。

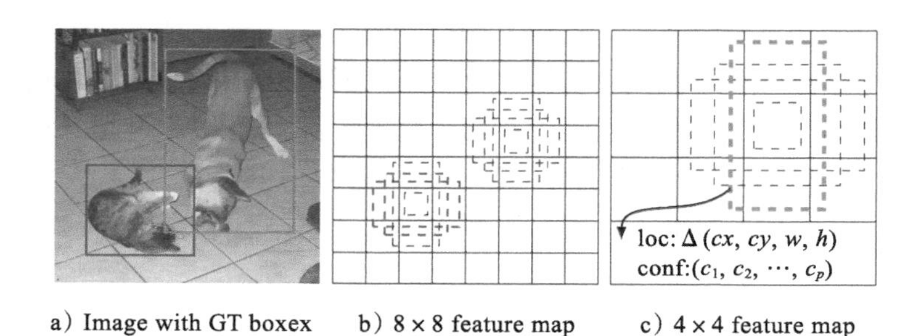

a）Image with GT boxex　b）8×8 feature map　c）4×4 feature map

图9-18　SSD特征层与anchor示意图

对比之前学过的Faster R-CNN，接下来我们介绍SSD的一些特点。

1）使用多尺度特征层进行检测。在Faster R-CNN的RPN中，anchor是在主干网路的最后一个特征层上生成的，而在SSD中，anchor不仅是在最后一个特征层上产生的，而且在几个高层特征层处同时也在产生anchor。如图9-19所示，SSD从VGG16的conv6开始，在conv7、conv8、conv9、conv10上都产生anchor。这些特征层大小依次递减，使得SSD可以检测不同尺度的目标。这里简单解释下，比如同样一个3*3的anchor，它在conv6“看到的”目标（感受野）就要远小于conv10“看到的”目标，可以理解为靠前的特征层用于检测小目标，而靠后的特征层用来检测大目标。与RPN（9.2.3节中介绍）产生anchor的方法类似，SSD也是在特征层的每个点上产生多个比例、多个尺度的n个anchor。如图9-18b所示的是一个8*8的特征层，每个小方格子是一个特征点，每个特征点上可以产生宽高比为1∶1，1∶2，1∶3，大小为多个尺度的anchor。

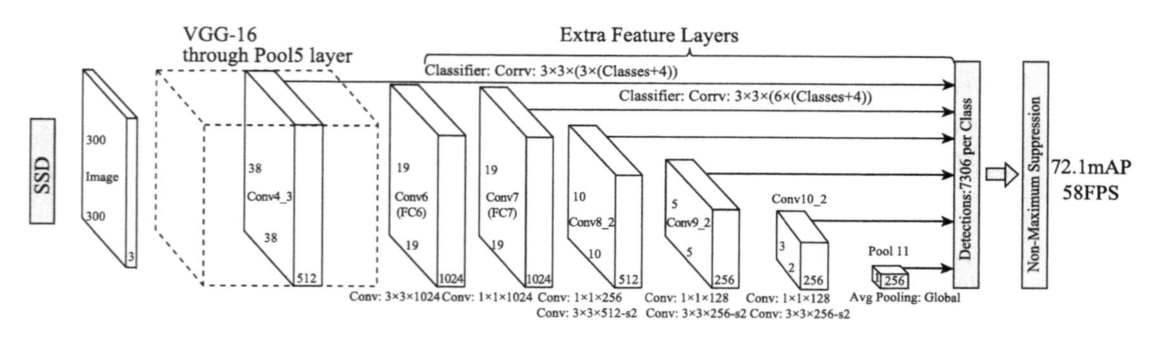

图 9-19 SSD 结构图

2）SSD 中所有特征层产生的 anchor 都将经过正负样本的筛选（9.2.3 节中介绍过如何使用 IOU 进行 anchor 的筛选），然后进行分类分数以及 bbox 位置的学习。也就是说，特征层上生成的正负样本将直接进行最终的分类（ClassNum 个类别）以及 bbox 的学习，不像 Faster R-CNN 那样先在第一步学习是否有物体（只有 0/1 两个类别）以及 bbox 位置，然后在第二步学习最终的分类（ClassNum 个类别）以及对 bbox 位置的微调。

实际应用时，我们不仅要关注精度，很多情况下还要考虑速度，比如对视频内容进行实时地检测，这时候我们就希望有方法可以很好地进行速度和精度的平衡。YOLO 是第一个被提出的效果很好的 1-stage 检测方法，SSD 借鉴了它的一些思想并在其基础上做了改进，做到了比较好的平衡。

9.3 SSD 实现 VOC 目标检测

接下来我们使用 SSD 在 PASCAL VOC 数据集上做一个完整的目标检测实验。

9.3.1 PASCAL VOC 数据集

首先介绍 PASCAL（Pattern Analysis, Statistical Modelling and Computational Learning）VOC（Visual Object Classes）数据集。从 2005 年到 2012 年，每年都会举办一场图像识别比赛。该数据集包含 20 类目标，具体如下：

```
person
bird, cat, cow, dog, horse, sheep
aeroplane, bicycle, boat, bus, car, motorbike, train
bottle, chair, dining table, potted plant, sofa, tv/monitor
```

数据集共包含 5 类标注数据，其中，目标检测和分割是 PASCAL VOC 最常用来做实验的 2 组数据，5 类标注数据具体如下。

- 图片分类：判断某个分类是否在图片上。
- 目标检测：检测出图片中物体的位置并给出矩形框。

- 分割：对于图片中的每个像素，区分出其属于20类目标中的哪一种，如果都不是则为背景，分割包含语义分割和实例分割两种数据。
- 人体行为识别：在净值图片中预测人的行为，共10类行为。
- 大规模图像识别：ImageNet分类任务，后续可参考ImageNet比赛。

我们可以从官网下载VOC2007数据集进行分析：

```
- VOCdevkit
    - VOC2007
        - Annotations
        - ImageSets
        - JPEGImages
        - SegmentationClass
        - SegmentationObject
```

下面就来看下每个文件夹包含的具体内容。

Annotations里存放的是图片的各种label数据，均为xml文件，包含目标的类别、位置等信息，下面我们看下000032.xml中的数据。

```
<annotation>
    <folder>VOC2007</folder>
    <filename>000032.jpg</filename>
    <source>
        <database>The VOC2007 Database</database>
        <annotation>PASCAL VOC2007</annotation>
        <image>flickr</image>
        <flickrid>311023000</flickrid>
    </source>
    <owner>
        <flickrid>-hi-no-to-ri-mo-rt-al-</flickrid>
        <name>?</name>
    </owner>
    <size>
        <width>500</width>
        <height>281</height>
        <depth>3</depth>
    </size>
    <segmented>1</segmented>
    <object>
        <name>aeroplane</name>
        <pose>Frontal</pose>
        <truncated>0</truncated>
        <difficult>0</difficult>
        <bndbox>
            <xmin>104</xmin>
            <ymin>78</ymin>
            <xmax>375</xmax>
            <ymax>183</ymax>
        </bndbox>
    </object>
    <object>
        <name>aeroplane</name>
```

```
        <pose>Left</pose>
        <truncated>0</truncated>
        <difficult>0</difficult>
        <bndbox>
            <xmin>133</xmin>
            <ymin>88</ymin>
            <xmax>197</xmax>
            <ymax>123</ymax>
        </bndbox>
    </object>
    <object>
        <name>person</name>
        <pose>Rear</pose>
        <truncated>0</truncated>
        <difficult>0</difficult>
        <bndbox>
            <xmin>195</xmin>
            <ymin>180</ymin>
            <xmax>213</xmax>
            <ymax>229</ymax>
        </bndbox>
    </object>
    <object>
        <name>person</name>
        <pose>Rear</pose>
        <truncated>0</truncated>
        <difficult>0</difficult>
        <bndbox>
            <xmin>26</xmin>
            <ymin>189</ymin>
            <xmax>44</xmax>
            <ymax>238</ymax>
        </bndbox>
    </object>
</annotation>
```

ImageSets 存放的是拆分好的训练和测试数据列表。

JPEGImages 存放的是所有的原始图片，如图 9-20 所示。

图 9-20　原始图片

SegmentationClass 存放的是进行语义分割的真实 label 图片，如图 9-21 所示。

图 9-21　语义分割的真实 label 图片

SegmentationObject 存放的是实例分割的真实 label 图片，如图 9-22 所示。

图 9-22　实例分割的真实 label 图片

9.3.2　数据准备

第 8 章中，我们对 Cifar10 中的图片进行了分类，Cifar10 的数据相对来说比较简单，已经集成到了 PyTorch 中。从本章开始，我们接触的数据集会越来越复杂，需要我们自行读取这些数据并进行一些复杂的操作。这里介绍一种利用 Python 的 __getitem__ 方法读取数据的方式，因为凡是在类中定义了 __getitem__ 方法，那么它的实例对象（假定为 s）都可以通过 s[key] 的方法进行取值，而当实例对象调用 s [key] 时，就会自动调用类中的方法 __getitem__，这样便会使我们更加方便地对原始数据进行更加复杂的操作。接下来我们看看具体操作。

将下面的代码写入 voc_dataset.py，用来准备 PASCAL VOC 数据集。我们将 vocDataset 定义为一个数据类，每当需要的时候就从该类中读取数据。具体代码如下：

```
from os import listdir                  # 解析 VOC 数据路径时使用
from os.path import join
from random import random
from PIL import Image, ImageDraw
import xml.etree.ElementTree    # 用于解析 VOC 的 xmllabel

import torch
import torch.utils.data as data
import torchvision.transforms as transforms

from sampling import sampleEzDetect

__all__ = ["vocClassName", "vocClassID", "vocDataset"]

vocClassName = [
    'aeroplane',
    'bicycle',
    'bird',
    'boat',
    'bottle',
    'bus',
    'car',
    'cat',
    'chair',
    'cow',
    'diningtable',
    'dog',
    'horse',
    'motorbike',
    'person',
    'pottedplant',
    'sheep',
    'sofa',
    'train',
    'tvmonitor']

def getVOCInfo(xmlFile):
    root = xml.etree.ElementTree.parse(xmlFile).getroot();
    anns = root.findall('object')

    bboxes = []
    for ann in anns:
        name = ann.find('name').text
        newAnn = {}
        newAnn['category_id'] = name
```

```
            bbox = ann.find('bndbox')
            newAnn['bbox'] = [-1,-1,-1,-1]
            newAnn['bbox'][0] = float( bbox.find('xmin').text )
            newAnn['bbox'][1] = float( bbox.find('ymin').text )
            newAnn['bbox'][2] = float( bbox.find('xmax').text )
            newAnn['bbox'][3] = float( bbox.find('ymax').text )
            bboxes.append(newAnn)

        return bboxes

class vocDataset(data.Dataset):
    def __init__(self, config, isTraining=True):
        super(vocDataset, self).__init__()
        self.isTraining = isTraining
        self.config = config

        normalize = transforms.Normalize(mean=[0.485, 0.456, 0.406],
            std=[0.229, 0.224, 0.225])          # 使用均值和方差对图片的RGB值分别进
                                                 行归一化（也可以使用其他方法，只是这
                                                 种方法相对来说比较简单）
        self.transformer = transforms.Compose([ transforms.ToTensor(),
            normalize])

    def __getitem__(self, index):
        item = None
        if self.isTraining:
            item = allTrainingData[index % len(allTrainingData)]
        else:
            item = allTestingData[index % len(allTestingData)]

        img = Image.open(item[0])               #item[0]为图像数据
        allBboxes = getVOCInfo(item[1])         #item[1]为通过getVOCInfo函数解析
                                                 出真实label的数据
        imgWidth, imgHeight = img.size

        targetWidth = int((random()*0.25 + 0.75) * imgWidth)
        targetHeight = int((random()*0.25 + 0.75) * imgHeight)

        # 对图片进行随机crop，并保证bbox的大小
        xmin = int(random() * (imgWidth - targetWidth) )
        ymin = int(random() * (imgHeight - targetHeight) )
        img = img.crop((xmin, ymin, xmin + targetWidth, ymin + targetHeight))
        img = img.resize((self.config.targetWidth, self.config.targetHeight),
           Image.BILINEAR)
        imgT = self.transformer(img)
        imgT = imgT * 256

        # 调整bbox
        bboxes = []
        for i in allBboxes:
            xl = i['bbox'][0] - xmin
            yt = i['bbox'][1] - ymin
```

```
            xr = i['bbox'][2] - xmin
            yb = i['bbox'][3] - ymin

            if xl < 0 :
                xl = 0;
            if xr >= targetWidth:
                xr = targetWidth - 1
            if yt < 0:
                yt = 0
            if yb >= targetHeight:
                yb = targetHeight - 1

            xl = xl / targetWidth
            xr = xr / targetWidth
            yt = yt / targetHeight
            yb = yb / targetHeight

            if (xr-xl >= 0.05 and yb-yt >= 0.05):
                bbox = [ vocClassID[ i['category_id'] ],
                         xl, yt, xr, yb ]

                bboxes.append(bbox)

        if len(bboxes) == 0:
            return self[index+1]

        target = sampleEzDetect(self.config, bboxes);

        '''
        ### 对预测图片进行测试 ##########
        draw = ImageDraw.Draw(img)
        num = int(target[0])
        for j in range(0,num):
            offset = j * 6
            if ( target[offset + 1] < 0):
                break

            k = int(target[offset + 6])
            trueBox = [ target[offset + 2],
                        target[offset + 3],
                        target[offset + 4],
                        target[offset + 5] ]

            predBox = self.config.predBoxes[k]

            draw.rectangle([trueBox[0]*self.config.targetWidth,
                                            trueBox[1]*self.config.targetHeight,
                                            trueBox[2]*self.config.targetWidth,
                                            trueBox[3]*self.config.targetHeight])

            draw.rectangle([predBox[0]*self.config.targetWidth,
```

```
                                    predBox[1]*self.config.targetHeight,
                                    predBox[2]*self.config.targetWidth,
                                    predBox[3]*self.config.targetHeight], None, "red")

        del draw
        img.save("/tmp/{}.jpg".format(index) )
        '''

        return imgT, target

    def __len__(self):
        if self.isTraining:
            num = len(allTrainingData) - (len(allTrainingData) % self.config.batchSize)
            return num
        else:
            num = len(allTestingData) - (len(allTestingData) % self.config.batchSize)
            return num

vocClassID = {}
for i in range(len(vocClassName)):
    vocClassID[vocClassName[i]] = i + 1

print vocClassID
allTrainingData = []                      # 第 167 行，该行后面的代码为从 VOC2007 中读取数
                                           据，其会在调用 voc_dataset.py 文件时立即执行
allTestingData = []
allFloder = ["./VOCdevkit/VOC2007"]       # 我们将从 VOC 网站上下载的数据放到本地，这里只
                                           使用 VOC2007 做实验
for floder in allFloder:
    imagePath = join(floder, "JPEGImages")
    infoPath = join(floder, "Annotations")
    index = 0

    for f in listdir(imagePath):          # 遍历 9964 张原始图片
        if f.endswith(".jpg"):
            imageFile = join(imagePath, f)
            infoFile = join(infoPath, f[:-4] + ".xml")
            if index % 10 == 0 :          # 每 10 张图片随机抽 1 个样本做测试
                allTestingData.append( (imageFile, infoFile) )
            else:
                allTrainingData.append( (imageFile, infoFile) )

            index = index + 1
```

整个 voc_dataset.py 文件中定义了一个函数和一个类，函数 getVOCInfo 用于解析前面介绍的 PASCAL VOC 的 xml 标注文件，vocDataset 用于定义数据类，以及对数据执行预处理等操作。第 167 行之后的代码是从 VOC2007 中读取数据，其会在调用 voc_dataset.py 文件时立即执行（实战时请注意，路径要改成自己的 PASCAL VOC 数据集所在的路径）。另外，还要注意的一点是，真正进行实战时，为了达到效果，要在预处理上做很多工作，如

颜色变换、旋转、平移等，这里只写了随机 corp 一种数据预处理的方式作为示例。

vocDataset 类中 __getitem__ 函数的最后一句话调用了一个非常重要的函数 sampleEzDetect，我们在介绍完模型之后再重点说明。

9.3.3　构建模型

下面我们先构建模型类，创建 model.py 文件，具体实现代码如下所示：

```
import os
import math
import torch
import torch.nn as nn
from torch.autograd import Variable
from torch.autograd import Function
import torch.nn.functional as F
import torchvision.models as models

from sampling import buildPredBoxes

__all__ = ["EzDetectConfig", "EzDetectNet", "ReorgModule"]

class EzDetectConfig(object):
    def __init__(self, batchSize=4, gpu=False):
        super(EzDetectConfig, self).__init__()
        self.batchSize = batchSize
        self.gpu = gpu
        self.classNumber = 21
        self.targetWidth = 330
        self.targetHeight = 330
        self.featureSize = [[42, 42],       ## L2 1/8
                            [21, 21],       ## L3 1/16
                            [11, 11],       ## L4 1/32
                            [ 6,  6],       ## L5 1/64
                            [ 3,  3]]       ## L6 1/110

        ##[min, max, ratio, ]
        priorConfig = [[0.10, 0.25, 2],
                       [0.25, 0.40, 2, 3],
                       [0.40, 0.55, 2, 3],
                       [0.55, 0.70, 2, 3],
                       [0.70, 0.85, 2]]

        self.mboxes = []
        for i in range(len(priorConfig)):
            minSize = priorConfig[i][0]
            maxSize = priorConfig[i][1]
            meanSize = math.sqrt(minSize*maxSize)
            ratios = priorConfig[i][2:]
```

```
            # aspect ratio 1 for min and max
            self.mboxes.append([i, minSize, minSize])
            self.mboxes.append([i, meanSize, meanSize])

            # other aspect ratio
            for r in ratios:
                ar = math.sqrt(r)
                self.mboxes.append([i, minSize*ar, minSize/ar])
                self.mboxes.append([i, minSize/ar, minSize*ar])

        self.predBoxes = buildPredBoxes(self)

class EzDetectNet(nn.Module):
    def __init__(self, config, pretrained=False):
        super(EzDetectNet, self).__init__()

        self.config = config
        resnet = models.resnet50(pretrained)    # 从 PyTorch 的预训练库中获取 ResNet50
                                                  模型，直接载入

        self.conv1 = resnet.conv1
        self.bn1 = resnet.bn1
        self.relu = resnet.relu
        self.maxpool = resnet.maxpool
        self.layer1 = resnet.layer1
        self.layer2 = resnet.layer2
        self.layer3 = resnet.layer3
        self.layer4 = resnet.layer4
        self.layer5 = nn.Sequential(            # 直到第 5 层才开始自定义，前面都直接复用
                                                  ResNet50 的结构
            nn.Conv2d(2048, 1024, kernel_size=1, stride=1, padding=0, bias=False),
            nn.BatchNorm2d(1024),
            nn.ReLU(),
            nn.Conv2d(1024, 1024, kernel_size=3, stride=2, padding=1, bias=False),
            nn.BatchNorm2d(1024),
            nn.ReLU())

        self.layer6 = nn.Sequential(
            nn.Conv2d(1024, 512, kernel_size=1, stride=1, padding=0, bias=False),
            nn.BatchNorm2d(512),
            nn.LeakyReLU(0.2),
            nn.Conv2d(512, 512, kernel_size=3, stride=2, padding=1, bias=False),
            nn.BatchNorm2d(512),
            nn.LeakyReLU(0.2))

        inChannles = [512, 1024, 2048, 1024, 512]
        self.locConvs = []
        self.confConvs = []
        for i in range(len(config.mboxes)):
            inSize = inChannles[ config.mboxes[i][0] ]
```

```
            confConv = nn.Conv2d(inSize, config.classNumber, kernel_size=3,
                stride=1, padding=1, bias=True)
            locConv = nn.Conv2d(inSize, 4, kernel_size=3, stride=1, padding=1, bias=True)

            self.locConvs.append(locConv)
            self.confConvs.append(confConv)

            super(EzDetectNet, self).add_module("{}_conf".format(i), confConv)
            super(EzDetectNet, self).add_module("{}_loc".format(i), locConv)

    def forward(self, x):
        batchSize = x.size()[0]

        x = self.conv1(x)
        x = self.bn1(x)
        x = self.relu(x)
        x = self.maxpool(x)

        x = self.layer1(x)
        l2 = self.layer2(x)
        l3 = self.layer3(l2)
        l4 = self.layer4(l3)
        l5 = self.layer5(l4)
        l6 = self.layer6(l5)

        featureSource = [l2, l3, l4, l5, l6]

        confs = []
        locs = []
        for i in range(len(self.config.mboxes)):
            x = featureSource[ self.config.mboxes[i][0] ]

            loc = self.locConvs[i](x)
            loc = loc.permute(0, 2, 3, 1)
            loc = loc.contiguous()
            loc = loc.view(batchSize, -1, 4)
            locs.append(loc)

            conf = self.confConvs[i](x)
            conf = conf.permute(0, 2, 3, 1)
            conf = conf.contiguous()
            conf = conf.view(batchSize, -1, self.config.classNumber)
            confs.append(conf)

        locResult = torch.cat(locs, 1)
        confResult = torch.cat(confs, 1)

        return confResult, locResult
```

上述代码中的模型文件 model.py 便是 SSD 算法的核心，接下来为大家详细解释一下。

EzDetectConfig 类可用于定义一些配置，如网络输入图片的大小、每个特征层的大小、每个特征层 anchor 的尺寸比例等。

这里补充说明一下 anchor 的设定细节相关的问题，SSD 的发明者在原文中是这样描述的。

- 大小：后加的每个 feature map 上都有尺寸不同的 anchors，大小比例根据原图设定，最大的 feature map 上 anchor 是 300*0.1，最后的特征层上 anchor 是 300*0.95，中间层的 anchor 大小在 0.1～0.95 之间均匀分布。标准大小定义为 sk。
- 角度：aspect ratio ar=1, 2, 3, 1/2, 1/3 ，2 表示高的，3 表示细长的。
- 最终：anchor 的宽为 sk*sqrt(ar)，高为 sk*sqrt(1/ar)。

大家可能已经注意到，本书代码中给出的 anchor 的设定方式与 SSD 发明者原文中提到的方式不太一样。其实，anchor 的设定可以根据自己的训练数据进行调整，如只需要检测行人，那么 ratio 只保留 >1 的值即可（因为人都是直立的），另外大小也可以根据真实值的标定来确定。

EzDetectNet 类实际是用来定义网络，从 __init__ 中可以看出，在这里我们直接从 PyTorch 库里载入 ResNet50 模型，并且在 layer4 之前完全复用 ResNet50 的结构，仅在 layer5 和 layer6 中重新进行定义。注意后面这个循环结构，其用于定义 SSD 每一个特征层的 bbox 位置和分类得分的输出。不熟悉的读者可以参考图 9-19 上半部分的 SSD 结构图。

```
for i in range(len(config.mboxes)):
inSize = inChannles[ config.mboxes[i][0] ]
confConv = nn.Conv2d(inSize, config.classNumber, kernel_size=3, stride=1,
    padding=1, bias=True)
locConv = nn.Conv2d(inSize, 4, kernel_size=3, stride=1, padding=1, bias=True)

self.locConvs.append(locConv)
self.confConvs.append(confConv)

super(EzDetectNet, self).add_module("{}_conf".format(i), confConv)
super(EzDetectNet, self).add_module("{}_loc".format(i), locConv)
```

9.3.4　定义 Loss

接下来我们编写 loss.py 文件（该文件也是 SSD 模型中非常关键的一个部分），实现代码具体如下：

```
import torch
import torch.nn as nn
from torch.autograd import Variable
from torch.autograd import Function
import torch.nn.functional as F

from bbox import bboxIOU, encodeBox
```

```
__all__ = ["EzDetectLoss"]

def buildbboxTarget(config, bboxOut, target):
    bboxMasks = torch.ByteTensor(bboxOut.size())
    bboxMasks.zero_()
    bboxTarget = torch.FloatTensor(bboxOut.size())

    batchSize = target.size()[0]

    for i in range(0, batchSize):
        num = int(target[i][0])

        for j in range(0,num):
            offset = j * 6
            cls = int(target[i][offset + 1])
            k = int(target[i][offset + 6])
            trueBox = [ target[i][offset + 2],
                        target[i][offset + 3],
                        target[i][offset + 4],
                        target[i][offset + 5] ]

            predBox = config.predBoxes[k]
            ebox = encodeBox(config, trueBox, predBox)

            bboxMasks[i, k, :] = 1
            bboxTarget[i, k, 0] = ebox[0]
            bboxTarget[i, k, 1] = ebox[1]
            bboxTarget[i, k, 2] = ebox[2]
            bboxTarget[i, k, 3] = ebox[3]

    if ( config.gpu ):
        bboxMasks = bboxMasks.cuda()
        bboxTarget = bboxTarget.cuda()

    return bboxMasks, bboxTarget

def buildConfTarget(config, confOut, target):
    batchSize = confOut.size()[0]
    boxNumber = confOut.size()[1]

    confTarget = torch.LongTensor(batchSize, boxNumber, config.classNumber)
    confMasks = torch.ByteTensor(confOut.size())
    confMasks.zero_()

    confScore = torch.nn.functional.log_softmax( Variable(confOut.view(-1,
        config.classNumber), requires_grad = False) )
    confScore = confScore.data.view(batchSize, boxNumber, config.classNumber)

    # positive samples
    pnum = 0
    for i in range(0, batchSize):
```

```
            num = int(target[i][0])

            for j in range(0,num):
                offset = j * 6

                k = int(target[i][offset + 6])
                cls = int(target[i][offset + 1])
                if cls > 0:
                    confMasks[i, k, :] = 1
                    confTarget[i, k, :] = cls
                    confScore[i, k, :] = 0
                    pnum = pnum + 1
                else:
                    confScore[i, k, :] = 0
                    '''
                    cls = cls * -1
                    confMasks[i, k, :] = 1
                    confTarget[i, k, :] = cls
                    confScore[i, k, :] = 0
                    pnum = pnum + 1
                    '''

        # negtive samples (background)
        confScore = confScore.view(-1, config.classNumber)
        confScore = confScore[:, 0].contiguous().view(-1)

        scoreValue, scoreIndex = torch.sort(confScore, 0, descending=False)

        for i in range(pnum*3):
            b = scoreIndex[i] // boxNumber
            k = scoreIndex[i] % boxNumber
            if ( confMasks[b,k,0] > 0):
                break
            confMasks[b, k, :] = 1
            confTarget[b, k, :] = 0

        if ( config.gpu ):
            confMasks = confMasks.cuda()
            confTarget = confTarget.cuda()

        return confMasks, confTarget

    class EzDetectLoss(nn.Module):
        def __init__(self, config, pretrained=False):
            super(EzDetectLoss, self).__init__()
            self.config = config
            self.confLoss = nn.CrossEntropyLoss()
            self.bboxLoss = nn.SmoothL1Loss()

        def forward(self, confOut, bboxOut, target):
            batchSize = target.size()[0]
```

```
        # building loss of conf
        confMasks, confTarget = buildConfTarget(self.config, confOut.data, target)
        confSamples = confOut[confMasks].view(-1, self.config.classNumber)

        confTarget = confTarget[confMasks].view(-1, self.config.classNumber)
        confTarget = confTarget[:, 0].contiguous().view(-1)
        confTarget = Variable(confTarget, requires_grad = False)
        confLoss = self.confLoss(confSamples, confTarget)

        # building loss of bbox
        bboxMasks, bboxTarget = buildbboxTarget(self.config, bboxOut.data, target)

        bboxSamples = bboxOut[bboxMasks].view(-1, 4)
        bboxTarget = bboxTarget[bboxMasks].view(-1, 4)
        bboxTarget = Variable(bboxTarget)
        bboxLoss = self.bboxLoss(bboxSamples, bboxTarget)

        return confLoss, bboxLoss
```

在这个文件中，需要特别注意 buildConfTarget 函数，其中定义了如何选取正负样本以及比例的问题。因为正负样本差别巨大，所以这里需要根据负样本的置信度进行排序并取整体正负比例为 1∶3。

9.3.5 SSD 训练细节

看完了 loss.py 代码之后，是否依然还有很多不解之处？比如，正负样本数据从哪里来？如何选择正负样本？ bbox 相关操作的细节如何？接下来，我们将在 sampling.py 文件中为大家解答这些问题。sampling.py 文件的代码具体如下：

```
import random
import torch
import torch.nn as nn
from torch.autograd import Variable
from torch.autograd import Function

from bbox import bboxIOU

__all__ = ["buildPredBoxes", "sampleEzDetect"]

def buildPredBoxes(config):
    predBoxes = []

    for i in range(len(config.mboxes)):
        l = config.mboxes[i][0]
        wid = config.featureSize[l][0]
        hei = config.featureSize[l][1]

        wbox = config.mboxes[i][1]
```

```
            hbox = config.mboxes[i][2]

            for y in range(hei):
                for x in range(wid):
                    xc = (x + 0.5) / wid    #x y 位置取每个 feature map 像素的中心点来计算
                    yc = (y + 0.5) / hei
                    '''
                    xmin = max(0, xc-wbox/2)
                    ymin = max(0, yc-hbox/2)
                    xmax = min(1, xc+wbox/2)
                    ymax = min(1, yc+hbox/2)
                    '''
                    xmin = xc-wbox/2
                    ymin = yc-hbox/2
                    xmax = xc+wbox/2
                    ymax = yc+hbox/2

                    predBoxes.append([xmin, ymin, xmax, ymax])

        return predBoxes

def sampleEzDetect(config, bboxes):    # 在 voc_dataset.py 的 vocDataset 类中用到了 samp-
                                         leEzDetect 函数
    ## preparing pred boxes
    predBoxes = config.predBoxes

    ## preparing groud truth
    truthBoxes = []
    for i in range(len(bboxes)):
        truthBoxes.append( [bboxes[i][1], bboxes[i][2], bboxes[i][3], bboxes[i][4]] )

    ## computing iou
    iouMatrix = []
    for i in predBoxes:
        ious = []
        for j in truthBoxes:
            ious.append( bboxIOU(i, j) )
        iouMatrix.append(ious)

    iouMatrix = torch.FloatTensor( iouMatrix )
    iouMatrix2 = iouMatrix.clone()

    ii = 0
    selectedSamples = torch.FloatTensor(128*1024)

    ## positive samples from bi-direction match
    for i in range(len(bboxes)):
        iouViewer = iouMatrix.view(-1)
        iouValues, iouSequence = torch.max(iouViewer, 0)

        predIndex = iouSequence[0] // len(bboxes)
```

```
        bboxIndex = iouSequence[0] % len(bboxes)

        if ( iouValues[0] > 0.1):
            selectedSamples[ii*6 + 1] = bboxes[bboxIndex][0]
            selectedSamples[ii*6 + 2] = bboxes[bboxIndex][1]
            selectedSamples[ii*6 + 3] = bboxes[bboxIndex][2]
            selectedSamples[ii*6 + 4] = bboxes[bboxIndex][3]
            selectedSamples[ii*6 + 5] = bboxes[bboxIndex][4]
            selectedSamples[ii*6 + 6] = predIndex
            ii  = ii + 1
        else:
            break

        iouMatrix[:, bboxIndex] = -1
        iouMatrix[predIndex, :] = -1
        iouMatrix2[predIndex,:] = -1

    ## also samples with high iou
    for i in range(len(predBoxes)):
        v,_ = iouMatrix2[i].max(0)
        predIndex = i
        bboxIndex = _[0]

        if ( v[0] > 0.7): #anchor 与真实值的 IOU 大于 0.7 的为正样本
            selectedSamples[ii*6 + 1] = bboxes[bboxIndex][0]
            selectedSamples[ii*6 + 2] = bboxes[bboxIndex][1]
            selectedSamples[ii*6 + 3] = bboxes[bboxIndex][2]
            selectedSamples[ii*6 + 4] = bboxes[bboxIndex][3]
            selectedSamples[ii*6 + 5] = bboxes[bboxIndex][4]
            selectedSamples[ii*6 + 6] = predIndex
            ii  = ii + 1

        elif (v[0] > 0.5):
            selectedSamples[ii*6 + 1] = bboxes[bboxIndex][0] * -1
            selectedSamples[ii*6 + 2] = bboxes[bboxIndex][1]
            selectedSamples[ii*6 + 3] = bboxes[bboxIndex][2]
            selectedSamples[ii*6 + 4] = bboxes[bboxIndex][3]
            selectedSamples[ii*6 + 5] = bboxes[bboxIndex][4]
            selectedSamples[ii*6 + 6] = predIndex
            ii  = ii + 1

    selectedSamples[0] = ii
    return selectedSamples
```

对于上述代码，这里稍微说明几点，具体如下。

1）某 anchor 为正样本还是负样本是通过它与真实值的 IOU 值来判定的。SSD 作者认为，IOU 大于 0.5 即为正样本。此处略有不同，大家可以根据自己的实际问题进行调整。关于 IOU 计算的代码，本章前半部分已给出。

2）这里在计算 Loss 时是借助 anchor 对预测的 bbox 进行回归，而不是直接让 predict

的 bbox 回归到 ground truth。所以，有个 encodeBox 和 decodeBox 的过程，代码如下：

```
def encodeBox(config, box, predBox):
    pcx = (predBox[0] + predBox[2]) / 2
    pcy = (predBox[1] + predBox[3]) / 2
    pw = (predBox[2] - predBox[0])
    ph = (predBox[3] - predBox[1])

    ecx = (box[0] + box[2]) / 2 - pcx
    ecy = (box[1] + box[3]) / 2 - pcy
    ecx = ecx / pw * 10
    ecy = ecy / ph * 10

    ew = (box[2] - box[0]) / pw
    eh = (box[3] - box[1]) / ph
    ew = math.log(ew) * 5
    eh = math.log(eh) * 5

    return[ecx, ecy, ew, eh]

def decodeAllBox(config, allBox):
    newBoxes = torch.FloatTensor(allBox.size())

    batchSize = newBoxes.size()[0]
    for k in range(len(config.predBoxes)):
        predBox = config.predBoxes[k]
        pcx = (predBox[0] + predBox[2]) / 2
        pcy = (predBox[1] + predBox[3]) / 2
        pw = (predBox[2] - predBox[0])
        ph = (predBox[3] - predBox[1])

        for i in range(batchSize):
            box = allBox[i, k, :]

            dcx = box[0] / 10 * pw + pcx
            dcy = box[1] / 10 * ph + pcy

            dw = math.exp(box[2]/5) * pw
            dh = math.exp(box[3]/5) * ph

            newBoxes[i, k, 0] = max(0, dcx - dw/2)
            newBoxes[i, k, 1] = max(0, dcy - dh/2)
            newBoxes[i, k, 2] = min(1, dcx + dw/2)
            newBoxes[i, k, 3] = min(1, dcy + dh/2)

    if config.gpu :
       newBoxes = newBoxes.cuda()

    return newBoxes
```

我们将 encodeBox、decodeAllBox、bboxIOU（9.2.1 节中给出）以及后面要用到的 doNMS 函数写到一起，加上以下代码，便形成了一个工具文件 bbox.py。nms 的功能在本章的前半部分也介绍过，doNMS 函数在后面预测时将会用到，这里先给出代码。

```
import sys
import math
import torch

__all__ = ["bboxIOU", "encodeBox", "decodeAllBox", "doNMS"]

def doNMS(config, classMap, allBoxes, threshold):

    winBoxes = []

    predBoxes = config.predBoxes

    for c in range(1, config.classNumber):
        fscore = classMap[:, c]
        #print(fscore)

        v,s = torch.sort(fscore, 0, descending=True)
        print(">>>>>>>>>>>>>>>",c,v[0])
        for i in range(len(v)):
            if ( v[i] < threshold):
                continue

            k = s[i]
            boxA = [allBoxes[k, 0], allBoxes[k, 1], allBoxes[k, 2], allBoxes[k, 3]]

            for j in range(i+1, len(v)):
                if ( v[j] < threshold):
                    continue

                k = s[j]
                boxB = [allBoxes[k, 0], allBoxes[k, 1], allBoxes[k, 2], allBoxes[k, 3]]

                iouValue = bboxIOU(boxA, boxB)
                if ( iouValue > 0.5):
                    v[j] = 0

        for i in range(len(v)):
            if ( v[i] < threshold):
                continue

            k = s[i]
            #box = [predBoxes[k][0], predBoxes[k][1], predBoxes[k][2], predBoxes[k][3]]
            box = [allBoxes[k, 0], allBoxes[k, 1], allBoxes[k, 2], allBoxes[k, 3]]

            winBoxes.append(box)
    return winBoxes
```

9.3.6 训练

模型训练文件 train.py，该文件即训练的主文件，其实现代码具体如下：

```
from __future__ import print_function
import argparse
from math import log10

import torch
import torch.nn as nn
import torch.optim as optim
from torch.autograd import Variable
from torch.utils.data import DataLoader

from voc_dataset import vocDataset as DataSet
#from dummy_dataset import dummyDataSet as DataSet
from model import EzDetectNet
from model import EzDetectConfig
from loss import EzDetectLoss

# Training settings
parser = argparse.ArgumentParser(description='EasyDetect by pytorch')
parser.add_argument('--batchSize', type=int, default=16, help='training batch size')
parser.add_argument('--testBatchSize', type=int, default=4, help='testing batch size')
parser.add_argument('--lr', type=float, default=0.001, help='Learning Rate. Default=0.01')
parser.add_argument('--threads', type=int, default=4, help='number of threads
    for data loader to use')
parser.add_argument('--seed', type=int, default=1024, help='random seed to
    use. Default=123')
parser.add_argument('--gpu', dest='gpu', action='store_true')
#parser.add_argument('--no-gpu', dest='gpu', action='store_false')
parser.set_defaults(gpu=True)
opt = parser.parse_args()
torch.cuda.set_device(1)

print('===> Loading datasets')
ezConfig = EzDetectConfig(opt.batchSize, opt.gpu)
train_set = DataSet(ezConfig, True)
test_set = DataSet(ezConfig, False)
train_data_loader = DataLoader(dataset=train_set,
                               num_workers=opt.threads,
                               batch_size=opt.batchSize,
                               shuffle=True)

test_data_loader = DataLoader(dataset=test_set,
                              num_workers=opt.threads,
                              batch_size=opt.batchSize)


print('===> Building model')
mymodel = EzDetectNet(ezConfig, True)
myloss = EzDetectLoss(ezConfig)
optimizer = optim.SGD(mymodel.parameters(), lr=opt.lr, momentum=0.9, weight_
    decay=1e-4) # 使用随机梯度下降方法
#optimizer = optim.Adam(mymodel.parameters(), lr=opt.lr)
```

```
if ezConfig.gpu == True: # 使用 gpu
    mymodel.cuda()
    myloss.cuda()

def adjust_learning_rate(optimizer, epoch):
    """ 每迭代 10 个 epoch，学习率下降 0.1 倍 """
    lr = opt.lr * (0.1 ** (epoch // 10))
    for param_group in optimizer.param_groups:
        param_group['lr'] = lr

def doTrain(t):
    mymodel.train()
    for i, batch in enumerate(train_data_loader):
        batchX = batch[0]
        target = batch[1]
        if ezConfig.gpu:
            batchX = batch[0].cuda()
            target = batch[1].cuda()

        x = torch.autograd.Variable(batchX, requires_grad=False)
        confOut, bboxOut = mymodel(x)

        confLoss, bboxLoss = myloss(confOut, bboxOut, target)
        totalLoss = confLoss*4 + bboxLoss

        print(confLoss, bboxLoss)
        print("{} : {} / {} >>>>>>>>>>>>>>>>>>>>>>>>: {}".format(t, i,
            len(train_data_loader), totalLoss.data[0]))

        optimizer.zero_grad()
        totalLoss.backward()
        optimizer.step()

def doValidate():
    mymodel.eval()
    lossSum = 0.0
    for i, batch in enumerate(test_data_loader):
        batchX = batch[0]
        target = batch[1]
        if ezConfig.gpu:
            batchX = batch[0].cuda()
            target = batch[1].cuda()

        x = torch.autograd.Variable(batchX, requires_grad=False)
        confOut, bboxOut = mymodel(x)

        confLoss, bboxLoss = myloss(confOut, bboxOut, target)
        totalLoss = confLoss*4 + bboxLoss

        print(confLoss, bboxLoss)
        print("Test : {} / {} >>>>>>>>>>>>>>>>>>>>>>>>: {}".format(i,
            len(test_data_loader), totalLoss.data[0]))

        lossSum = totalLoss.data[0] + lossSum
    score = lossSum / len(test_data_loader)
```

```
    print("########:{}".format(score))
    return score

####### main function ########
for t in range(50):
    adjust_learning_rate(optimizer, t)
    doTrain(t)
    score = doValidate()
    if ( t %5 == 0):
        torch.save(mymodel.state_dict(), "model/model_{}_{}.pth".format(t,
            str(score)[:4]))
```

大家可以仔细看一下 train.py 这个文件，并结合前面给出的 voc_dataset.py、model.py、loss.py、sampling.py、bbox.py 这几个文件再重新梳理一下整个 SSD 模型的训练过程。模型运行起来后会得到如图 9-23 所示的结果。

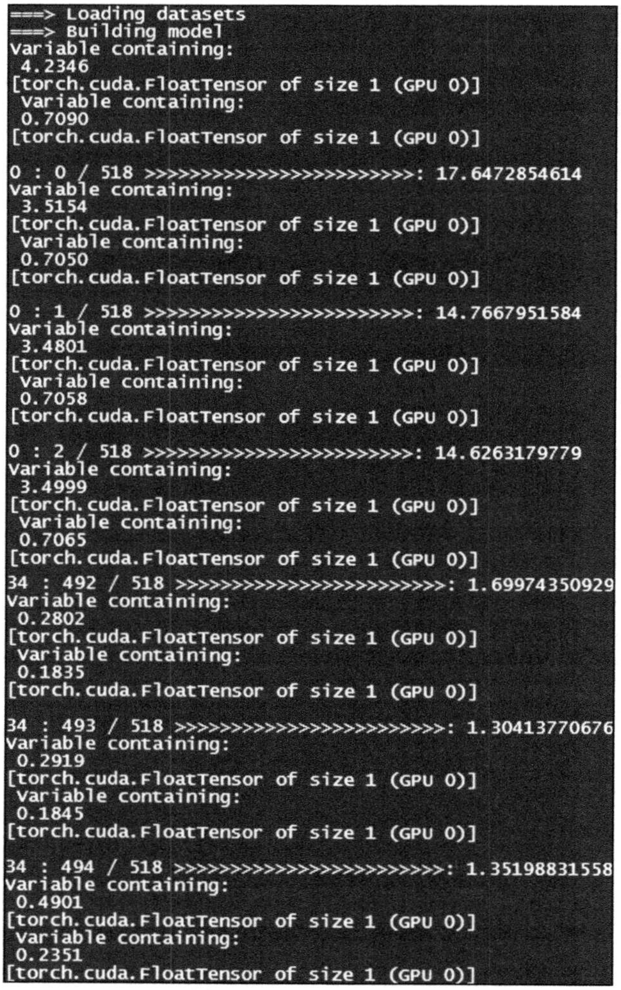

```
===> Loading datasets
===> Building model
Variable containing:
 4.2346
[torch.cuda.FloatTensor of size 1 (GPU 0)]
 Variable containing:
 0.7090
[torch.cuda.FloatTensor of size 1 (GPU 0)]

0 : 0 / 518 >>>>>>>>>>>>>>>>>>>>>>>>>: 17.6472854614
Variable containing:
 3.5154
[torch.cuda.FloatTensor of size 1 (GPU 0)]
 Variable containing:
 0.7050
[torch.cuda.FloatTensor of size 1 (GPU 0)]

0 : 1 / 518 >>>>>>>>>>>>>>>>>>>>>>>>>: 14.7667951584
Variable containing:
 3.4801
[torch.cuda.FloatTensor of size 1 (GPU 0)]
 Variable containing:
 0.7058
[torch.cuda.FloatTensor of size 1 (GPU 0)]

0 : 2 / 518 >>>>>>>>>>>>>>>>>>>>>>>>>: 14.6263179779
Variable containing:
 3.4999
[torch.cuda.FloatTensor of size 1 (GPU 0)]
 Variable containing:
 0.7065
[torch.cuda.FloatTensor of size 1 (GPU 0)]
34 : 492 / 518 >>>>>>>>>>>>>>>>>>>>>>>>>: 1.69974350929
Variable containing:
 0.2802
[torch.cuda.FloatTensor of size 1 (GPU 0)]
 Variable containing:
 0.1835
[torch.cuda.FloatTensor of size 1 (GPU 0)]

34 : 493 / 518 >>>>>>>>>>>>>>>>>>>>>>>>>: 1.30413770676
Variable containing:
 0.2919
[torch.cuda.FloatTensor of size 1 (GPU 0)]
 Variable containing:
 0.1845
[torch.cuda.FloatTensor of size 1 (GPU 0)]

34 : 494 / 518 >>>>>>>>>>>>>>>>>>>>>>>>>: 1.35198831558
Variable containing:
 0.4901
[torch.cuda.FloatTensor of size 1 (GPU 0)]
 Variable containing:
 0.2351
[torch.cuda.FloatTensor of size 1 (GPU 0)]
```

图 9-23 ResNet50 训练 PASCAL VOC 过程部分打印结果展示

9.3.7　测试

训练结束后，我们会在“model/”文件夹下得到保存好的模型，待 Loss 稳定后我们来验证模型的效果。创建 test.py 文件，代码如下：

```
import sys
from PIL import Image, ImageDraw
import torch
from torch.autograd import Variable
import torchvision.transforms as transforms
from torch.utils.data import DataLoader

from model import EzDetectConfig
from model import EzDetectNet

from bbox import decodeAllBox, doNMS

ezConfig = EzDetectConfig()
ezConfig.batchSize = 1

mymodel = EzDetectNet(ezConfig, True)
mymodel.load_state_dict(torch.load(sys.argv[1]))
print "finish load model"
normalize = transforms.Normalize(mean=[0.485, 0.456, 0.406], std=[0.229, 0.224, 0.225])
transformer = transforms.Compose([transforms.ToTensor(),normalize])

img = Image.open(sys.argv[2])
originImage = img

img = img.resize((ezConfig.targetWidth, ezConfig.targetHeight), Image.BILINEAR)
img = transformer(img)
img = img*256
img = img.view(1, 3, ezConfig.targetHeight, ezConfig.targetWidth)
print "finish preprocess image"

img = img.cuda()
mymodel.cuda()

classOut, bboxOut = mymodel(Variable(img))
bboxOut = bboxOut.float()
bboxOut = decodeAllBox(ezConfig, bboxOut.data)

classScore = torch.nn.Softmax()(classOut[0])
bestBox = doNMS(ezConfig, classScore.data.float(), bboxOut[0], 0.15)

draw = ImageDraw.Draw(originImage)
imgWidth, imgHeight = originImage.size
for b in bestBox:
    draw.rectangle([b[0]*imgWidth, b[1]*imgHeight,
                    b[2]*imgWidth, b[3]*imgHeight])
```

```
    del draw

    print "finish draw boxes"
    originImage.save("1.jpg")
    print "finish all!"
```

笔者在实验运行一半时做了一个简单的实验，效果如图 9-24 所示，图片中的狗已经可以被很好地检测出来了。接下来给读者留一个作业，在运行起上述程序后，你是否可以得到比图 9-25 更好的结果。如果你已经做到了，那么又该如何在现有代码上做些改动，以达到 SSD 作者在 VOC2007 数据集上达到的效果？

图 9-24　SSD 效果示意图（未完全迭代的结果）

Method	mAP	aero	bike	bird	boat	bottle	bus	car	cat	chair	cow	table	dog	horse	mbike	person	plant	sheep	sofa	train	tv
Fast [6]	70.0	77.0	78.1	69.3	59.4	38.3	81.6	78.6	86.7	42.8	78.8	68.9	84.7	82.0	76.6	69.9	31.8	70.1	**74.8**	80.4	70.4
Faster [2]	73.2	76.5	79.0	70.9	**65.5**	**52.1**	83.1	84.7	86.4	52.0	**81.9**	65.7	84.8	84.6	77.5	76.7	38.8	73.6	73.9	83.0	72.6
SSD300	72.1	75.2	**79.8**	70.5	62.5	41.3	81.1	80.8	86.4	51.5	74.3	**72.3**	83.5	84.6	80.6	74.5	46.0	71.4	73.8	83.0	69.1
SSD500	**75.1**	**79.8**	79.5	**74.5**	63.4	51.9	**84.9**	**85.6**	**87.2**	**56.6**	80.1	70.0	**85.4**	**84.9**	**80.9**	**78.2**	**49.0**	**78.4**	72.4	**84.6**	**75.5**

图 9-25　SSD 作者在 VOC2007 数据集上达到的效果

9.4　本章小结

本章介绍了以 R-CNN、Fast R-CNN、Faster R-CNN 为代表的经典 2-stage 方法，和以 YOLO、SSD 为代表的经典 1-stage 方法。2-stage 方法主要是先在第一步产生 ROI（Region Of Interest)，然后在第二步根据第一步中 ROI 的结果进行微调。近些年来，在这个思路以外还有一些很好的思路可用来做检测，同样也可以达到很好的检测效果，如 CornerNet[13]、Grid R-CNN[14]，感兴趣的读者可以深入阅读。

本书给出了详细的简化版 SSD 代码，建议想要深入学习的读者仔细阅读，代码将有助于更加深刻地理解目标检测方法。

9.5　参考文献

[1] Girshick R, Donahue J, Darrell T, et al. Rich feature hierarchies for accurate object detection and semantic segmentation[C]//Proceedings of the IEEE conference on computer vision and pattern recognition. 2014: 580-587.

[2] Girshick R. Fast r-cnn[C]//Proceedings of the IEEE international conference on computer vision. 2015: 1440-1448.

[3] Ren S, He K, Girshick R, et al. Faster r-cnn: Towards real-time object detection with region proposal networks[C]//Advances in neural information processing systems. 2015: 91-99.

[4] Liu W, Anguelov D, Erhan D, et al. Ssd: Single shot multibox detector[C]//European conference on computer vision. Springer, Cham, 2016: 21-37.

[5] Redmon J, Divvala S, Girshick R, et al. You only look once: Unified, real-time object detection[C]//Proceedings of the IEEE conference on computer vision and pattern recognition. 2016: 779-788.

[6] Redmon J, Farhadi A. YOLO9000: better, faster, stronger[J]. arXiv preprint, 2017.

[7] Redmon J, Farhadi A. Yolov3: An incremental improvement[J]. arXiv preprint arXiv:1804.02767, 2018.

[8] Dai J, Li Y, He K, et al. R-fcn: Object detection via region-based fully convolutional networks[C]//Advances in neural information processing systems. 2016: 379-387.

[9] Fei-Fei Li, Justin Johnson, Serena Yeung et al. CS231n: Convolutional Neural Networks for Visual Recognition

[10] Cheng M M, Zhang Z, Lin W Y, et al. BING: Binarized normed gradients for objectness estimation at 300fps[C]//Proceedings of the IEEE conference on computer vision and pattern recognition. 2014: 3286-3293.

[11] Uijlings J R R, Van De Sande K E A, Gevers T, et al. Selective search for object recognition[J]. International journal of computer vision, 2013, 104(2): 154-171.

[12] Endres I, Hoiem D. Category independent object proposals[C]//European Conference on Computer Vision. Springer, Berlin, Heidelberg, 2010: 575-588.

[13] Law H, Deng J. Cornernet: Detecting objects as paired keypoints[C]//Proceedings of the European Conference on Computer Vision (ECCV). 2018: 734-750.

[14] Xin Lu, Buyu Li, Yuxin Yue, Quanquan Li, Junjie Yan Grid R-CNN arXiv preprint, 2018.

CHAPTER 10

第10章 分割

开始本章内容之前，我们先来明确2个定义。

定义1：语义分割

将图片中的所有像素进行分类（包括背景），不区分具体目标，仅做像素级分类。例如，将图10-1a上面一行图片进行语义分割的结果为下面一行图片。

定义2：实例分割

对于有多个目标的图片，对每个目标完成像素级的分类，并区分每一个目标（即区分同一个类别但属于不同的目标）。例如，对图10-1b左边一列图片进行实例分割，可以得到右面一列图片。

明确了定义以后，我们分别从语义分割和实例分割2个模块来讲解本章。

a）语义分割

图10-1 分割问题定义[7]

b）实例分割

图 10-1（续）

10.1　语义分割

语义分割需要对图片的每个像素做分类，即将图 10-1a 上面一行图片转变成下面一行图片，最容易想到的方法是什么？大家可以先思考一下，然后再看后面的解析。

10.1.1　FCN

此时你心中可能已经有了一些思路，首先我们来谈谈最容易想到的方法。既然是对原图的每个像素进行分类，那么将输出层的每一个像素点当作分类任务做一个 Softmax 即可。即对于一张 $W*H*3$ 的图片，中间经过若干层卷积，卷积的 kernel 大小为 $W*H$，最终通过一个 $W*H*C$（C 为之前定义好的类别个数）的 Softmax 对原图的每一个像素进行分类，如图 10-2 所示。

然而，图 10-2 所示的这种最简单解决方案的问题是中间卷积层尺度太大，内存和计算量的消耗也非常大。因此，在 2015 年，Long、Shelhamer、Darrell 和 Noh 等人提出了在卷积神经网络内部使用下采样和上采样结合的方式实现图片的语义分割，该方案的大体结构如图 10-3 所示[1]。在这个过程中，下采样主要是通过我们之前学习过的 Pooling（池化）和调整卷积的 stride（步幅）来实现的，上采样的过程其实就是与下采样相反，主要包括 Unpooling（反池化）和 Deconvolution（反卷积）两种方式。

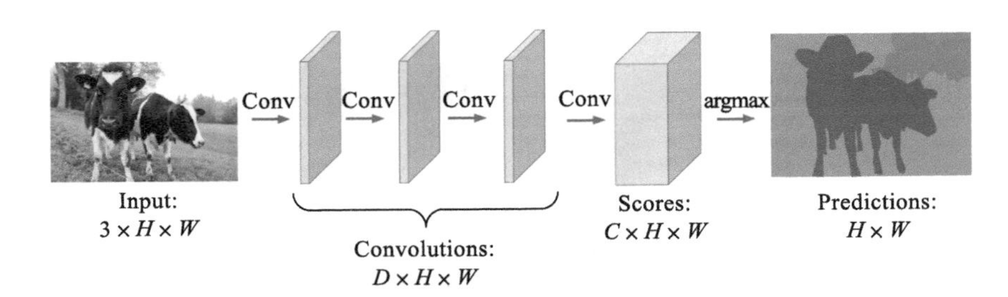

图 10-2　最简单直观的语义分割方法

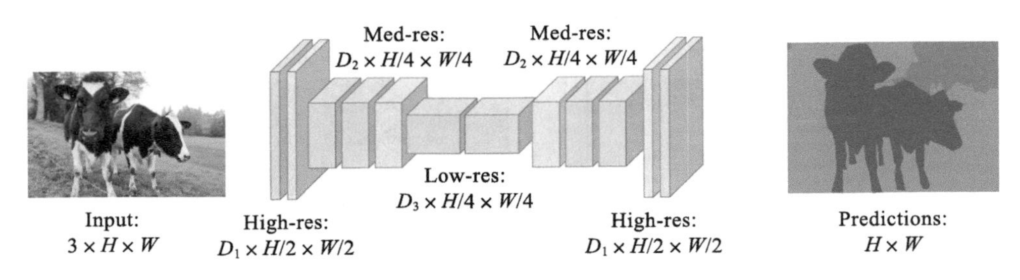

图 10-3　改良后的 CNN 语义分割网络结构

1. Unpooling

图 10-4 给出了几种常见的 Unpooling 方法，其中 10-4a 和 10-4b 简单易懂，这里不做赘述，值得一提的是 10-4c 中 Max Unpooling 的方式，若使用该方法，则需要在下采样 Max Pooling 时记录对应 Max 元素的位置，在 Unpooling 的时候将每个元素写回到对应的位置上。所以，这种方式需要注意下采样和上采样过程对应的问题。

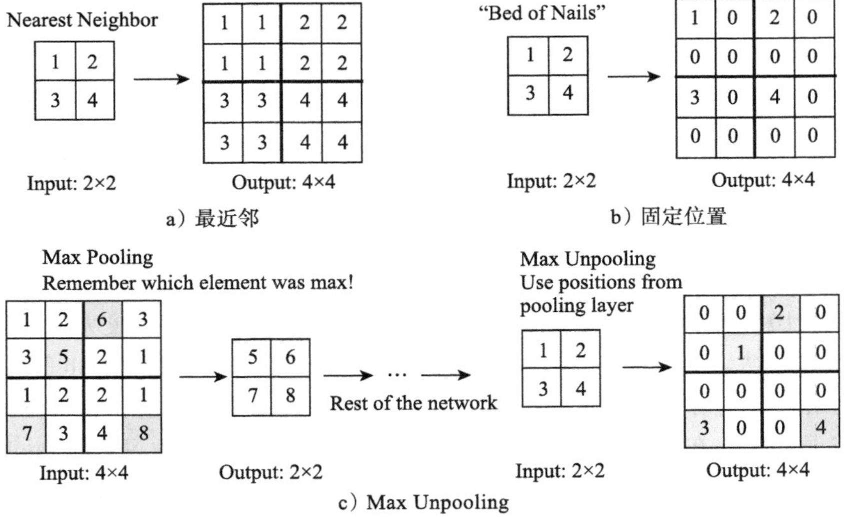

图 10-4　Unpooling 的几种方法

2. Deconvolution

反卷积是卷积的一种反向操作，可以通过学习得到的。我们首先回忆一下卷积操作，在图 10-5 中，10-5a 和图 10-5b 表示的是对于一个 4*4 的图片做 kernel 为 3*3、pad 为 1、stride 分别为 1 和 2 的卷积时对应的结果。现在将图 10-5b 中的操作反过来，对于一张 2*2 的图片，做一个 kernel 为 3*3、pad 为 1、stride 为 2 的反卷积操作，如图 10-5c 所示，即有一个 3*3 的 kernel，对于一张 2*2 的输入图片中的每个像素进行“反卷积”计算。对于左上角的一个粉色像素，经过一次反卷积计算后，将得到右边红框的结果（3*3 个像素，由于这里的 pad 为 1，所以最终在新的特征层上将产生 2*2 个像素），然后对于输入图片的下一个浅蓝色像素，反卷积计算后将得到右侧特征层中蓝色框的结果（由于 stride=2，所以右侧蓝框相对上一个步骤中的红框移动了 2 个像素）。这里面第一步产生的红框与第二步产生的蓝框有交叠，那么交叠的部分该如何计算呢？答案是对两次计算结果进行叠加。为了便于理解，图 10-6 将问题简化到 1 维，以展示 1 维反卷积计算过程的细节。

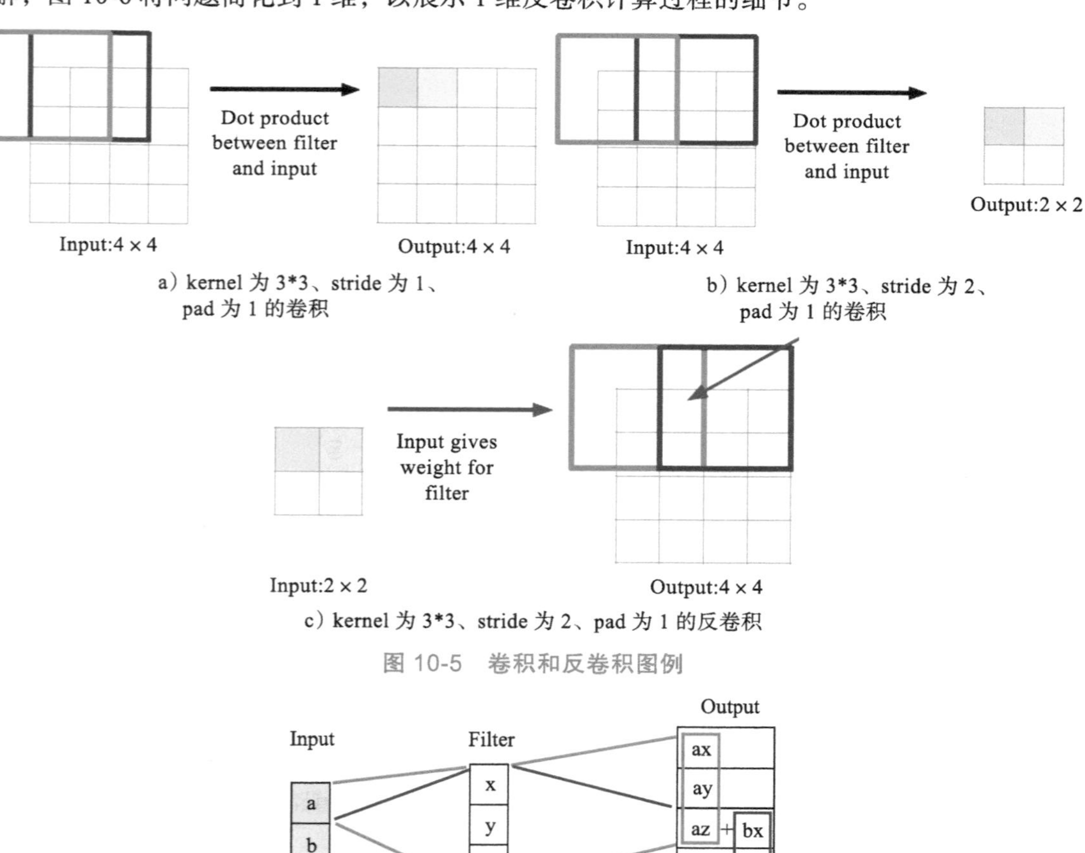

图 10-5　卷积和反卷积图例

图 10-6　kernel 为 3、stride 为 2 的 1 维反卷积计算过程

不论是 Uppooling 方式还是 Deconvolution 的方式，图 10-3 所示的网络结构的关键层都是以卷积的方式进行操作，不涉及类似全连接这种操作，因此我们通常称这种网络为全卷积网络（Full Connected Network，FCN）。

10.1.2　UNet 实现裂纹分割

全卷积网络可用作语义分割，最经典的莫过于 2015 年夺得 CVPR 最佳论文的《Fully Convolutional Networks for Semantic Segmentation》[2]。其思路主要就是图 10-3 中展示的下采样加上采样的方法。这里扩展一下，介绍在经典 FCN 基础上改良之后广泛应用在医疗影像里面的 U-Net，它的网络结构如图 10-7 所示。

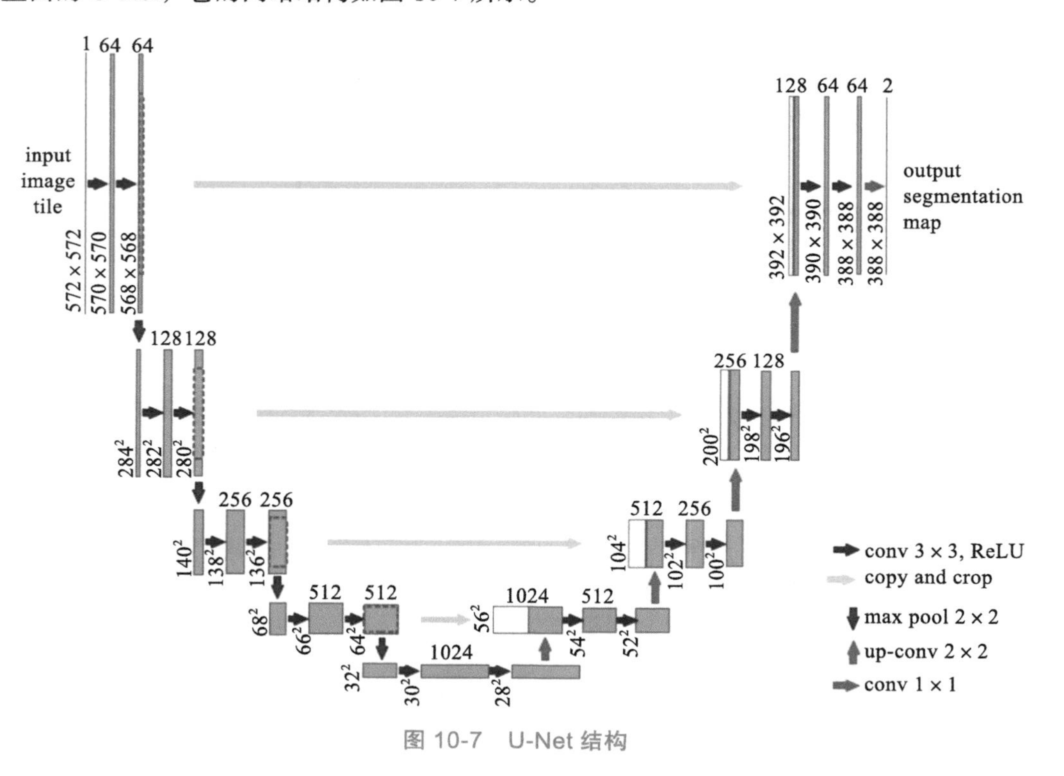

图 10-7　U-Net 结构

由图 10-7 可以看出，U-Net 的网络结构非常清晰，即下采样后经过 2 次卷积后再次下采样，而上采样则使用反卷积的方式，并与对应大小的下采样特征层进行连接，然后经过 2 次卷积后再反卷积。这个网络结构很简单，因此对于小样本量数据集有很好的效果。下面列举一个简单的案例，大家一起来看看如何通过 U-Net 来识别道路上的裂纹。

数据集

数据集来自 https://github.com/cuilimeng/CrackForest-dataset，其中“image/”文件夹下面为原图，“seg/”是真实值的分割结果，“groundTruth/”是 MATLAB 格式的真实值。为

了得到直观的效果，我们首先将 seg 中的文件转换成图片格式，画出右侧的黑白图，如图 10-8 所示。

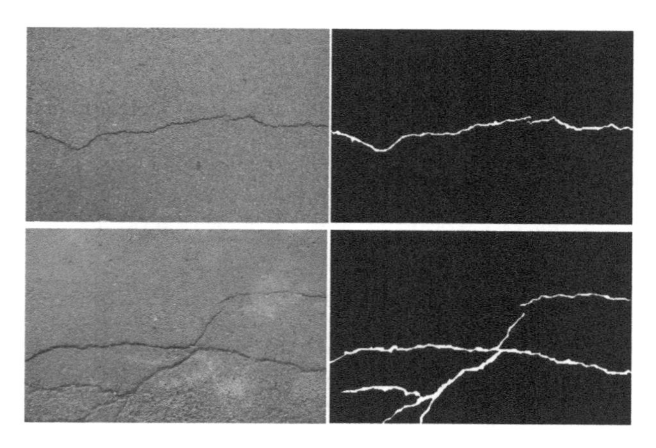

图 10-8　CrackForest 训练数据展示

接下来我们看一下具体的代码实现。

主文件 crack_segment.py 代码如下：

```
import cv2
import argparse
import os, sys, shutil
import numpy as np
import pandas as pd
import time
import glob
from collections import defaultdict
from tqdm import tqdm

from dataset import UNetDataset

import torch
import torchvision
from torch.nn import DataParallel, CrossEntropyLoss
from torch.backends import cudnn
from torch.utils.data import DataLoader
from torch.autograd import Variable

import cfgs.config as cfg
from unet import UNet

def mkdir(path, max_depth=3):
    parent, child = os.path.split(path)
    if not os.path.exists(parent) and max_depth > 1:
        mkdir(parent, max_depth-1)
```

```
    if not os.path.exists(path):
        os.mkdir(path)

class Logger(object):
    def __init__(self,logfile):
        self.terminal = sys.stdout
        self.log = open(logfile, "a")

    def write(self, message):
        self.terminal.write(message)
        self.log.write(message)
        self.log.flush()

    def flush(self):
        #this flush method is needed for python 3 compatibility.
        #this handles the flush command by doing nothing.
        #you might want to specify some extra behavior here.
        pass


class UNetTrainer(object):
    """UNet trainer"""
    def __init__(self, start_epoch=0, save_dir='', resume="", devices_num=2,
                 num_classes=2, color_dim=1):

        self.net = UNet(color_dim=color_dim, num_classes=num_classes)
        self.start_epoch = start_epoch if start_epoch != 0 else 1
        self.save_dir = os.path.join('../models', save_dir)
        self.loss = CrossEntropyLoss()
        self.num_classes = num_classes

        if resume:
            checkpoint = torch.load(resume)
            if self.start_epoch == 0:
                self.start_epoch = checkpoint['epoch'] + 1
            if not self.save_dir:
                self.save_dir = checkpoint['save_dir']
            self.net.load_state_dict(checkpoint['state_dir'])

        if not os.path.exists(self.save_dir):
            os.makedirs(self.save_dir)

        self.net.cuda()
        self.loss.cuda()
        if devices_num == 2:
            self.net = DataParallel(self.net, device_ids=[0, 1])
        #self.loss = DataParallel(self.loss, device_ids=[0, 1])

    def train(self, train_loader, val_loader, lr=0.001,
              weight_decay=1e-4,
              epochs=200,
```

```
            save_freq=10):

        self.logfile = os.path.join(self.save_dir, 'log')
        sys.stdout = Logger(self.logfile)
        self.epochs = epochs
        self.lr = lr

        optimizer = torch.optim.Adam(
            self.net.parameters(),
            #lr,
            #momentum=0.9,
            weight_decay = weight_decay)

        for epoch in range(self.start_epoch, epochs+1):
            self.train_(train_loader, epoch, optimizer, save_freq)
            self.validate_(val_loader, epoch)

    def train_(self, data_loader, epoch, optimizer, save_freq=10):
        start_time = time.time()

        self.net.train()
        #lr = self.get_lr(epoch)

        #for param_group in optimizer.param_groups:
        #    param_group['lr'] = lr

        metrics = []

        for i, (data, target) in enumerate(tqdm(data_loader)):
            data_t, target_t = data, target
            data = Variable(data.cuda(async=True))
            target = Variable(target.cuda(async=True))

            output = self.net(data)             #UNet 输出结果

            output = output.transpose(1, 3).transpose(1, 2).contiguous().
                view(-1, self.num_classes)
            target = target.view(-1)
            loss_output = self.loss(output, target)

            optimizer.zero_grad()
            loss_output.backward()              #反向传播 Loss
            optimizer.step()

            loss_output = loss_output.data[0] #Loss 数值
            acc = accuracy(output, target)
            metrics.append([loss_output, acc])

            if i == 0:
                batch_size = data.size(0)
                _, output = output.data.max(dim=1)
```

```
                output = output.view(batch_size, 1, 1, 320, 480).cpu() #预测结果图
                data_t = data_t[0, 0].unsqueeze(0).unsqueeze(0)      #原 img 图
                target_t = target_t[0].unsqueeze(0)                  #gt 图
                t = torch.cat([output[0].float(), data_t, target_t.float()], 0)
                         #第一个参数为 list，拼接 3 张图像
                #show_list = []
                #for j in range(10):
                #     show_list.append(data_t[j, 0].unsqueeze(0).unsqueeze(0))
                #     show_list.append(target_t[j].unsqueeze(0))
                #     show_list.append(output[j].float())
                #
                #t = torch.cat(show_list, 0)
                torchvision.utils.save_image(t,"temp_image/%02d_train.jpg"%epoch, nrow=3)

            #if i == 20:
            #    break

        if epoch % save_freq == 0:
            if 'module' in dir(self.net):
                state_dict = self.net.module.state_dict()
            else:
                state_dict = self.net.state_dict()

            for key in state_dict.keys():
                state_dict[key] = state_dict[key].cpu()

            torch.save({
                'epoch' : epoch,
                'save_dir' : self.save_dir,
                'state_dir' : state_dict},

                os.path.join(self.save_dir, '%03d.ckpt' % epoch))

        end_time = time.time()

        metrics = np.asarray(metrics, np.float32)
        self.print_metrics(metrics, 'Train', end_time-start_time, epoch)

    def validate_(self, data_loader, epoch):
        start_time = time.time()

        self.net.eval()
        metrics = []
        for i, (data, target) in enumerate(data_loader):
            data_t, target_t = data, target
            data = Variable(data.cuda(async=True), volatile = True)
            target = Variable(target.cuda(async=True), volatile = True)

            output = self.net(data)
            output = output.transpose(1, 3).transpose(1, 2).contiguous().
                view(-1, self.num_classes)
```

```
            target = target.view(-1)
            loss_output = self.loss(output, target)

            loss_output = loss_output.data[0]
            acc = accuracy(output, target)
            metrics.append([loss_output, acc])

            if i == 0:
                batch_size = data.size(0)
                _, output = output.data.max(dim=1)
                output = output.view(batch_size, 1, 1, 320, 480).cpu()
                data_t = data_t[0, 0].unsqueeze(0).unsqueeze(0)
                target_t = target_t[0].unsqueeze(0)
                t = torch.cat([output[0].float(), data_t, target_t.float()], 0)
            #     show_list = []
            #     for j in range(10):
            #         show_list.append(data_t[j, 0].unsqueeze(0).unsqueeze(0))
            #         show_list.append(target_t[j].unsqueeze(0))
            #         show_list.append(output[j].float())
            #
            #     t = torch.cat(show_list, 0)
                torchvision.utils.save_image(t,"temp_image/%02d_val.jpg"%epoch, nrow=3)
            #if i == 10:
            #     break

        end_time = time.time()

        metrics = np.asarray(metrics, np.float32)
        self.print_metrics(metrics, 'Validation', end_time-start_time)


    def print_metrics(self, metrics, phase, time, epoch=-1):
        """metrics: [loss, acc]
        """
        if epoch != -1:
            print "Epoch: {}".format(epoch),
        print phase,
        print('loss %2.4f, accuracy %2.4f, time %2.2f' % (np.mean(metrics[:,
            0]), np.mean(metrics[:, 1]), time))
        if phase != 'Train':
            print

    def get_lr(self, epoch):
        if epoch <= self.epochs * 0.5:
            lr = self.lr
        elif epoch <= self.epochs * 0.8:
            lr = 0.1 * self.lr
        else:
            lr = 0.01 * self.lr
        return lr
```

```
    def save_py_files(self, path):
        """copy .py files in exps dir, cfgs dir and current dir into
           save_dir, and keep the files structure
        """
        #exps dir
        pyfiles = [f for f in os.listdir(path) if f.endswith('.py')]
        path = "/".join(path.split('/')[-2:])
        exp_save_path = os.path.join(self.save_dir, path)
        mkdir(exp_save_path)
        for f in pyfiles:
            shutil.copy(os.path.join(path, f),os.path.join(exp_save_path,f))
        #current dir
        pyfiles = [f for f in os.listdir('./') if f.endswith('.py')]
        for f in pyfiles:
            shutil.copy(f,os.path.join(self.save_dir,f))
        #cfgs dir
        shutil.copytree('./cfgs', os.path.join(self.save_dir,'cfgs'))

def accuracy(output, target):
    _, pred = output.max(dim=1)
    correct = pred.eq(target)
    return correct.float().sum().data[0] / target.size(0)

class UNetTester(object):
    def __init__(self, model, devices_num=2, color_dim=1, num_classes=2):
        self.net = UNet(color_dim=color_dim, num_classes=num_classes)
        checkpoint = torch.load(model)
        self.color_dim = color_dim
        self.num_classes = num_classes
        self.net.load_state_dict(checkpoint['state_dir'])
        self.net = self.net.cuda()
        if devices_num == 2:
            self.net = DataParallel(self.net, device_ids=[0, 1])
        self.net.eval()

    def test(self, folder, target_dir):
        mkdir(target_dir)
        cracks_files = glob.glob(os.path.join(folder, "*.jpg"))
        print len(cracks_files), "imgs."
        for crack_file in tqdm(cracks_files):
            name = os.path.basename(crack_file)
            save_path = os.path.join(target_dir, name)

            data = cv2.imread(crack_file, cv2.IMREAD_GRAYSCALE)
            output = self._test(data) # 图片结果

            cv2.imwrite(save_path, output)

    def _test(self, data):
        data = data.astype(np.float32) / 255.
        data = np.expand_dims(data, 0)
```

```
        data = np.expand_dims(data, 0)

        input = torch.from_numpy(data)
        height = input.size()[-2]
        width= input.size()[-1]
        input = Variable(input, volatile=True).cuda()
        batch_size = 1

        output = self.net(input)
        output = output.transpose(1, 3).transpose(1, 2).contiguous().view(-1,
            self.num_classes)
        _, output = output.data.max(dim=1)
        output[output>0] = 255
        output = output.view(height, width)
        output = output.cpu().numpy()

        return output

if __name__ == '__main__':
    parser = argparse.ArgumentParser(description='crack segment')
    parser.add_argument('--train', '-t', help='train data dir', default='')
    parser.add_argument('--resume', '-r', help='the resume model path', default='')
    parser.add_argument('--wd', help='weight decay', type=float, default=1e-4)
    parser.add_argument('--name', help='the name of the model', default='crack_segment')
    parser.add_argument('--sfreq', metavar='SF', default=10, help='model save frequency',
                        type=int)
    parser.add_argument('--test', help='test data dir', default='')
    parser.add_argument('--model', help='crack segment model path', default='')
    parser.add_argument('--target', help='target data dir', default='')
    args = parser.parse_args()
    if args.train:
        masks = glob.glob(os.path.join(args.train, 'mask/*.jpg'))
        masks.sort()
        N = len(masks)
        train_N = int(N * 0.8)
        train_loader = DataLoader(UNetDataset(mask_list=masks[:train_N], phase='train'),
                                  batch_size=8, shuffle=True,
                                  num_workers=32, pin_memory=True)
        val_loader = DataLoader(UNetDataset(mask_list=masks[train_N:], phase='val'),
                                  batch_size=8, shuffle=True,
                                  num_workers=32, pin_memory=True)
        crack_segmentor = UNetTrainer(save_dir=args.name, resume=args.resume,
                                      devices_num=cfg.devices_num)
        crack_segmentor.train(train_loader, val_loader, weight_decay=args.wd)
    if args.test:
        assert args.target, "target path must not be None."
        assert args.target, "model path must not be None."
        crack_segmentor = UNetTester(args.model, devices_num=cfg.devices_num)
        crack_segmentor.test(args.test, args.target)
```

网络结构文件 unet.py 代码如下：

```
import torch
import torch.nn as nn

def filter_for_depth(d):
    return 4*2**d

def conv2x2(in_planes, out_planes, kernel_size=3, stride=1, padding=1): # 卷积层
    return nn.Sequential(nn.Conv2d(in_planes, out_planes, kernel_size, stride,
        padding, bias=False),
            nn.BatchNorm2d(out_planes),
            nn.ReLU(inplace=True))

def upconv2x2(in_planes, out_planes, kernel_size=2, stride=2, padding=0): # 反卷积层
    # Hout = (Hin-1)*stride[0] - 2*padding[0] + kernel_size[0] + output_padding[0]
    # Wout = (Win-1)*stride[1] - 2*padding[1] + kernel_size[1] + output_padding[1]

    return nn.Sequential(nn.ConvTranspose2d(in_planes, out_planes, kernel_size,
        stride, padding, bias=False),
                    nn.BatchNorm2d(out_planes),
                        nn.ReLU(inplace=True))

def pre_block(color_dim):
    """conv->conv"""
    in_filter = color_dim
    out_filter = filter_for_depth(0)

    layers = []
    layers.append(conv2x2(in_filter, out_filter))
    layers.append(conv2x2(out_filter, out_filter))

    return nn.Sequential(*layers)

def contraction(depth):
    """downsample->conv->conv"""
    assert depth > 0, 'depth <= 0 '

    in_filter = filter_for_depth(depth-1)
    out_filter = filter_for_depth(depth)

    layers = []
    layers.append(nn.MaxPool2d(2, stride=2))
    layers.append(conv2x2(in_filter, out_filter))
    layers.append(conv2x2(out_filter, out_filter))

    return nn.Sequential(*layers)

def upsample(depth):
    in_filter = filter_for_depth(depth)
    out_filter = filter_for_depth(depth-1)
```

```
    return nn.Sequential(upconv2x2(in_filter, out_filter))

def expansion(depth):
    """conv->conv->upsample"""

    assert depth > 0, 'depth <=0 '

    in_filter = filter_for_depth(depth+1)
    mid_filter = filter_for_depth(depth)
    out_filter = filter_for_depth(depth-1)

    layers = []
    layers.append(conv2x2(in_filter, mid_filter))
    layers.append(conv2x2(mid_filter, mid_filter))
    layers.append(upconv2x2(mid_filter, out_filter))

    return nn.Sequential(*layers)

def post_block(num_classes):
    """conv->conv->up"""
    in_filter = filter_for_depth(1)
    mid_filter = filter_for_depth(0)

    layers = []
    layers.append(conv2x2(in_filter, mid_filter))
    layers.append(conv2x2(mid_filter, mid_filter))
    layers.append(nn.Conv2d(mid_filter, num_classes, kernel_size=1))
    return nn.Sequential(*layers)

class UNet(nn.Module):
    def __init__(self, color_dim=3, num_classes=2):
        super(UNet, self).__init__()

        self.input = pre_block(color_dim)
        self.con1 = contraction(1)
        self.con2 = contraction(2)
        self.con3 = contraction(3)
        self.con4 = contraction(4)

        self.up4 = upsample(4)
        self.exp3 = expansion(3)
        self.exp2 = expansion(2)
        self.exp1 = expansion(1)
        self.output = post_block(num_classes)

    def forward(self, x):
        c0 = self.input(x)#(1L, 16L, 512L, 512L)
        c1 = self.con1(c0)#(1L, 32L, 256L, 256L)
        c2 = self.con2(c1)#(1L, 64L, 128L, 128L)
        c3 = self.con3(c2)#(1L, 128L, 64L, 64L)
        c4 = self.con4(c3)#(1L, 256L, 32L, 32L)
```

```
        u3 = self.up4(c4)#(1L, 128L, 64L, 64L)
        u3_c3 = torch.cat((u3, c3), 1)

        u2 = self.exp3(u3_c3)#(1L, 64L, 128L, 128L)
        u2_c2 = torch.cat((u2, c2), 1)

        u1 = self.exp2(u2_c2)
        u1_c1 = torch.cat((u1, c1), 1)

        u0 = self.exp1(u1_c1)
        u0_c0 = torch.cat((u0, c0), 1)

        """print 'c0 : ', c0.size()
        print 'c1 : ', c1.size()
        print 'c2 : ', c2.size()
        print 'c3 : ', c3.size()
        print 'c4 : ', c4.size()
        print 'u3 : ', u3.size()
        print 'u2 : ', u2.size()
        print 'u1 : ', u1.size()
        print 'u0 : ', u0.size()"""

        output = self.output(u0_c0)

        return output

if __name__ == "__main__":
    unet_2d = UNet(1, 2)

    x = torch.rand(1, 1, 320, 480)
    x = torch.autograd.Variable(x)

    print x.size()

    y = unet_2d(x)

    print "------------------------------"
    print y.size()
```

读取数据文件 dataset.py 代码如下：

```
# -*- coding: utf-8 -*-
import argparse
import os, sys, glob
import numpy as np
import cv2
from tqdm import tqdm
from functools import partial
from multiprocessing import Pool

import config as cfg
```

```
from utils import mkdir

import torch
from torch.utils.data import Dataset

class UNetDataset(Dataset):
    def __init__(self, image_list=None, mask_list=None, phase='train'):
        super(UNetDataset, self).__init__()
        self.phase = phase
        #read imgs
        if phase != 'test':
            assert mask_list, 'mask list must given when training'
            self.mask_file_list = mask_list

            self.img_file_list = [f.replace("mask", 'image') for f in mask_list]

            assert len(self.img_file_list) == len(self.mask_file_list), 'the count
                of image and mask not equal'
        if phase == 'test':
            assert image_list, 'image list must given when testing'
            self.img_file_list = image_list

    def __getitem__(self, idx):
        img_name = self.img_file_list[idx]
        img = cv2.imread(img_name, cv2.IMREAD_GRAYSCALE).astype(np.float32) / 255.
        img = np.expand_dims(img, 0)

        mask_name = self.mask_file_list[idx]
        mask = cv2.imread(mask_name, cv2.IMREAD_GRAYSCALE).astype(int)
        mask[mask <= 128] = 0
        mask[mask > 128] = 1
        mask = np.expand_dims(mask, 0)

        assert (np.array(img.shape[1:]) == np.array(mask.shape[1:])).all(),
            (img.shape[1:], mask.shape[1:])
        return torch.from_numpy(img), torch.from_numpy(mask)

    def __len__(self):
        return len(self.img_file_list)


if __name__ == "__main__":
    parser = argparse.ArgumentParser(description='create dataset')
    parser.add_argument('--images', '-l', help='images dir', default='')
    parser.add_argument('--masks', '-m', help='masks dir', default='')
    parser.add_argument('--target', '-t', help='target dir', default='')
    args = parser.parse_args()

    if not args.target:
        from torch.utils.data import DataLoader
        import torchvision
```

```
    mask_list = glob.glob('./crack_seg_dir/mask/*.jpg')
    dataset = UNetDataset(mask_list=mask_list, phase='train')
    data_loader = DataLoader(
        dataset,
        batch_size = 100,
        shuffle = True,
        num_workers = 8,
        pin_memory=False)
    print len(dataset)
    count = 0.
    pos = 0.
    for i, (data, target) in enumerate(data_loader, 0):
        if i % 100 == 0:
            print i
        count += np.prod(data.size())
        pos += (data==1).sum()
    print pos / count
```

这里我们留一部分数据做测试集合，由于该网络是从头开始训练，因此需要迭代的时间会比较久，训练过程打印的信息如下：

```
Uncaught exception. Entering post mortem debugging
Running 'cont' or 'step' will restart the program
(Pdb) (Pdb) (Pdb) (Pdb) (Pdb) (Pdb) (Pdb) (Pdb) (Pdb) Post mortem debugger
     finished. The lung_segment.py will be restarted
(Pdb) torch.Size([8, 1, 320, 480]) torch.Size([8, 1, 320, 480])
torch.Size([8, 2, 320, 480])
torch.Size([1228800, 2]) torch.Size([1228800])
torch.Size([1228800, 2]) torch.Size([1228800])
Epoch: 1 Train loss 0.6964, accuracy 0.6956, time 7.27
Validation loss 0.6674, accuracy 0.9644, time 2.29

Epoch: 2 Train loss 0.6703, accuracy 0.9167, time 4.63
Validation loss 0.6541, accuracy 0.9644, time 2.25

Epoch: 3 Train loss 0.6496, accuracy 0.9611, time 4.66
Validation loss 0.6401, accuracy 0.9644, time 2.26

……

Epoch: 165 Train loss 0.0158, accuracy 0.9941, time 4.67
Validation loss 0.0270, accuracy 0.9910, time 2.26

Epoch: 166 Train loss 0.0158, accuracy 0.9941, time 4.70
Validation loss 0.0270, accuracy 0.9912, time 2.28

Epoch: 167 Train loss 0.0165, accuracy 0.9936, time 4.65
Validation loss 0.0278, accuracy 0.9901, time 2.25

Epoch: 168 Train loss 0.0162, accuracy 0.9938, time 4.64
```

```
Validation loss 0.0273, accuracy 0.9903, time 2.26

Epoch: 169 Train loss 0.0157, accuracy 0.9941, time 4.67
Validation loss 0.0268, accuracy 0.9910, time 2.26
```

下面我们选一个模型来验证一下，结果如图 10-9 所示。

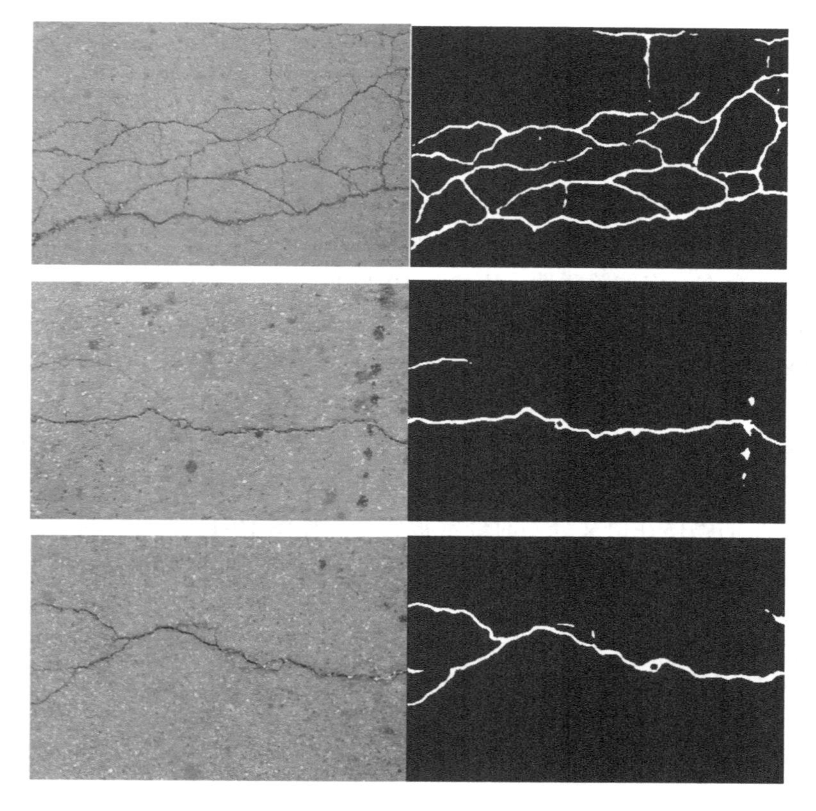

图 10-9　U-Net 预测 CrackForest 结果

10.1.3　SegNet

与 U-Net 结构类似，SegNet 也是分割网络，并由编码器、解码器、像素级分类器 3 个部分组成。这里有个比较有意思的想法，那就是考虑到普通卷积神经网络在做下采样的过程中，其空间分辨率有所损失，然而边缘轮廓对分割问题而言比较重要，因此这种下采样带来的分辨率损失还是会有不小的影响，所以，如果能在下采样之前获取并存储边缘信息，那么理论上是可以提升分割的效果的。因此 SegNet 提出，在下采样时获取 Max-Pooling 的索引，即为每个特征层在每个下采样滑窗上记录 Max-Pooling 的位置和最大值 [3]。然后，在上采样的时候将对应 Max-Pooling 的索引位置映射回去，之后再通过卷积进行学习。

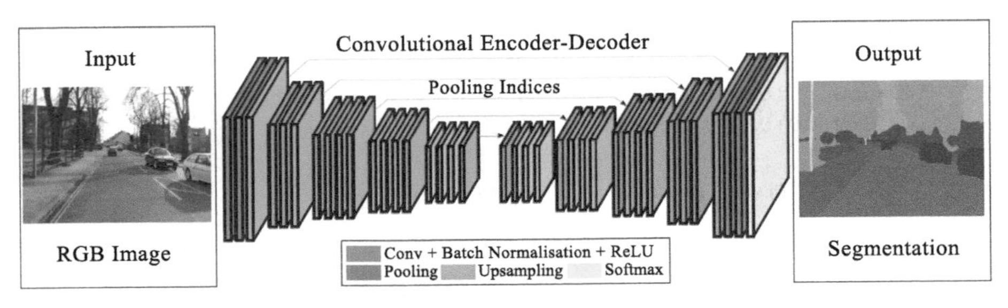

图 10-10　SegNet 的网络结构

10.1.4　PSPNet

PSPNet[4] 在之前介绍的 FCN、U-Net、SegNet 的基础上，考虑了上下文和局部的信息去做预测，融合了不同尺度的池化模块。具体说明如下。

1）语义之间存在一定的关联性，比如图 10-11 的第一行，传统 FCN 将“船”预测成了“汽车”，但如果考虑上下文信息就可以知道，“汽车”是不可能出现在“河”上面的。

2）对于易混淆的类，如图 10-11 第二行的“摩天大楼”，传统 FCN 将该物体的一部分分割为“摩天大楼”，一部分分割为“建筑”，而实际上这是同一个物体，或者被分为“摩天大楼”，或者被分为“建筑”，而不是两者都有。产生这种问题的原因是没有考虑局部的物体信息。

3）一些细小的物体在语义分割时经常被忽略，如图 10-11 第三行的“枕头”。“枕头”的花色和床单很接近从而导致被 FCN 误分类，如果我们更加关注局部特征的获取，那么这里就可以更好地区分出“枕头”与“床”。

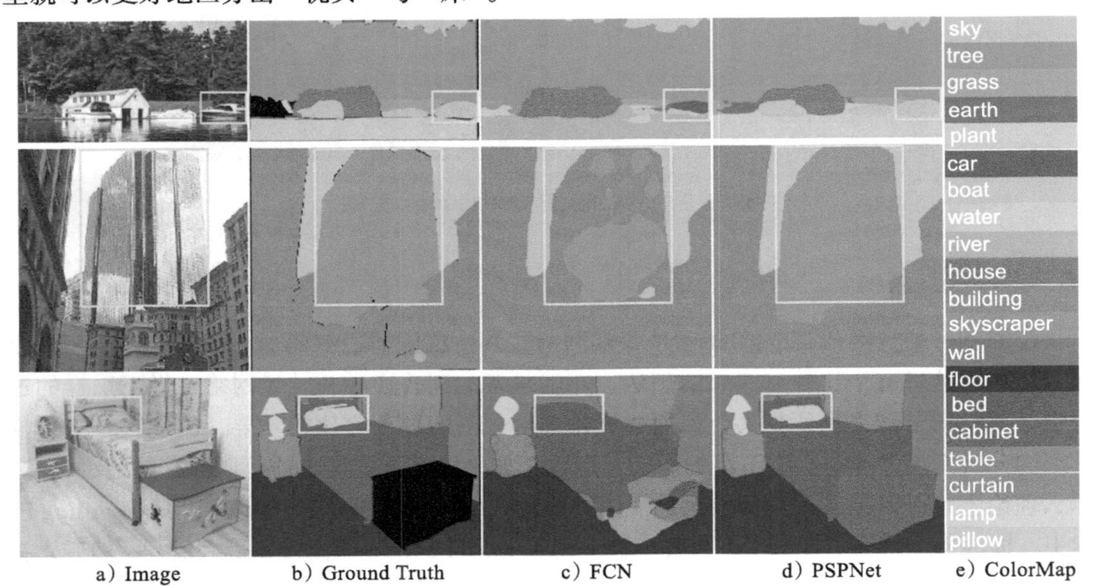

图 10-11　语义分割容易出现的问题

PSPNet 的具体做法如图 10-12 所示，图 10-12 对特征层使用 4 个不同的尺度进行池化：第一个红色部分是全局池化，第二个黄色是将特征层分为 4 块不同的子区域进行池化，后面蓝色、绿色的层以此类推。池化后为了保证不同尺度的权重，通过 1*1 的卷积对特征层降维到 $1/N$（N 为不同尺度的数量，这里是 4）。然后将 N 个降维后的特征层上采样到原特征层尺寸并与原特征层进行合并，最终形成多尺度融合后的特征层。

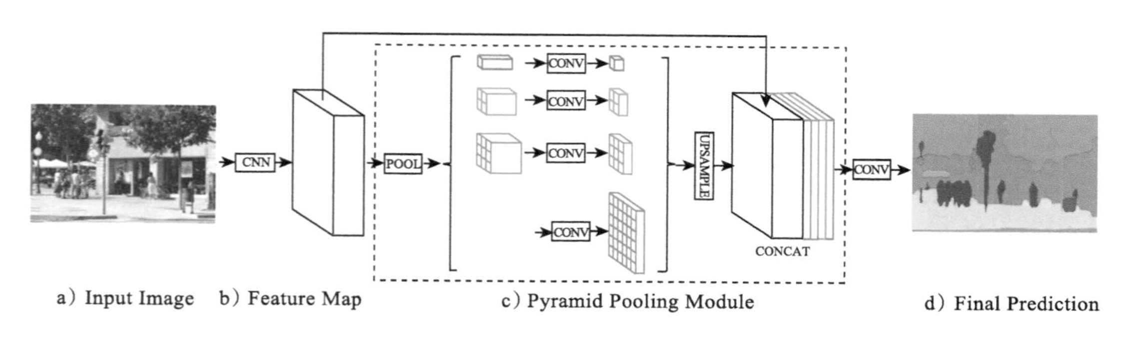

图 10-12　PSPNet 的网络结构

10.2　实例分割

首先回忆一下之前我们学过的知识，目标检测是将图片中的物体位置检测出来并给出相应的物体类别，语义分割是给出每个像素的类别，只区分类别，不区分是否为同一个物体，而实例分割则是要给出类别并区分出不同的物体，如图 10-13 所示。

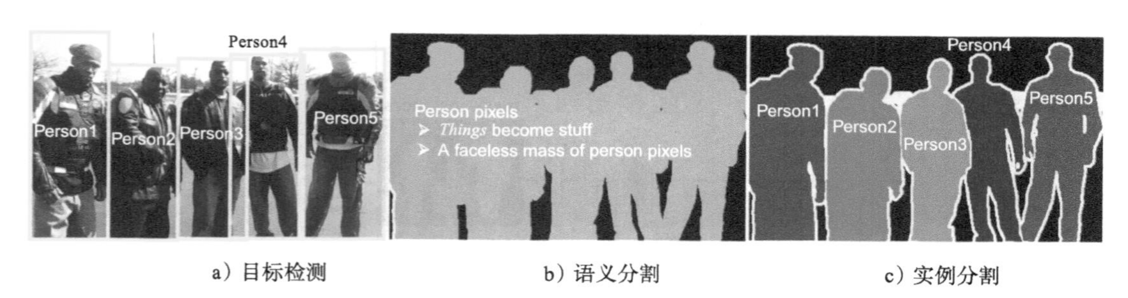

图 10-13　检测、分割任务对比

大家可以先思考一下，根据现有的知识应该如何设计实例分割网络。其实不难想到，由于实例分割需要识别出“每一个物体”，因此需要进行目标检测，而它又需要得到像素级别分割的结果，因此还需要将语义分割的方法融合进来，这实际上是一个多任务学习的方法。多任务学习通常具有两种方式（如图 10-14 所示）：一种是堆叠式，即将不同的任务通过某种方式连接起来进行训练；另一种是扁平式，即每个任务单独训练。接下来本书将分别介绍如何使用这两种不同的方式实现实例分割。

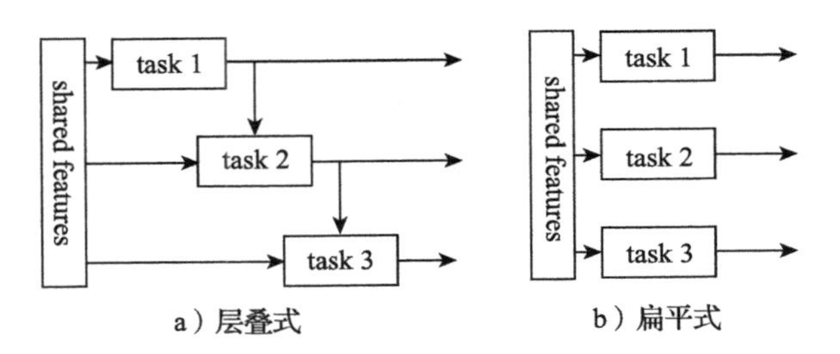

图 12-14　多任务学习中“head”的设定方法

10.2.1　层叠式

这里首先介绍一下 2015 年的一篇文章《Instance-aware Semantic Segmentation via Multi-task Network Cascades》[5]，该方法虽然不是做实例分割的最好方法，但这种层叠式的“head”也是一种方法，可供读者拓宽思路。层叠式方法具体可分为 3 个步骤，如图 12-15 所示。

1）检测——使用 Faster R-CNN 的 RPN 方法预测所有潜在物体的 bbox（这里只做二分类区分是不是物体）。

2）分割——将步骤 1）的 ROI 压缩到指定尺寸（论文中是 14*14*128），通过两个全连接层（用来降维）后预测每个像素点是不是物体。

3）分类——将步骤 1）和步骤 2）的结果统一到一个尺寸做元素级点乘，再过两个全连接层后对每个 ROI 进行分类预测。

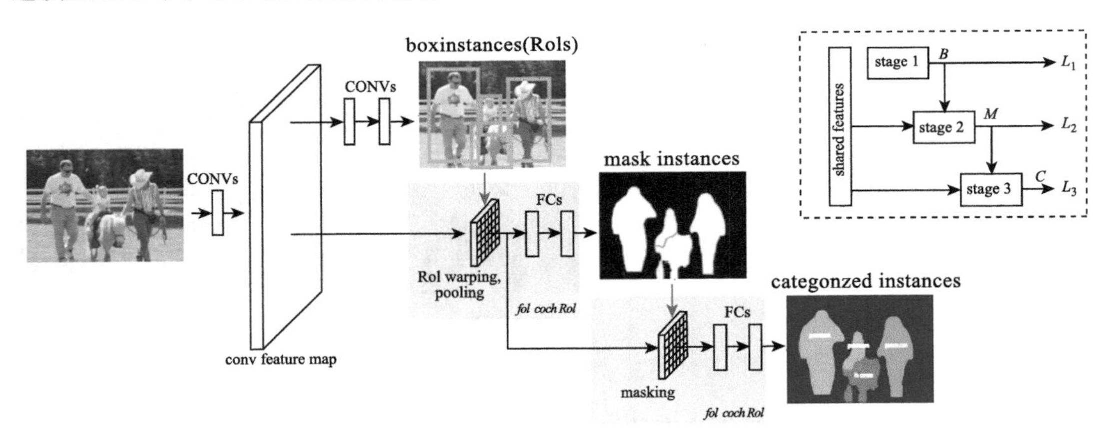

图 10-15　层叠式实例分割网络结构

10.2.2　扁平式

还有一种比较简单的思路，由于目标检测的结果既有紧贴着目标的矩形框，又有矩形框里目标的类别，那么是否可以基于目标检测的结果，直接在上面做 FCN 实现像素级分割呢。答案是肯定的，Mask-RCNN 做的就是这样的事情。Mask-RCNN[6] 是在目前业界公认的效果较好的检测模型 Faster R-CNN 的基础上直接添加第三个分割分支，如图 10-16 所示，这也是图 10-14b 扁平式方法进行多任务预测的一种方式。由于 Faster R-CNN 已经有了 bbox 和 bbox 的类别，因此如何定义第三个分割分支的学习方法就是关键。对于指定区域（压缩后的 ROI）进行分割比较容易想到的就是本章前面介绍的全连接网络（FCN）。简单回忆一下：FCN 首先让图片通过下采样（卷积或池化）对图片进行压缩，而后又通过上采样（反卷积或反池化）对图片进行还原，最终针对还原后的特征层上的每个点使用多类 Softmax 逐一进行类别预测。因此，Mask-RCNN 的 head 设计如图 10-16 所示，即在 Faster R-CNN 的最后一个特征层（7*7*2048）上进行上采样（反卷或反池化），然后再对上采样后的特征层进行像素级预测。这里需要注意的是，输出层是 14*14*80（80 是需要预测的类别个数），而不是 Softmax 对应 1 个 channel，原因是 Mask-RCNN 的作者将每个 channel 看作一个类别，每个 channel 只采用 2 分类的 Sigmoid 来预测该点是否属于该类物品。

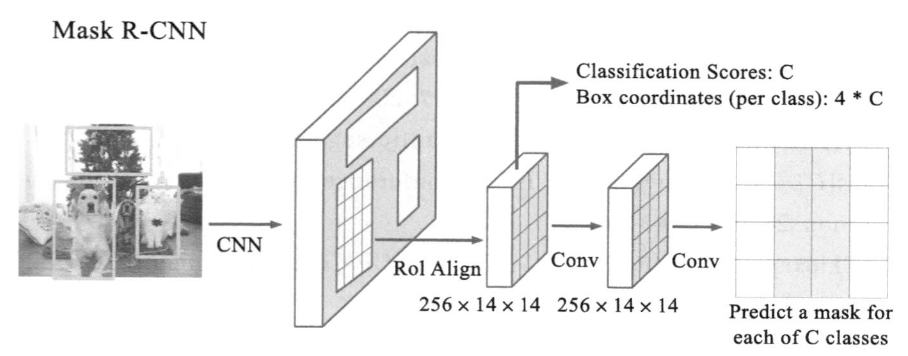

图 10-16　Mask R-CNN 的网络结构

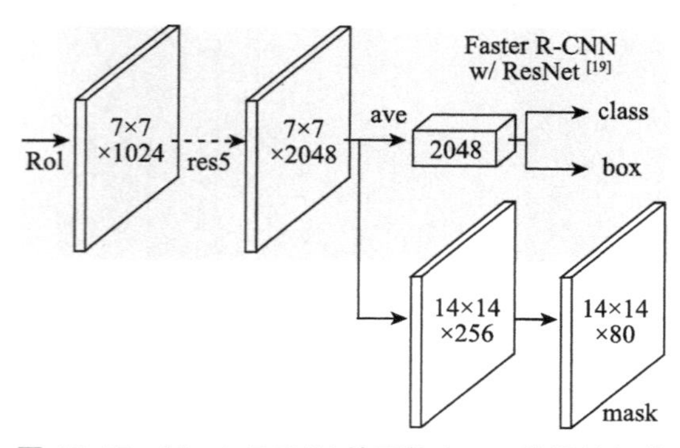

图 10-17　Mask-RCNN 的网络 head 的设计细节

10.3　本章小结

语义分割问题的难度介于图像分类和目标检测之间，主要是在网络结构的设计上进行调整，如何设计下采样和上采样的方法和方式是关键。而实例分割则通常是在目标检测问题的基础上进行的，流程的设计是关键。

10.4 参考文献

[1] Long J, Shelhamer E, Darrell T. Fully convolutional networks for semantic segmentation[C]//Proceedings of the IEEE conference on computer vision and pattern recognition. 2015: 3431-3440.

[2] Ronneberger O, Fischer P, Brox T. U-Net: Convolutional networks for biomedical image segmentation[C]//International Conference on Medical image computing and computer-assisted intervention. Springer, Cham, 2015: 234-241.

[3] Badrinarayanan V, Kendall A, Cipolla R. Segnet: A deep convolutional encoder-decoder architecture for image segmentation[J]. arXiv preprint arXiv:1511.00561, 2015.

[4] Zhao H, Shi J, Qi X, et al. Pyramid scene parsing network[C]//IEEE Conf. on Computer Vision and Pattern Recognition (CVPR). 2017: 2881-2890.

[5] Dai J, He K, Sun J. Instance-aware semantic segmentation via multi-task network cascades[C]//Proceedings of the IEEE Conference on Computer Vision and Pattern Recognition. 2016: 3150-3158.

[6] He K, Gkioxari G, Dollár P, et al. Mask r-cnn[C]//Computer Vision (ICCV), 2017 IEEE International Conference on. IEEE, 2017: 2980-2988.

[7] Fei-Fei Li, Justin Johnson, Serena Yeung et al. CS231n: Convolutional Neural Networks for Visual Recognition.

11 CHAPTER

第 11 章 产生式模型

机器学习中包含三大类问题：有监督学习、无监督学习以及强化学习。训练数据集中主要包含 2 类元素：数据 x 以及标签 y。当数据集中 x、y 均为已知时，待解决的问题为有监督学习；当已知数据 x 但不知道标签 y 时，待解决的问题即为无监督学习。前几章介绍的分类、检测、分割均为有监督学习。接下来本章将介绍图像领域中的无监督学习方法以及它们的应用。

11.1 自编码器

自编码器（Autoencoder）从不带标签的数据中学习低维特征表达。如图 11-1 所示，其中，z 的维度小于 x，因为 z 是待学习的，更能抓住数据的主要变化特征。那么应通过什么方式来学习 z 这样的特征表达呢？在没有标签数据的情况下，可以使用"自编码器"，即通过对原图进行编码→解码的过程来构造 z，同时使得解码后重构的 x 应尽可能与 x 相同。通过这种无监督（无标签数据）的方式训练后再将解码器去掉，留下的 z 即为特征提取器。通常来说，特征提取器可以用作有监督学习的初始化，这些有监督学习的带标记样本数量通常很少，但由于经过了大量的"自学习"，其已经具备了一定的特征提取能力，所以能使只有少量标注数据的任务更快收敛。

11.2 对抗生成网络

对抗生成网络（Generative Adversarial Nets，GAN）是由 Ian Goodfellow 于 2014 年提出的，是一种通过博弈（自我学习）来得到目标的学习方式[1]。它通过学习"产生器"和"判别器"来产生与训练数据分布一样的图片。其中，产生器（有时也称"生成器"）将尽可能地生成与训练集分布一致的数据，使得生成的数据（“假”数据）尽可能地像真实数据；“判别器”将尽可能地区分真实数据和产生器生成的“假”数据，如图 11-2 所示。图 11-2 中随机图片 z 通过产生器生成假数据（造出来的图片），而与之对应的则是从训练数据集中获取的真实图片，判别模型的任务是判断一张图片是从产生式模型生成的“假”数据还是从训练数据集中得到的“真”数据。一个完美的 GAN 产生的假动作会使得判别器无法分辨真假。

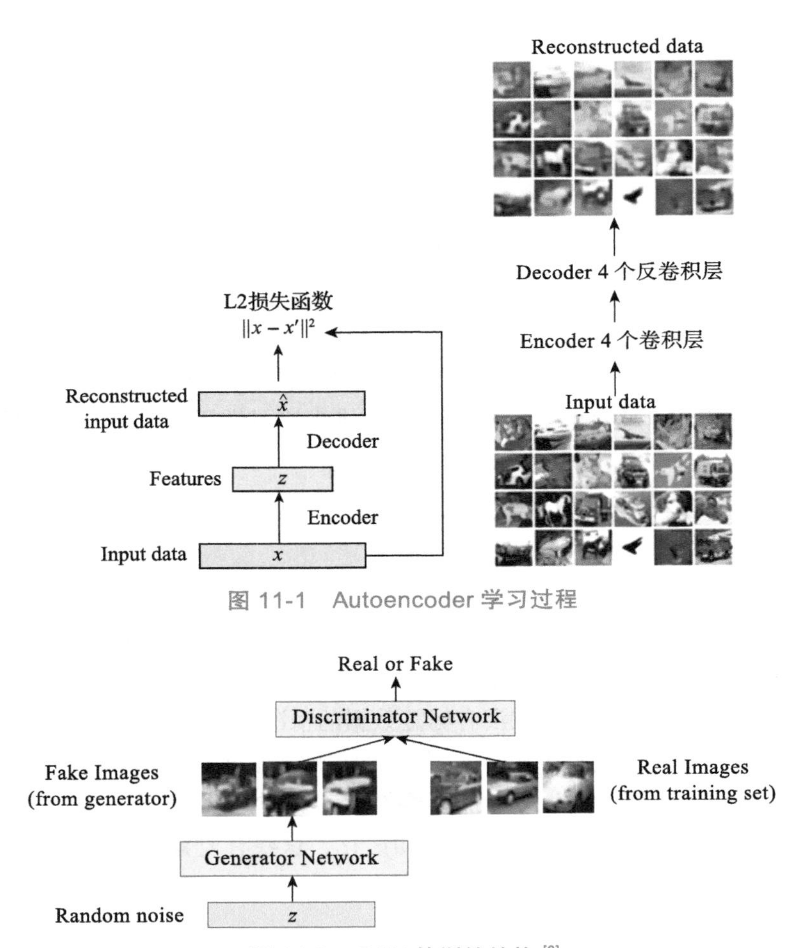

图 11-1　Autoencoder 学习过程

图 11-2　GAN 的训练结构 [8]

假设 x 表示图像，$D(x)$ 表示判别网络，是一个二元分类器，那么它的输出即为图片 x 来自训练数据（而不是产生网络输出的假图片）的概率。对于产生网络，首先定义从标准正态分布中采样的向量 z，则 $G(z)$ 表示将向量 z 映射到图像空间的生成器函数。G 的目标是估计训练数据的分布（p_{data}），以便生成假样本。因此，$D(G(z))$ 是产生网络 G 的输出是真实图像的概率。即判别网络 D 和产生网络 G 在做一个极小极大的博弈，其中 D 试图最大化它正确分辨真假数据（$\log D(x)$）的概率，而 G 试图最小化 D 预测其输出是假的概率（$\log(1-d(G(X)))$）。论文中给出了 GAN 损失函数的计算公式：

$$\min_G \max_D V(D,G) = \mathbb{E}_{x\sim p}\text{data}(x)[\log D(x)] + \mathbb{E}_{z\sim p_z(z)}[\log(1-D(G(x)))] \tag{11-1}$$

理论上，这个极小极大博弈的解决方案是 $p_g = p_{\text{data}}$（p_g 为产生网络 G 估计的数据分布）。然而，GAN 的收敛难度较高，理论仍在积极研究中，实际模型并不总是训练到这一点。

经过“对抗”方式训练之后的网络，我们取图 11-3 的左半部分产生器生成的图片即可。图 11-4 是从产生器生成的一些例子，其中每组图最右侧的一列为与产生的“假图”最接近的图片。我们可以看出，产生器并不会“记住”训练数据中的图片，同时也可以看到“生成”的图片并不清晰，尤其是彩色图，质量明显逊于训练集中的真实图片。

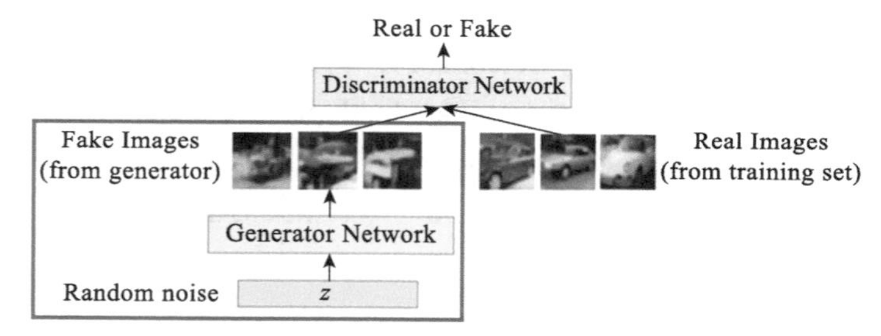

图 11-3　GAN 最终使用的产生器 [8]

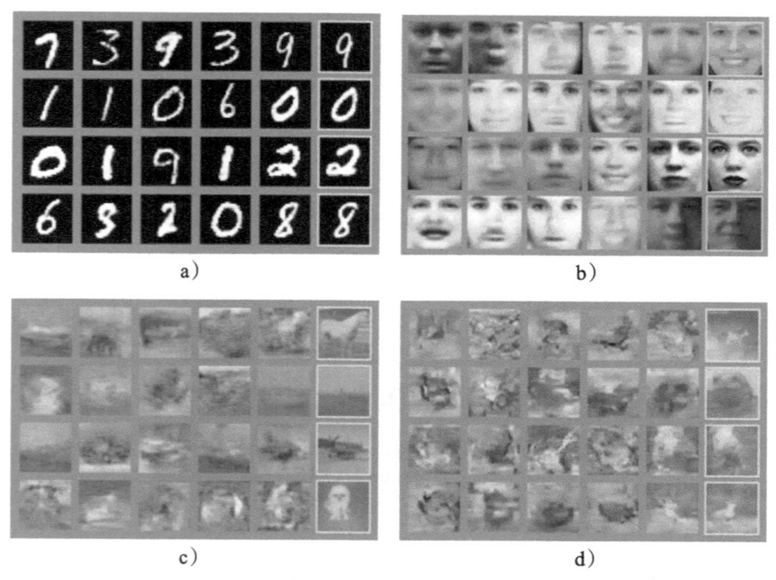

图 11-4　产生器生成的一些假图的例子

11.3　DCGAN 及实战

DCGAN（Deep Convolutional Generative Adversarial Network）[2] 由 Radford 等人提出，

结合了深度卷积神经网络和 GAN，并对上述 GAN 进行了扩展。DCGAN 将 GAN 中的产生器 G 和判别器 D 都换成了卷积神经网络，并对其中的卷积做了一些改动以提高收敛速度，具体如下。

1）用不同步长的卷积层替换所有 Pooling 层。

2）在 D 和 G 中均使用 BatchNorm 层。

3）在 G 网络中，除最后一层使用 tanh 以外，其余层均使用 ReLU 作为激活函数。

4）D 网络均使用 LeakyRelu 作为激活函数。

11.3.1　数据集

接下来，我们通过一个实战案例来进一步了解 DCGAN 内部的细节，其网络结果如图 11-5 所示。这里使用的训练数据为 CelebFaces，它是一个有着超过 20 万张明星图片的大型数据集。读者可以从 http://mmlab.ie.cuhk.edu.hk/projects/CelebA.html 下载该数据集。下载好的数据集名称为 img_align_celeba.zip，接下来创建 celeba 文件夹并将 zip 文件解压缩到 celeba 文件夹中，celeba 即为 dataroot 变量（即数据集的根目录）。

数据格式如下：

```
data/celeba
    -> img_align_celeba
        -> 188242.jpg
        -> 173822.jpg
        -> 284702.jpg
        -> 537394.jpg
           ...
```

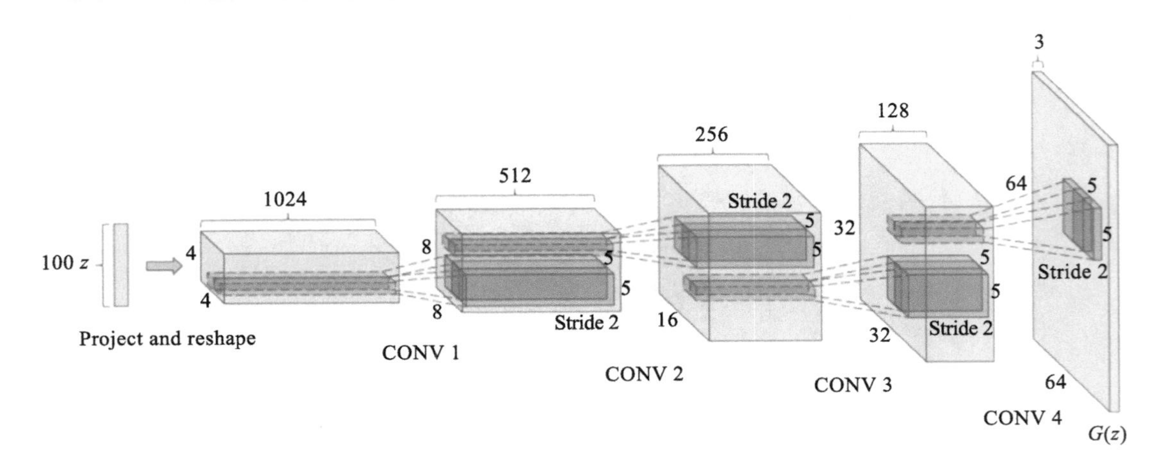

图 11-5　下面实战案例中的 DCGAN 结构

后续代码将按此格式来处理数据。下面的代码去除展示部分可以生成 run_dcgan.py 直接运行，但请注意，如果后续要展示结果图片，则需要保存相应的变量。具体代码如下：

```
# -*- coding: utf-8 -*-
from __future__ import print_function
#%matplotlib inline
import argparse
import os
import random
import torch
import torch.nn as nn
import torch.nn.parallel
import torch.backends.cudnn as cudnn
import torch.optim as optim
import torch.utils.data
import torchvision.datasets as dset
import torchvision.transforms as transforms
import torchvision.utils as vutils
import numpy as np
import matplotlib.pyplot as plt
import matplotlib.animation as animation
from IPython.display import HTML

# 设置随机种子
manualSeed = 999
#manualSeed = random.randint(1, 10000) # 想获取新结果时使用
print("Random Seed: ", manualSeed)
random.seed(manualSeed)
torch.manual_seed(manualSeed)

dataroot = "data/celeba"                    # 数据集的根目录
workers = 2                                 # 载入数据的线程数量
batch_size = 128                            # 训练过程 batch 的大小
image_size = 64                             # 训练图片的大小，所有图片均需要缩放到这个尺寸
nc = 3                                      # 通道数量，通常彩色图就是 RGB 三个值
nz = 100                                    # 产生网络输入向量的大小
ngf = 64                                    # 产生网络特征层的大小
ndf = 64                                    # 判别网络特征层的大小
num_epochs = 5                              # 训练数据集迭代次数
lr = 0.0002                                 # 学习率
beta1 = 0.5                                 #Adam 最优化方法中的超参 beta1
ngpu = 1                                    # 可用的 GPU 数量（0 为 CPU 模式）


# 创建数据集（包含各种初始化）
dataset = dset.ImageFolder(root=dataroot,
                           transform=transforms.Compose([
                               transforms.Resize(image_size),
                               transforms.CenterCrop(image_size),
                               transforms.ToTensor(),
                               transforms.Normalize((0.5, 0.5, 0.5), (0.5, 0.5, 0.5)),
                           ]))
# 创建数据载入器 DataLoader
dataloader = torch.utils.data.DataLoader(dataset, batch_size=batch_size,
```

```
                                         shuffle=True, num_workers=workers)

# 设置训练需要的处理器
device = torch.device("cuda:0" if (torch.cuda.is_available() and ngpu > 0) else "cpu")

#### 展示一些训练数据 ####
real_batch = next(iter(dataloader))
plt.figure(figsize=(8,8))
plt.axis("off")
plt.title("Training Images")
plt.imshow(np.transpose(vutils.make_grid(real_batch[0].to(device)[:64],
    padding=2, normalize=True).cpu(),(1,2,0)))
```

图 11-6　CelebFaces 一些数据的展示

11.3.2　网络设置

首先对网络权重进行初始化设置。在 DCGAN 的论文中，作者将所有模型的权重都从均值为 0，标准为 0.2 的正态分布中随机选取。下面的 weights_init 函数在随机初始化之后使用，因此输入为随机初始化的模型，其在内部对卷积、BatchNorm 层重新根据 N(0.0.2) 的正态分布进行初始化。初始化代码如下：

```
def weights_init(m):
```

```
    classname = m.__class__.__name__
    if classname.find('Conv') != -1:
        nn.init.normal_(m.weight.data, 0.0, 0.02)
    elif classname.find('BatchNorm') != -1:
        nn.init.normal_(m.weight.data, 1.0, 0.02)
        nn.init.constant_(m.bias.data, 0)
```

11.3.3　构建产生网络

本节将构建产生网络的结构并将其实例化。由于我们的数据是图像，因此随机噪声向量 z 应该是一个与训练图像大小相同的 RGB 图像，其大小为 3*64*64。产生网络是通过一系列二维反卷积层 +BatchNorm 层 +ReLU 激活层构建的。产生网络的输出经过 tanh 函数，使最终的数据范围为 [−1,1]。这里需要注意一下的是，反卷积之后需要有 BatchNorm 层（论文中说明了它的重要性，主要是在训练期间有助于深度网络形成更稳定的梯度流）。下面给出构建产生网络以及实例化的代码，代码中将输入向量长度 *nz*、特征层大小 *ngf* 和输出图片的通道数量 *nc* 都设置为变量。图 11-5 中所示的结构对应的 *nz*=100、*ngf*=128、*nc*=3（RGB 图像即为 3）。

构建产生网络的代码具体如下：

```
# 构建产生网络的代码
class Generator(nn.Module):
    def __init__(self, ngpu):
        super(Generator, self).__init__()
        self.ngpu = ngpu
        self.main = nn.Sequential(
            # 输入向量 z，通过第一个反卷积
            # 将 100 的向量 z 输入，输出 channel 设置为 (ngf*8)，经过如下操作
            # class torch.nn.ConvTranspose2d(in_channels, out_channels, kernel_
                size, stride=1, padding=0, output_padding=0, groups=1,
                bias=True, dilation=1)
            # 后得到 (ngf*8) * 4 * 4，即长宽为 4，channel 为 ngf*8 的特征层
            nn.ConvTranspose2d( nz, ngf * 8, 4, 1, 0, bias=False),
            # 这里的 Conv-Transpose2d 类似于 deconv，前面第 10 章已介绍过其原理
            nn.BatchNorm2d(ngf * 8),
            nn.ReLU(True),

            # 继续对特征层进行反卷积操作，得到长宽为 8，channel 为 ngf*4 的特征层 (ngf*4) * 8 * 8
            nn.ConvTranspose2d(ngf * 8, ngf * 4, 4, 2, 1, bias=False),
            nn.BatchNorm2d(ngf * 4),
            nn.ReLU(True),

            # 继续对特征层进行反卷积操作，得到长宽为 16，channel 为 ngf*2 的特征层 (ngf*2) * 16 * 16
            nn.ConvTranspose2d( ngf * 4, ngf * 2, 4, 2, 1, bias=False),
            nn.BatchNorm2d(ngf * 2),
            nn.ReLU(True),

            # 继续对特征层进行反卷积操作，得到长宽为 32，channel 为 ngf 的特征层 (ngf) * 32 * 32
```

```
            nn.ConvTranspose2d( ngf * 2, ngf, 4, 2, 1, bias=False),
            nn.BatchNorm2d(ngf),
            nn.ReLU(True),

            # 继续对特征层进行反卷积操作，得到长宽为 64，channel 为 nc 的特征层 (nc) * 64 * 64
            nn.ConvTranspose2d( ngf, nc, 4, 2, 1, bias=False),
            nn.Tanh()
        )

    def forward(self, input):
        return self.main(input)

####################################################################
#### 将产生网络实例化 ####
# 创建生成器
netG = Generator(ngpu).to(device)

# 处理多 GPU 情况
if (device.type == 'cuda') and (ngpu > 1):
    netG = nn.DataParallel(netG, list(range(ngpu)))

# 应用 weights_init 函数对随机初始化进行重置，改为服从 mean=0, stdev=0.2 的正态分布的初始化
netG.apply(weights_init)
```

打印网络，以查看产生网络的结构：

```
print(netG)
```

输出结果如下：

```
Generator(
  (main): Sequential(
    (0): ConvTranspose2d(100, 512, kernel_size=(4, 4), stride=(1, 1), bias=False)
    (1): BatchNorm2d(512, eps=1e-05, momentum=0.1, affine=True, track_running_stats=True)
    (2): ReLU(inplace)
    (3): ConvTranspose2d(512, 256, kernel_size=(4, 4), stride=(2, 2), padding=(1, 1), bias=False)
    (4): BatchNorm2d(256, eps=1e-05, momentum=0.1, affine=True, track_running_stats=True)
    (5): ReLU(inplace)
    (6): ConvTranspose2d(256, 128, kernel_size=(4, 4), stride=(2, 2), padding=(1, 1), bias=False)
    (7): BatchNorm2d(128, eps=1e-05, momentum=0.1, affine=True, track_running_stats=True)
    (8): ReLU(inplace)
    (9): ConvTranspose2d(128, 64, kernel_size=(4, 4), stride=(2, 2), padding=(1, 1), bias=False)
    (10): BatchNorm2d(64, eps=1e-05, momentum=0.1, affine=True, track_running_stats=True)
    (11): ReLU(inplace)
    (12): ConvTranspose2d(64, 3, kernel_size=(4, 4), stride=(2, 2), padding=(1, 1), bias=False)
    (13): Tanh()
  )
)
```

11.3.4　构建判别网络

本节将给出构建判别网络结构以及将其实例化的代码。这里的判别网络是一个二分类网络，它的输入是一张 3*64*64 的图片，输出是该张图片是真图片的概率。构建判别网络的代码如下：

```
# 判别网络的代码
class Discriminator(nn.Module):
    def __init__(self, ngpu):
        super(Discriminator, self).__init__()
        self.ngpu = ngpu
        self.main = nn.Sequential(
            # 输入为一张宽高均为 64，channel 为 nc 的一张图片，得到宽高均为 32，channel 为 ndf
             的一张图片 (ndf) * 32 * 32
            nn.Conv2d(nc, ndf, 4, 2, 1, bias=False),
            nn.LeakyReLU(0.2, inplace=True),

            # 经过第 2 次卷积操作后得到宽高均为 16，channel 为 ndf*2 的一张图片 (ndf*2) * 16 * 16
            nn.Conv2d(ndf, ndf * 2, 4, 2, 1, bias=False),
            nn.BatchNorm2d(ndf * 2), # 使用大尺度的步长来代替采样 (pooling)，这样可以
                                       更好地学习降采样的方法
            nn.LeakyReLU(0.2, inplace=True),
            # 经过第 3 次卷积操作后得到宽高均为 8，channel 为 ndf*4 的一张图片 (ndf*4) * 8 * 8
            nn.Conv2d(ndf * 2, ndf * 4, 4, 2, 1, bias=False),
            nn.BatchNorm2d(ndf * 4),
            nn.LeakyReLU(0.2, inplace=True),
            # 经过第 4 次卷积操作后得到宽高均为 4，channel 为 ndf*8 的一张图片 (ndf*8) * 4 * 4
            nn.Conv2d(ndf * 4, ndf * 8, 4, 2, 1, bias=False),
            nn.BatchNorm2d(ndf * 8),
            nn.LeakyReLU(0.2, inplace=True),
            # 经过第 5 次卷积并过 Sigmoid 层，最终得到一个概率输出值
            nn.Conv2d(ndf * 8, 1, 4, 1, 0, bias=False),
            nn.Sigmoid()                # 最终通过 Sigmoid 激活函数输出该张图片是真实图片的概率
        )

    def forward(self, input):
        return self.main(input)

#### 将判别网络实例化 ####
# 创建判别器
netD = Discriminator(ngpu).to(device)

# 处理多 GPU 情况
if (device.type == 'cuda') and (ngpu > 1):
    netD = nn.DataParallel(netD, list(range(ngpu)))

# 应用 weights_init 函数对随机初始化进行重置，改为服从 mean=0, stdev=0.2 的正态分布的初始化
netD.apply(weights_init)
```

打印网络，以查看判别网络的结构：

```
print(netD)
```

输出结果如下：

```
Discriminator(
    (main): Sequential(
        (0): Conv2d(3, 64, kernel_size=(4, 4), stride=(2, 2), padding=(1, 1), bias=False)
        (1): LeakyReLU(negative_slope=0.2, inplace)
        (2): Conv2d(64, 128, kernel_size=(4, 4), stride=(2, 2), padding=(1, 1), bias=False)
        (3): BatchNorm2d(128, eps=1e-05, momentum=0.1, affine=True, track_running_stats=True)
        (4): LeakyReLU(negative_slope=0.2, inplace)
        (5): Conv2d(128, 256, kernel_size=(4, 4), stride=(2, 2), padding=(1, 1), bias=False)
        (6): BatchNorm2d(256, eps=1e-05, momentum=0.1, affine=True, track_running_stats=True)
        (7): LeakyReLU(negative_slope=0.2, inplace)
        (8): Conv2d(256, 512, kernel_size=(4, 4), stride=(2, 2), padding=(1, 1), bias=False)
        (9): BatchNorm2d(512, eps=1e-05, momentum=0.1, affine=True, track_running_stats=True)
        (10): LeakyReLU(negative_slope=0.2, inplace)
        (11): Conv2d(512, 1, kernel_size=(4, 4), stride=(1, 1), bias=False)
        (12): Sigmoid()
    )
)
```

11.3.5 定义损失函数

定义损失函数并定义产生网络和判别网络的优化方法。在这里，损失函数使用的是二元交叉熵，优化方法使用的是 Adam。定义损失函数的代码具体如下：

```
# 初始化二元交叉熵损失函数
criterion = nn.BCELoss()

# 创建一个 batch 大小的向量 z，即产生网络的输入数据
fixed_noise = torch.randn(64, nz, 1, 1, device=device)

# 定义训练过程的真图片 / 假图片的标签
real_label = 1
fake_label = 0

# 为产生网络和判别网络设置 Adam 优化器
optimizerD = optim.Adam(netD.parameters(), lr=lr, betas=(beta1, 0.999))
optimizerG = optim.Adam(netG.parameters(), lr=lr, betas=(beta1, 0.999))
```

11.3.6 训练过程

本节将给出 GAN 训练过程的代码。GAN 很不好训练，很多超参数都需要仔细调整，稍有不慎便不收敛。为了更好地训练 GAN，这里对于真图片和假图片构建不同的 batch 并且分别进行训练。整个训练分为两个部分：第一部分更新判别网络，第二部分更新产生网络。训练过程的代码具体如下：

```
# 训练过程：主循环
img_list = []
G_losses = []
D_losses = []
iters = 0

print("Starting Training Loop...")
for epoch in range(num_epochs):                         # 训练集迭代的次数
    for i, data in enumerate(dataloader, 0):   # 循环每个 dataloader 中的 batch

        ##############################
        # 1) 更新判别网络：最大化 log(D(x)) + log(1 - D(G(z)))
        #############################
        ## 用全部都是真图片的 batch 进行训练
        netD.zero_grad()
        # 格式化 batch
        real_cpu = data[0].to(device)
        b_size = real_cpu.size(0)
        label = torch.full((b_size,), real_label, device=device)
        # 将带有正样本的 batch 输入到判别网络中进行前向计算，得到的结果将放到变量 output 中
        output = netD(real_cpu).view(-1)
        # 计算 Loss
        errD_real = criterion(output, label)
        # 计算梯度
        errD_real.backward()
        D_x = output.mean().item()

        ## 用全部都是假图片的 batch 进行训练
        # 产生网络的输入向量
        noise = torch.randn(b_size, nz, 1, 1, device=device)
        # 通过产生网络生成假的样本图片
        fake = netG(noise)
        label.fill_(fake_label)
        # 将生成的全部假图片输入到判别网络中进行前向计算，将得到的结果放到变量 output 中
        output = netD(fake.detach()).view(-1)
        # 在假图片 batch 中计算上述判别网络的 Loss
        errD_fake = criterion(output, label)
        # 计算该 batch 的梯度
        errD_fake.backward()
        D_G_z1 = output.mean().item()
        # 将真图片与假图片的误差加和
        errD = errD_real + errD_fake
        # 更新判别网络 D
        optimizerD.step()

        ##############################
        # 2) 更新产生网络：最大化 log(D(G(z)))
        #############################
        netG.zero_grad()
        label.fill_(real_label)                        # 产生网络的标签是真实的图片
        # 由于刚刚更新了判别网络，这里让假数据再过一遍判别网络，用来计算产生网络的 Loss 并回传
```

```
        output = netD(fake).view(-1)
        errG = criterion(output, label)
        errG.backward()
        D_G_z2 = output.mean().item()
        # 更新产生网络 G
        optimizerG.step()

        # 打印训练状态
        if i % 50 == 0:
            print('[%d/%d][%d/%d]\tLoss_D: %.4f\tLoss_G: %.4f\tD(x): %.4f\tD(G(z)): %.4f / %.4f'
                  % (epoch, num_epochs, i, len(dataloader),
                     errD.item(), errG.item(), D_x, D_G_z1, D_G_z2))

        # 保存 Loss，用于后续画图
        G_losses.append(errG.item())
        D_losses.append(errD.item())

        # 保留产生网络生成的图片，后续用来查看生成的图片效果
        if (iters % 500 == 0) or ((epoch == num_epochs-1) and (i == len(dataloader)-1)):
            with torch.no_grad():
                fake = netG(fixed_noise).detach().cpu()
            img_list.append(vutils.make_grid(fake, padding=2, normalize=True))

        iters += 1
```

训练过程打印结果如下：

```
Starting Training Loop...
[0/5][0/1583]    Loss_D: 1.7410   Loss_G: 4.7761   D(x): 0.5343    D(G(z)): 0.5771 / 0.0136
[0/5][50/1583]   Loss_D: 1.7332   Loss_G: 25.4829  D(x): 0.9774    D(G(z)): 0.7441 / 0.0000
[0/5][100/1583]  Loss_D: 1.6841   Loss_G: 11.6585  D(x): 0.4728    D(G(z)): 0.0000 / 0.0000
[0/5][150/1583]  Loss_D: 1.2547   Loss_G: 8.7245   D(x): 0.9286    D(G(z)): 0.5209 / 0.0044
[0/5][200/1583]  Loss_D: 0.7563   Loss_G: 8.9600   D(x): 0.9525    D(G(z)): 0.4514 / 0.0003
......
[0/5][800/1583]  Loss_D: 0.5795   Loss_G: 6.0537   D(x): 0.8693    D(G(z)): 0.2732 / 0.0066
[0/5][850/1583]  Loss_D: 0.8980   Loss_G: 6.5355   D(x): 0.8465    D(G(z)): 0.4226 / 0.0048
[0/5][900/1583]  Loss_D: 0.5776   Loss_G: 7.7162   D(x): 0.9756    D(G(z)): 0.3707 / 0.0009
[0/5][950/1583]  Loss_D: 0.5593   Loss_G: 5.6692   D(x): 0.9560    D(G(z)): 0.3494 / 0.0080
[0/5][1000/1583]        Loss_D: 0.5036   Loss_G: 5.1312   D(x): 0.7775    D(G(z)): 0.0959 / 0.0178
[0/5][1050/1583]        Loss_D: 0.5192   Loss_G: 4.5706   D(x): 0.8578    D(G(z)): 0.2605 / 0.0222
[0/5][1100/1583]        Loss_D: 0.5645   Loss_G: 3.1618   D(x): 0.7133    D(G(z)): 0.1138 / 0.0768
......
[0/5][1500/1583]        Loss_D: 0.4432   Loss_G: 3.3681   D(x): 0.8001    D(G(z)): 0.1510 / 0.0633
[0/5][1550/1583]        Loss_D: 0.4852   Loss_G: 3.2790   D(x): 0.7532    D(G(z)): 0.1100 / 0.0661
[1/5][0/1583]    Loss_D: 0.3536   Loss_G: 4.5358   D(x): 0.8829    D(G(z)): 0.1714 / 0.0173
[1/5][50/1583]   Loss_D: 0.4717   Loss_G: 4.7728   D(x): 0.8973    D(G(z)): 0.2750 / 0.0142
[1/5][100/1583]  Loss_D: 0.4702   Loss_G: 2.3528   D(x): 0.7847    D(G(z)): 0.1468 / 0.1385
......
[1/5][900/1583]  Loss_D: 0.8799   Loss_G: 4.7930   D(x): 0.9050    D(G(z)): 0.4710 / 0.0201
[1/5][950/1583]  Loss_D: 0.3909   Loss_G: 2.7973   D(x): 0.7730    D(G(z)): 0.0902 / 0.0838
```

```
[1/5][1000/1583]        Loss_D: 0.3822  Loss_G: 3.0223  D(x): 0.8699    D(G(z)): 0.1837 / 0.0709
[1/5][1050/1583]        Loss_D: 0.4689  Loss_G: 2.2831  D(x): 0.7096    D(G(z)): 0.0536 / 0.1448
[1/5][1100/1583]        Loss_D: 0.6676  Loss_G: 2.2773  D(x): 0.6669    D(G(z)): 0.1386 / 0.1443
......
[1/5][1500/1583]        Loss_D: 0.7999  Loss_G: 3.7268  D(x): 0.9029    D(G(z)): 0.4550 / 0.0384
[1/5][1550/1583]        Loss_D: 0.4740  Loss_G: 2.3220  D(x): 0.7824    D(G(z)): 0.1625 / 0.1327
[2/5][0/1583]   Loss_D: 0.8693  Loss_G: 3.8890  D(x): 0.9376    D(G(z)): 0.4822 / 0.0339
[2/5][50/1583]  Loss_D: 0.3742  Loss_G: 2.5041  D(x): 0.8148    D(G(z)): 0.1310 / 0.1151
[2/5][100/1583] Loss_D: 1.1134  Loss_G: 1.5167  D(x): 0.4248    D(G(z)): 0.0335 / 0.3023
......
[2/5][900/1583] Loss_D: 0.5184  Loss_G: 2.7194  D(x): 0.8377    D(G(z)): 0.2540 / 0.0871
[2/5][950/1583] Loss_D: 0.9771  Loss_G: 4.6200  D(x): 0.9596    D(G(z)): 0.5432 / 0.0176
[2/5][1000/1583]        Loss_D: 0.7509  Loss_G: 2.2864  D(x): 0.5861    D(G(z)): 0.1021 / 0.1539
[2/5][1050/1583]        Loss_D: 0.4512  Loss_G: 3.2484  D(x): 0.8649    D(G(z)): 0.2313 / 0.0542
[2/5][1100/1583]        Loss_D: 0.6856  Loss_G: 2.2425  D(x): 0.6405    D(G(z)): 0.1333 / 0.1508
......
[2/5][1500/1583]        Loss_D: 0.9446  Loss_G: 1.1492  D(x): 0.4593    D(G(z)): 0.0356 / 0.3947
[2/5][1550/1583]        Loss_D: 0.9269  Loss_G: 0.7383  D(x): 0.5226    D(G(z)): 0.1333 / 0.5205
[3/5][0/1583]   Loss_D: 0.4855  Loss_G: 2.1548  D(x): 0.7157    D(G(z)): 0.1059 / 0.1568
[3/5][50/1583]  Loss_D: 0.7259  Loss_G: 1.1093  D(x): 0.5804    D(G(z)): 0.0797 / 0.3894
[3/5][100/1583] Loss_D: 0.7367  Loss_G: 1.0389  D(x): 0.5515    D(G(z)): 0.0405 / 0.4190
......
[3/5][900/1583] Loss_D: 0.7340  Loss_G: 1.4263  D(x): 0.6285    D(G(z)): 0.1806 / 0.2818
[3/5][950/1583] Loss_D: 1.4633  Loss_G: 4.9204  D(x): 0.9792    D(G(z)): 0.7093 / 0.0143
[3/5][1000/1583]        Loss_D: 0.6643  Loss_G: 2.8332  D(x): 0.8548    D(G(z)): 0.3597 / 0.0751
[3/5][1050/1583]        Loss_D: 0.7741  Loss_G: 2.9355  D(x): 0.7281    D(G(z)): 0.3064 / 0.0712
[3/5][1100/1583]        Loss_D: 0.7279  Loss_G: 3.2299  D(x): 0.8867    D(G(z)): 0.4193 / 0.0544
......
[3/5][1500/1583]        Loss_D: 0.6055  Loss_G: 1.8402  D(x): 0.7011    D(G(z)): 0.1643 / 0.1995
[3/5][1550/1583]        Loss_D: 0.7240  Loss_G: 3.2589  D(x): 0.8747    D(G(z)): 0.4069 / 0.0528
[4/5][0/1583]   Loss_D: 0.8162  Loss_G: 2.8040  D(x): 0.8827    D(G(z)): 0.4435 / 0.0870
[4/5][50/1583]  Loss_D: 0.5859  Loss_G: 2.2796  D(x): 0.6782    D(G(z)): 0.1312 / 0.1309
[4/5][100/1583] Loss_D: 0.6655  Loss_G: 3.5365  D(x): 0.8178    D(G(z)): 0.3262 / 0.0394
......
[4/5][900/1583] Loss_D: 0.5456  Loss_G: 1.7923  D(x): 0.7489    D(G(z)): 0.1972 / 0.2038
[4/5][950/1583] Loss_D: 0.4718  Loss_G: 2.3825  D(x): 0.7840    D(G(z)): 0.1772 / 0.1172
[4/5][1000/1583]        Loss_D: 0.5174  Loss_G: 2.5070  D(x): 0.8367    D(G(z)): 0.2556 / 0.1074
......
[4/5][1500/1583]        Loss_D: 1.7211  Loss_G: 0.7875  D(x): 0.2588    D(G(z)): 0.0389 / 0.5159
[4/5][1550/1583]        Loss_D: 0.5871  Loss_G: 2.1340  D(x): 0.7332    D(G(z)): 0.1982 / 0.1518
```

11.3.7　测试

下面先来看一下网络 Loss 的变化情况，代码如下：

```
##### 查看网络 Loss 的变化 #####
plt.figure(figsize=(10,5))
plt.title("Generator and Discriminator Loss During Training")
plt.plot(G_losses,label="G") # 画出产生网络 Loss 的变化
plt.plot(D_losses,label="D") # 画出判别网络 Loss 的变化
plt.xlabel("iterations")
```

```
plt.ylabel("Loss")
plt.legend()
plt.show()
```

产生网络和判别网络 Loss 的变化情况如图 11-7 所示。

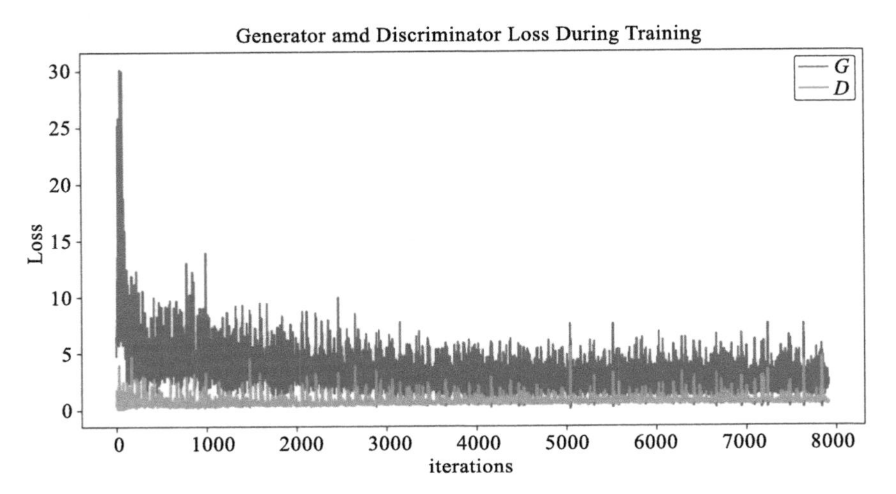

图 11-7　产生网络和判别网络的 Loss 变化情况

接下来，对比一下真实图片和产生的假图片，代码如下：

```
#### 对比真实图片和产生的假图片 ####
real_batch = next(iter(dataloader)) # 从 dataloader 中取一个 batch（64 个）的图片

# 画真实的图片
plt.figure(figsize=(15,15))
plt.subplot(1,2,1)
plt.axis("off")
plt.title("Real Images")
plt.imshow(np.transpose(vutils.make_grid(real_batch[0].to(device)[:64],
    padding=5, normalize=True).cpu(),(1,2,0)))

# 画出产生网络最后一个迭代产生的图片
plt.subplot(1,2,2)
plt.axis("off")
plt.title("Fake Images")
plt.imshow(np.transpose(img_list[-1],(1,2,0)))
plt.show()
```

输出结果如图 11-8 所示。

图 11-8b 所示的图片是使用 CelebaFace 生成的人脸数据，类似的，可以看到如图 11-9 所示的 DCGAN 生成的卧室图片（LSUN 数据集）。感兴趣的读者可以对第 3 章中 MNIST 的数据集做一下实验，同时也可以尝试将这里的 DCGAN 改为不使用卷积神经网络的普

通 GAN，做个对比，这里我们直接给出结果，如图 11-10 所示，我们可以较明显地看出 DCGAN 的效果要好于普通的 GAN。

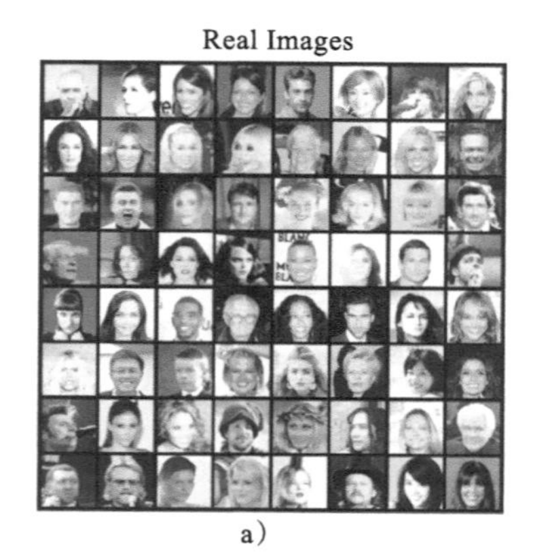

图 11-8　真假数据对比图

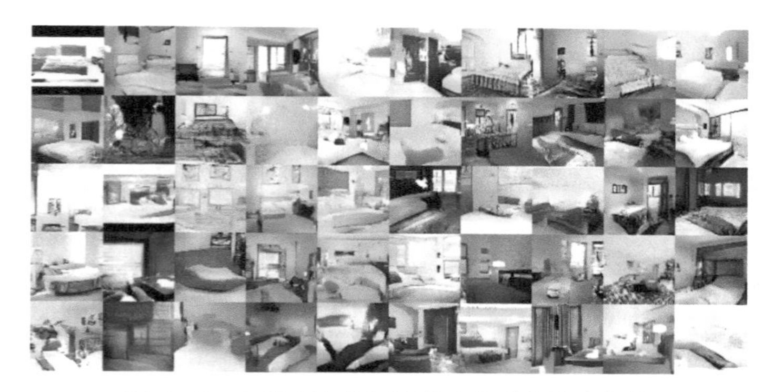

图 11-9　DCGAN 在 LSUN 上生成的卧室图片

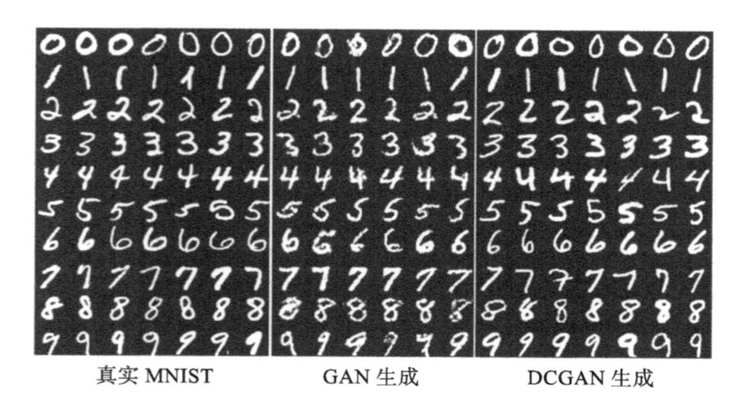

图 11-10　GAN 和 DCGAN 在 MNIST 上的生成效果

通过学习生成的图像向量可进行普通的向量加减操作，如图 11-11 所示，每列最下面的图片均为上面三幅图的均值，图 11-11a 中 “微笑的女人” - “女人” + “男人” = “微笑的男人”，图 11-11b 同理，这对我们后续的研究具有很大的启发性意义。

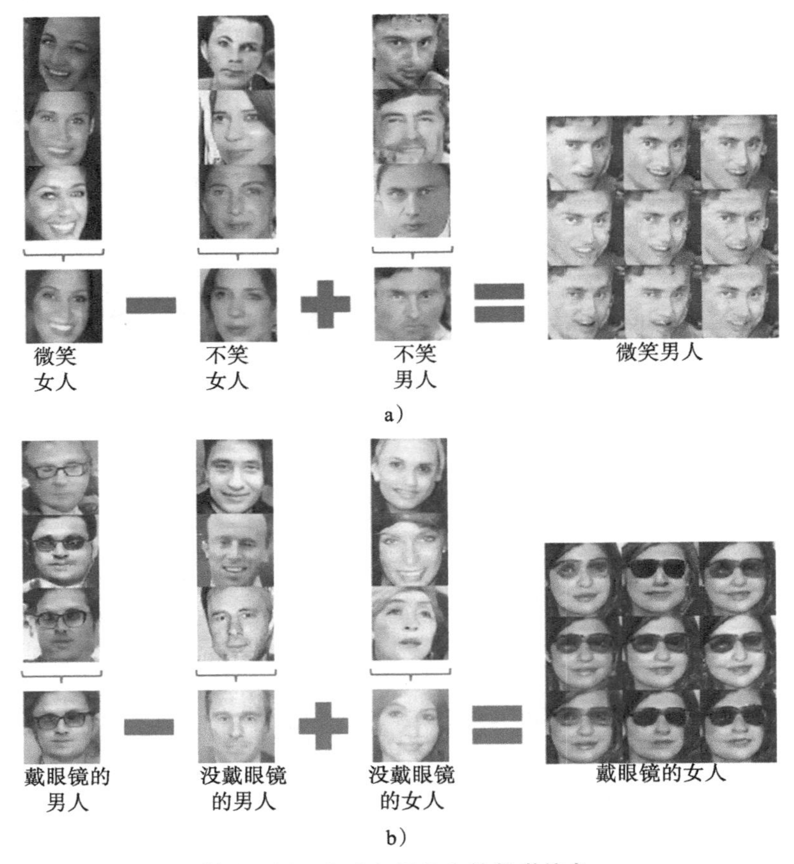

a）

b）

图 11-11 生成向量包含的数学信息

我们对 GAN 有了直观的认知之后，其实也不难发现，DCGAN 虽然比普通 GAN 生成图片的效果更好（如图 11-9 和 11-10 所示），但对于复杂场景而言，细节上也有很多模糊的地方。GAN 的想法很简单，但因为两个网络在相互学习，因此其训练过程是非常困难的，需要很精细地设计和调试才会收敛。近些年，专家和学者们在提升 GAN 生成图片的效果上下了不少功夫，这里我们介绍一些 GAN 的改进。

11.4 其他 GAN

1. LSGAN

使用最小二乘损失函数代替 DCGAN 中的交叉熵损失函数。LSGAN[4] 的作者 Zhu 分析，虽然交叉熵损失能使得网络进行正确分类，但它仅仅关心分类是否正确，而不关心距离（也就是生成的假图片与真实图片之间的差别有多大)。这就使得一些生成的假图片，虽然它们仍然距离真实数据分布有着较大的差距，但由于它们骗过了判别器，因此不会再进入后续的迭代优化。所以，我们直观上看到的就是，只要能骗过判别器，即使假图片的质量不高，其也不会继续优化。LSGAN 的想法就是将决策边界作为中间媒介，将那些远离决策面的样本尽量拖进决策边界（这里假定真数据和假数据的距离是由它们和决策边界的距离来反映的)。当然，最直观的方法也可以直接尝试将生成的数据拉向真实数据（不通过决策边界这个媒介)。

11-12a 中的 + 点表示 G 产生的假数据，○表示训练集的真实数据，假定斜线为交叉熵 Loss 产生的决策面，横线表示最小二乘 Loss 产生的决策面。这里需要注意的是，训练过程中决策面是穿过真实数据集的（若不穿过则训练已完成）；11-12b 为交叉熵 Loss 的决策面，由于下方的点已经被正确分类，因此它对 G 的更新几乎不产生影响；11-12c 为最小二乘 Loss，它会对虽然被正确分类但远离决策面的点进行较大惩罚，因此会将下方的点拉近决策面。

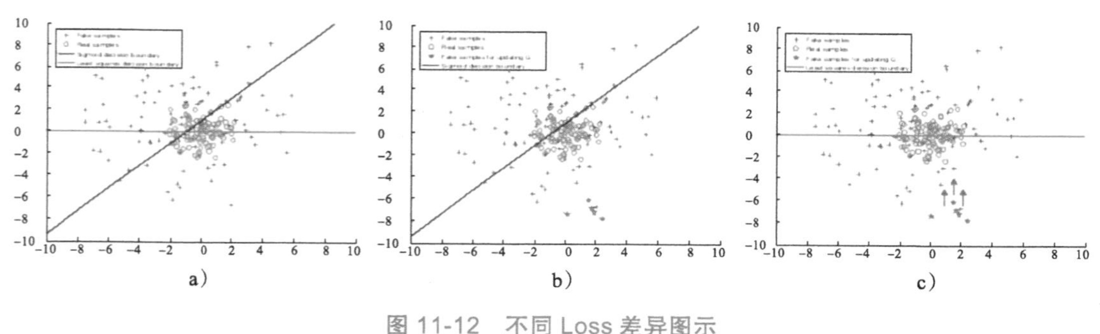

图 11-12　不同 Loss 差异图示

2. WGAN

WGAN（Wasserstein GAN）[3] 也是 GAN 的一个变种，与 DCGAN 相比其进行了如下改进。

1）去掉判别器最后一层的 Sigmoid。

2）生成网络和判别网络的损失不取 log。

3）每次更新判别网络的参数后，将它们强制截断到指定范围。

4）推荐使用 RMSProp 或者 SGD 的方式进行优化，而不是 DCGAN 中的 momentum 或 Adam 方法。

这些改进看起来很清晰，代码也很好改，而且背后还有着 WGAN 作者 Arjovsky 大量的理论证明和实验得到的最精华部分的结论。首先我们来看看 Arjovsky 分析的普通的 GAN 都存在哪些问题。

1）WGAN 的论文中使用了大量的公式推导分析了 GAN 训练不稳定的原因：我们假定有两个分布，一个是真实数据的分布，一个是产生器生成假数据的分布，训练的过程就是尽可能地让第二组假数据的分布接近第一组真实数据的分布。由于产生网络是从低维白噪声产生图片数据，因此实际上两组分布很难有交叠，就算有一定的交叠，比例也很小。这时候，如果判别器训练得特别好，那么对于本来就没有交叠的两组而言，分布梯度就会消失。但是，如果判别器训练得不好，就会使优化的方向产生偏差。因此，需要得到一个“不好也不坏”的判别器，这就导致让 GAN 很好地收敛是很困难的。

2）另外，GAN 本身的多样性并不好，因为一旦生成器生成的假样本被判别器发现，惩罚会很大（通过 KL 散度分析而得，感兴趣的读者可以参看论文），因此生成器会比较倾向于生成一些类似但是“安全”的样本，而不是冒风险生成多样性的样本。

3）没有办法判断生成器的好坏，虽然 DCGAN 通过精心地设计找到了一个比较好的网络设置，但并没有从根本上解决这个问题，所以在 WGAN 出现之前，训练出一个好的 GAN 就像是买彩票一样靠运气。而 WGAN 对训练过程提出了一个指标，这个指标值越小，表示真实数据分布与生成数据分布的 Wasserstein 距离越小，GAN 训练得就越好，生成图片的质量也就越高。

Arjovsky 通过引入 Wasserstein 距离，利用它的特性（相对 KL 散度和 JS 散度比较更平滑），解决了上述前两个问题。对于上面提到的 WGAN，相比 DCGAN 的 4 个改动，前三者都是通过大量理论推导得来的，而第四点则属于作者在实验中的小技巧，因为使用 Adam 时，有时候判别器的 Loss 会崩溃，导致更新方向与梯度的 cos 值为负数，而 RMSProp 很适合梯度不稳定的情况并解决了这个问题（这部分涉及最优化理论，感兴趣的读者可以深入研究，本书暂不做细致介绍）。

3. PG-GAN

PG-GAN（Progressive GAN）[5] 由 Karras 等人于 2018 年提出，它的核心思想是从低分辨率图像开始，逐渐增大生成器和判别器网络、添加更高分辨率需要的细节，从而得到高清的图片。如图 11-13 所示，最开始的时候，产生器和判别器的分辨率都只有 4*4 个像素，训练过程中不断地加深网络，最终得到 1024*1024 的高清大图。这个想法很符合直觉，但是想得到很好的效果，Karras 等人使用了不少技巧，具体如下。

1）使用平滑的方式增加训练过程图像的分辨率。图 11-14 展示了从 16*16（图 11-14a）到 32*32（图 11-14c）的转换过程（图 11-14b）。α 值的范围为 0～1，当 α 为 0 时，相当于图 11-14a，当 α 为 1 时，相当于图 11-14c。也就是说，在这个阶段的某个 batch 中，真实样本如公式 11-2 所示，这样就能很好地在两种分辨率上做平滑。

$$X = X_{16\text{pixel}} * (1-\alpha) + X_{32\text{pixel}} * \alpha \tag{11-2}$$

2）为了提升生成样本的多样性（避免 mode collapse 问题），使得判别器的后几个特征层 x 与一个多样性度量变量 y 结合到一起作为下一层的输入，而 y 的定义为：先计算当前 batch 的标准差得到一个二维的数组，然后再对这个二维数组求均值，该均值即为当前 batch 的多样性度量变量 y。

3）用卷积加上采样来代替反卷积；去掉产生器的 tanh 函数等技巧。

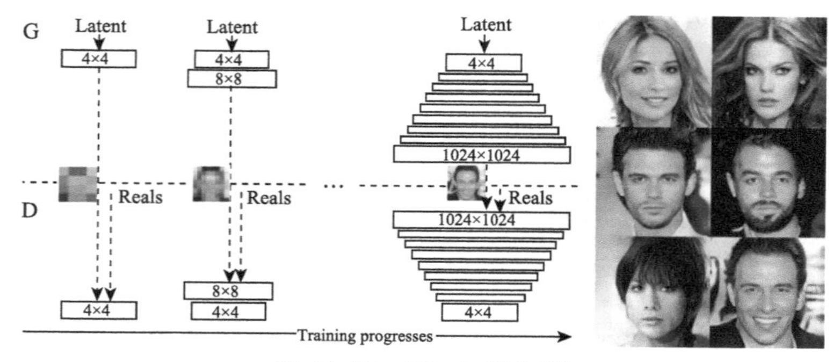

图 11-13　PG-GAN 思想

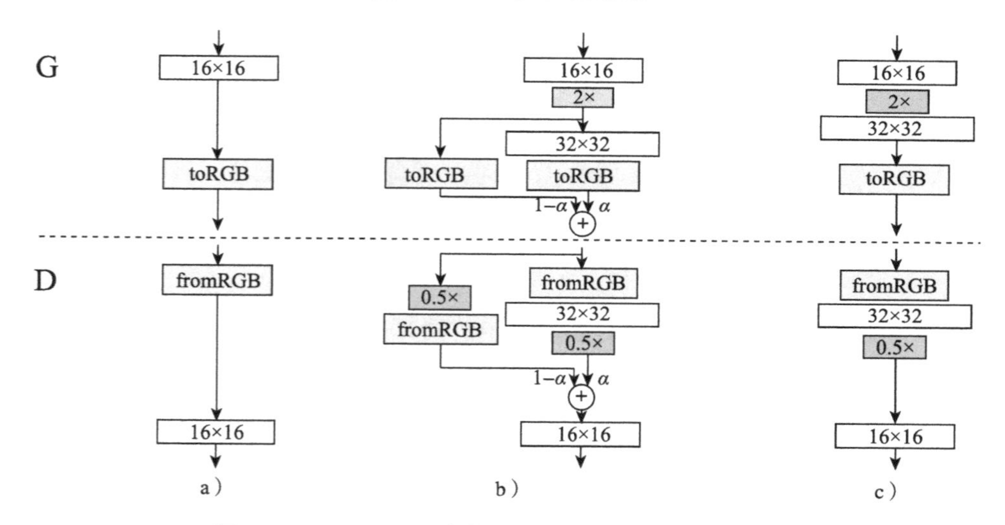

图 11-14　PG-GAN 中从 16*16 到 32*32 的转换过程

图 11-15 即为 PG-GAN 从 Celeba 高清数据集产生的 1024*1024 像素的高清图片。可以看到这些图的质量明显好于本章之前提到的 GAN 方法。

图 11-15　PG-GAN 产生的高清图片

图 11-16 展示了在 LSUN 数据集上，上述几种 GAN 方法生成图片的效果，可以看出从 DCGAN → LSGAN → WGAN → PGGAN 的演变过程，生成图片的细节越来越清晰，效果越来越好。

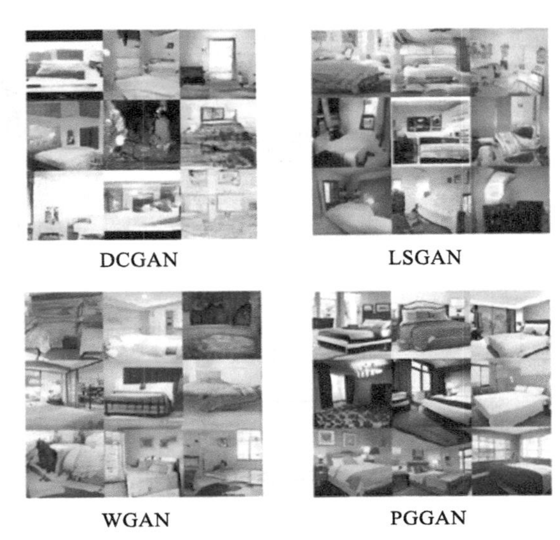

图 11-16　各种 GAN 方法效果对比

近几年，GAN 的发展非常迅速，理论进步的同时也产生了有很多有意思的应用，如 Conditional GAN 可以根据文字生成图片，CycleGAN 可以转换图片风格（如图 11-17 所示）等，感兴趣的读者可以参考参考文献中的 [6][7] 等文章进行深入研究。

图 11-17　一些扩展的 GAN 可以实现风格转换效果

图 11-17 （续）

11.5　本章小结

内容生成是一个很有意思的领域，除了本章介绍的通过学习图像来生成图像以外，还可以通过句子生成图像，甚至是视频。这个方向在近些年发展非常快，不断地有突破性的成果推出。但内容生成由于参数过多，因此对于参数的调整要求很高，需要做大量的实验才有可能出现比较好的效果。

11.6　参考文献

[1] Goodfellow I, Pouget-Abadie J, Mirza M, et al. Generative adversarial nets[C]//Advances in neural information processing systems. 2014: 2672-2680.

[2] Radford A, Metz L, Chintala S. Unsupervised representation learning with deep convolutional generative adversarial networks[J]. arXiv preprint arXiv:1511.06434, 2015.

[3] Arjovsky M, Chintala S, Bottou L. Wasserstein gan[J]. arXiv preprint arXiv:1701.07875, 2017.

[4] Mao X, Li Q, Xie H, et al. Least squares generative adversarial networks[C]//Proceedings of the IEEE International Conference on Computer Vision. 2017: 2794-2802.

[5] Karras T, Aila T, Laine S, et al. Progressive growing of gans for improved quality, stability, and variation[J]. arXiv preprint arXiv:1710.10196, 2017.

[6] Zhu J Y, Park T, Isola P, et al. Unpaired image-to-image translation using cycle-consistent adversarial networks[J]. arXiv preprint, 2017.

[7] Mirza M, Osindero S. Conditional generative adversarial nets[J]. arXiv preprint arXiv:1411.1784, 2014.

[8] Fei-Fei Li, Justin Johnson, Serena Yeung et al. CS231n: Convolutional Neural Networks for Visual Recognition.

CHAPTER 12

第 12 章 神经网络可视化

前几章我们学习了一些卷积神经网络的结构，以及利用卷积神经网络可以做的一些事情。那么神经网络内部又是什么样的呢，本章我们将打开这个“黑箱”，来更直观地查看它们内部都有些什么。

12.1 卷积核

根据前几章学过的知识我们知道，卷积神经网络的每一层参数都是一组卷积核（即权重），因此，ConvNetJS 在 Cifar10 上训练得到的参数如图 12-1 所示，第一个卷积层是由 16 个 3*7*7 的 filter 组成，第二个卷积层是由 20 个 16*7*7 的 filter 组成，第三个卷积层是由 20 个 20*7*7 的 filter 组成。那么每一层都代表什么含义，有什么用处呢，接下来我们一步一步地分析。

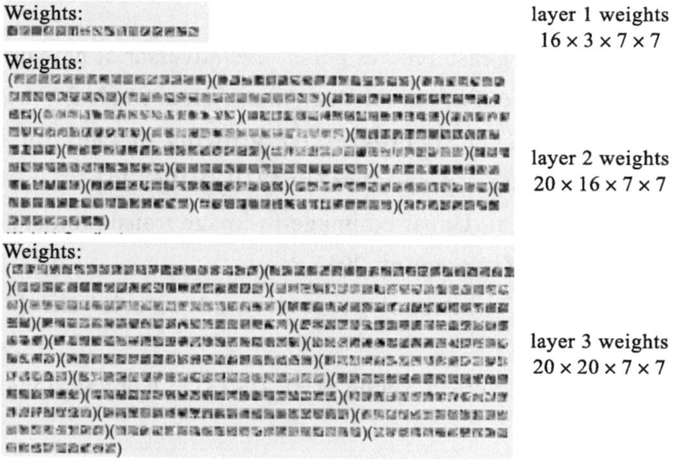

图 12-1 ConvNetJS 在 Cifar10 上训练得到的参数 [9]

图 12-2 展示了 AlexNet、ResNet18、ResNet101 以及 DenseNet121 网络在 ImageNet1000 上完全训练后第一个卷积层的权重信息。仔细观察，好像都是些线条。在卷积神经网络的第一层（低层），网络主要学习到的是一些类似于边缘的基础信息。

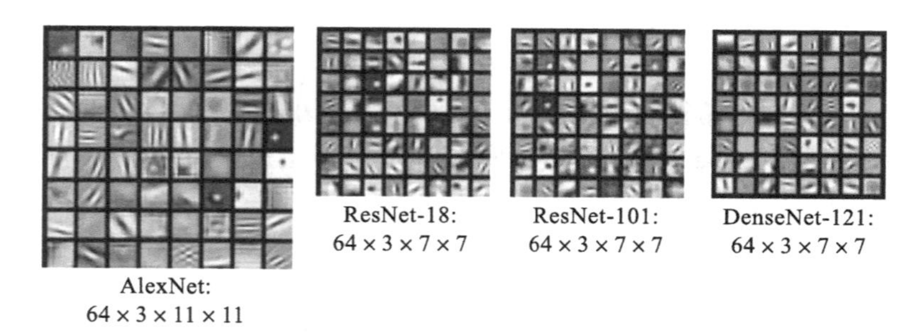

图 12-2　几种常见网络结构的第一层卷积 [9]

通常来说，我们可以将卷积神经网络的特征层分为低层、中层、高层 3 个等级。图 12-3 是向训练好的 VGG16 网络中输入一张小狗的图片，我们可以看到，虽然这张图片显示的是小狗，但在低层神经网络上表现出来的却是一些很抽象的信息。到了中间层会有一些语义信息，但还是比较抽象，而高层特征可以得到一些语义信息（已经可以看出来是小狗）。卷积神经网络强大的地方在于卷积核（kernel）是由算法学习得出的，而非传统图像处理那样是通过人工精心设计得到的。

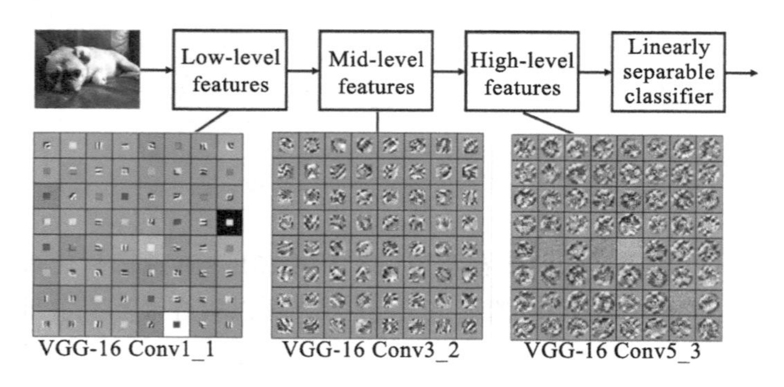

图 12-3　特征层表征 [9]

12.2　特征层

12.2.1　直接观测

本节将参考论文《Understanding Neural Networks Through Deep Visualization》[1] 讲解画出一幅图经过卷积神经网络时，神经网络中每个特征层的激活情况。如图 12-4b 所示，最上面一排是 AlexNet 的所有层，即 conv1 → pool1 → norm1 → conv2 → pool2 → norm2 →

conv3 → conv4 → conv5 → pool5 → fc6 → fc7 → fc8 → prob。该网络已经过标准的 1000 类 ImageNet 数据训练，这里直接展示训练好的网络对于一张图片进行预测时网络内部特征层的激活情况。图 12-14b 所示的是抽取 conv5 详细查看内部特征层的样子。

在第 8 章中我们提到过，AlexNet 的 conv5 输出特征层为 256*13*13，也就是说 conv5 的输出由 256 个 13*13 的小图组成，即如图 12-4b 所示。这 256 张小图是用 16*16 的矩阵进行展示的，顺序从左上角往右下角排列，其中每一幅小图都是由 13*13 个像素组成的。图 12-4c 即为输入图片 12-4a 在 $conv5_{151}$（下标从 0 开始）上放大后的效果。可以隐约看出，$conv5_{151}$ 高亮显示出输入图片的猫脸区域。

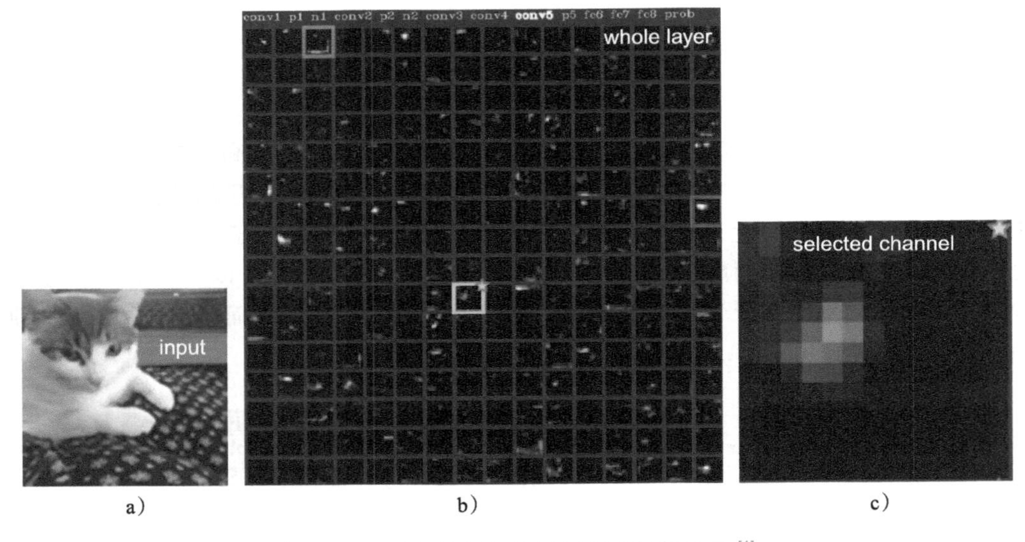

图 12-4　卷积神经网络特征层可视化工具 [1]

下面我们再尝试更换几张图片来看下 conv5 的第 151 个通道都是什么样子。从图 12-5 可以看出，经过标准 ImageNet1000 的训练，$conv5_{151}$ 可以很好地高亮显示出脸部区域，并且不论是动物脸还是人脸，在大小（两头狮子的脸大小有差异，都能识别出，第一张图的人脸明显小于第二张图的人脸，也能很精准地高亮显示出来）、姿态（两头狮子，一个是正脸一个是侧脸，都能很好地识别）、亮度（第二张的人脸亮度很低，但也被高亮出来）以及周围环境（4 张照片的清晰度、光线等明显不同）等方面的表现都比较稳定。

所以，我们可以看出，特征层中的每个通道都有自己独特的“任务”，但是这里需要注意的是，上面列举的 $conv5_{151}$ 例子比较直观并且容易理解，但不是所有层的所有通道都可以非常直观地解释其含义。为了更好地理解卷积中各个通道的含义，接下来我们介绍一种方法，通过“逆”卷积神经网络的过程来单独观察每一层、每个通道都有哪些特性。

图 12-5　不同图片在 $conv5_{151}$ 上的激活情况，每个特征层都是 13*13 个像素

12.2.2　通过重构观测

本节还是使用标准 ImageNet1000 训练好的 AlexNet 卷积神经网络，我们设计一种“逆”卷积神经网络结构 [2]，如图 12-6 所示。图 12-6b 所示的是标准的卷积神经网络的一个单元，包括卷积操作、激活操作、池化操作，分别产生卷积之后的特征层、激活后的特征层以及池化后的特征层。左侧是与标准卷积单元相对应的反向操作，即“逆”卷积模块，包括反向池化操作、激活操作以及反向卷积操作，具体如下。

（1）反向池化

参考图 12-7，其中图 12-7e 所示的大图展示的是激活后的特征层，上面的柱子表示特征值的大小（柱子越高则特征值越大）。经过 2*2 的池化操作后可以得到新的特征层。与普通池化不同的是，这里为了更精准地完成“反池化”操作，反向池化记录了每个池化区域内最大值的位置信息，也就是处于最中间位置的图 12-7c。根据这个位置信息，我们可以对一个新的特征层进行反池化操作。这里需要注意的是，反池化前特征层的数值与池化后特征层的数值不一样，即图 12-7b（左上角）的 4 个数值与图 12-7d（右上角）的 4 个数值不同，因为池化和反池化两个操作处于不同的过程之中。

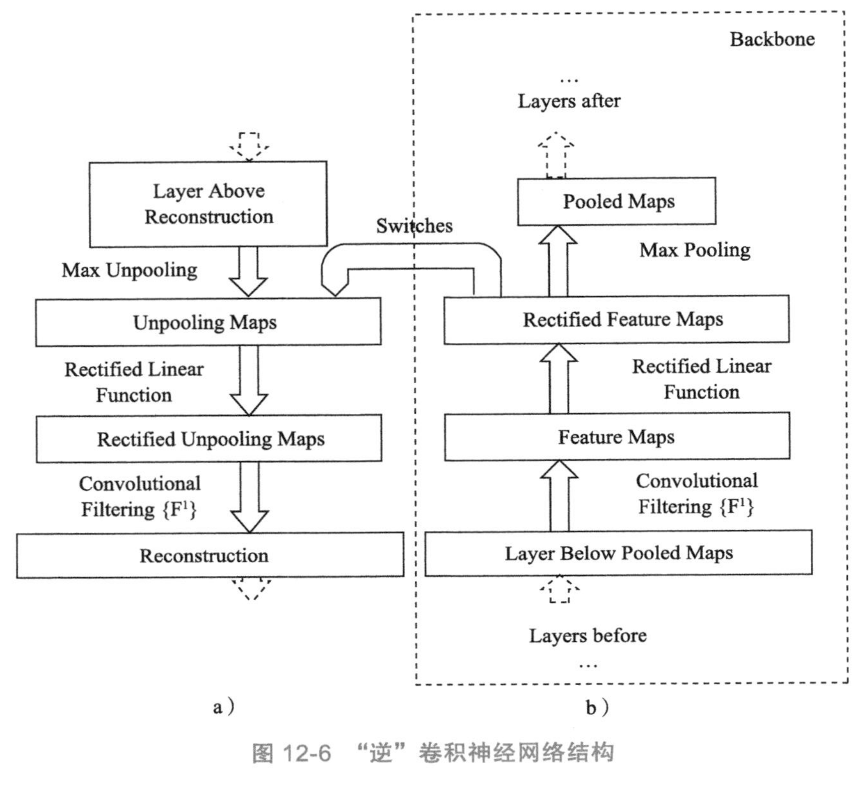

图 12-6 “逆”卷积神经网络结构

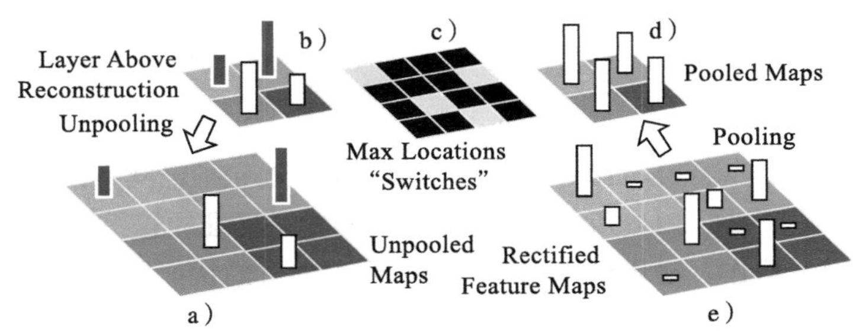

图 12-7 反向池化

（2）激活

标注卷积单元的激活函数使用的是非线性的 ReLU，在反向操作中同样也是使用该函数。

（3）反向卷积

卷积计算实际上是输入特征值和卷积核（kernel）的点积运算。既然要实现“逆”卷积，那么这里取训练好的权重矩阵的逆即可。需要注意的是，这里的反向池化、激活以及反向卷积操作的目的都是为了将特征层的信息还原，所以，所有信息都是利用训练好的神经网络已有的信息，而没有任何新加入的信息。

> 注意　这里的反向卷积是逆操作，而不是第 10 章中介绍的“反卷积”。

“逆”卷积的单元设计完了，接下来我们看看如何使用这些新的结构展现出每个卷积层中不同通道表达的含义。

首先，每个卷积层单元都对应一个“逆”卷积单元，并与其相连接，如图 12-6 所示。然后，输入一张测试图片，使其通过正向卷积神经网络，当想要测试某个通道的激活情况时，就将其他所有通道置为零，并将测试图经过仅由该通道激活后的特征图输入到“逆”卷积模块，即反池化、激活以及逆向卷积操作来重构特征图。接下来“逆”卷积模块需要将特征不断下传重构，直到重构成原图的大小。

图 12-8c 所示的即为图 12-8a 在完全训练的 AlexNet 的 1～5 个卷积层中选取被激活最强的 9 个通道复原后的图片。具体复原过程如图 12-8b 所示。图 12-8 中的示例图即为图 12-9 第二排 Layer3 中的第一张图。图 12-9 第二排中展示了 12 组每组 9 张的输入图片，经过重建后的效果。其中 12 组图片中的第一张都是从验证集中随机选取的，其余 8 张则是从验证集中找到与第一张最相似的图片，目的是让读者更清晰地感受到每层获取的是哪些信息。从图 12-9 中我们可以大概感受到，第二层（Layer2）对边缘、角、颜色等信息更敏感，第三层（Layer3）则有更复杂的纹理（第一行第一列）、文字（第二行第四列）信息，第四层（Layer4）展现了明显的、变化的与类别有关的信息，如狗的脸（第一行第一列）、鸟的腿（第四行第二列），第五层（Layer5）则展示了整个物体及其在位置上的明显变化，如键盘（第一行第一列）、草地（第一行第二列）、狗（第四行）。

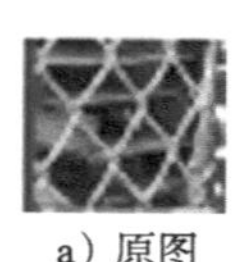

a）原图

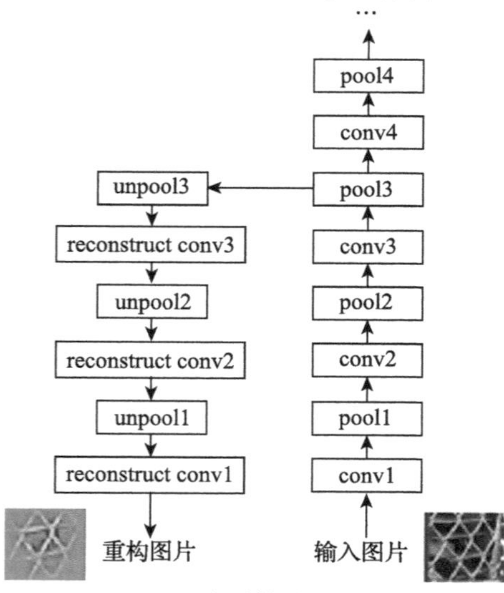

b）重构过程

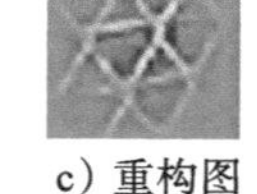

c）重构图

图 12-8　Layer3 左上角第一张图的重构

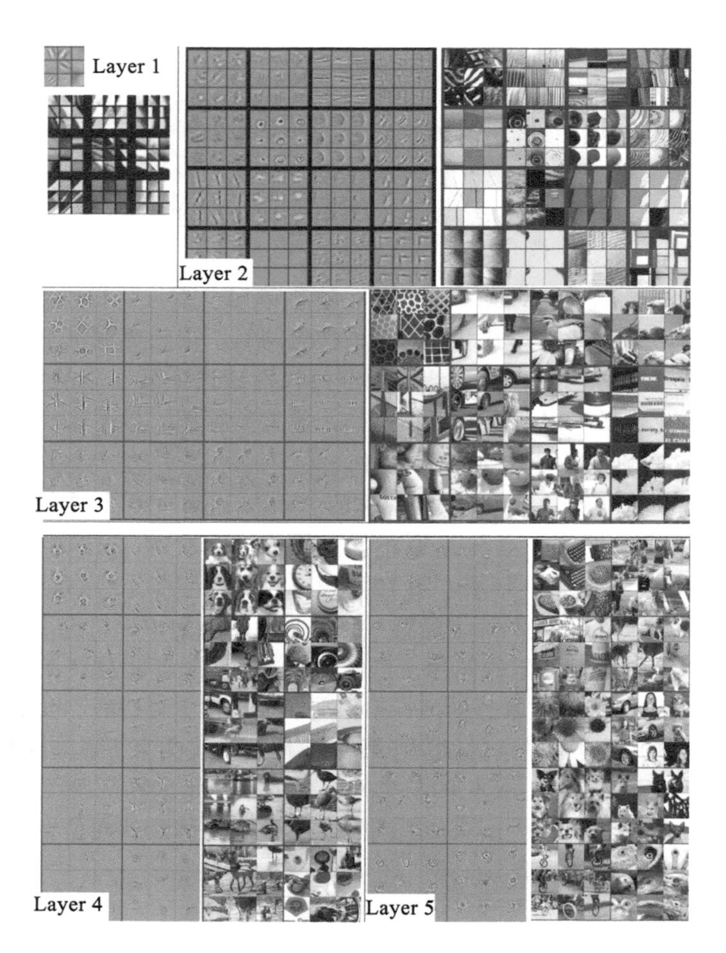

图 12-9 完全训练的 AlexNet 在 1～5 个卷积层中选取被激活最强的 9 个通道复原后的图片

了解了如何重构之后，我们再回顾一下图 12-4a，$conv5_{151}$ 对应的重构图如 12-10b 所示。而图 12-4b 中被选中的 $conv5_{111}$ 对“猫脸”反应非常强烈，conv5 所有特征中反应最强烈的通道都与“猫脸”区域有关。而从大量试验结果来看,$conv5_2$ 对“狗脸”反应比较强烈，因为书中展示的这张图为“猫”，因此被激活的完全是边缘部分并且置信度很低。这也从另一个方面说明了卷积的每个通道都有其特定的“任务”。

接下来我们看一下网络迭代次数（即是否训练完全）对于特征提取的影响。如图 12-11 所示，有 Layer1 到 Layer5，5 个特征层，其中，每行代表在网络训练过程中随机抽取某张图片，每列分别表示数据集经过 1,2,3,10,20,30,40,64 次迭代。因此 layer3 的第 4 行第 5 列所示的特征图表示的是某张图在数据集经过第 20 次迭代时对原图的重构效果。从图 12-11 中我们可以看出，浅层特征可以很快学习到并收敛，然而高层特征还要多经过一些迭代（40～50 次）之后才会很好地表现出来。

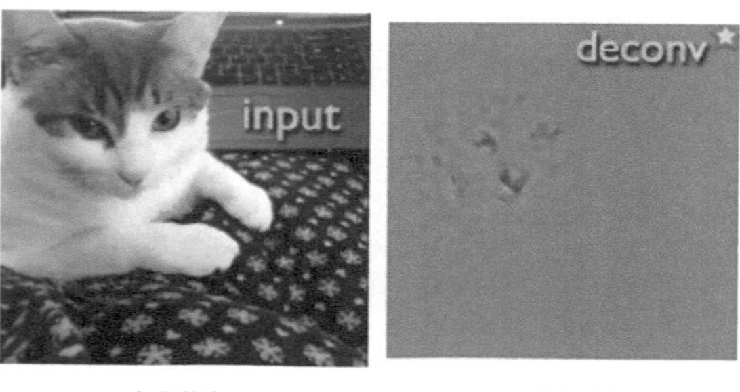

a）原图　　b）重构图

图 12-10　对图 12-4a 进行重构

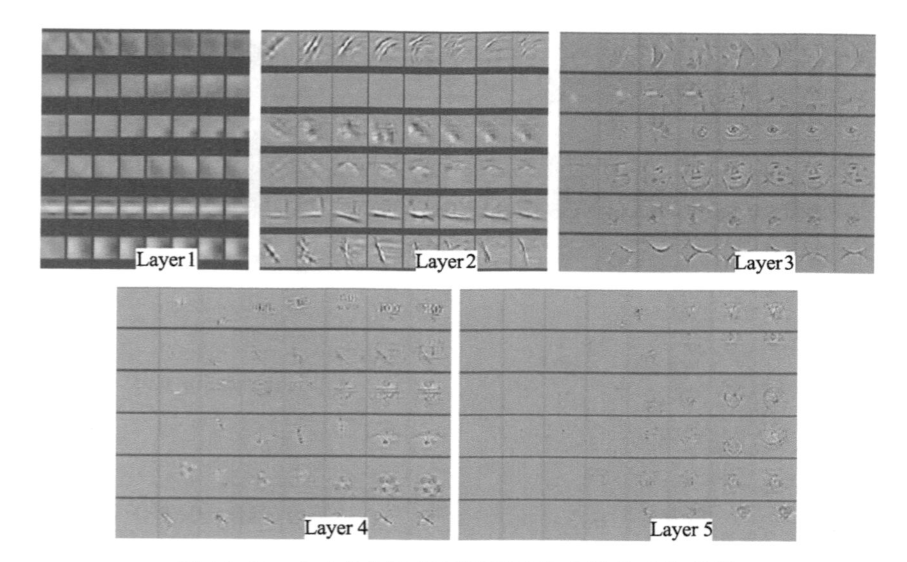

图 12-11　5 个特征层经过不同迭代次数的重构效果

12.2.3　末端特征激活情况

在预测一张图片的类别的时候，模型是真正可以定位到图片中的物体还是其只是利用上下文信息来进行分类的呢？下面来看几张图片在神经网络末端特征层的激活情况，如图 12-12 所示，在“刷牙”标签下，特征层中与刷牙有关的区域被高亮显示，而对于“伐木”标签，特征层则对伐木工具和人脸同时敏感。从这几张图片中可以看出，影响分类结果的关键区域均被高亮显示。

接下来我们看下图 12-13，用一个灰色的方块盖住图片的一部分，可以看出当灰色方块遮挡住周边信息时，基本不会对图片分类的预测造成影响，而如果挡住了关键区域（大象的脸）时，分类置信度则会大大降低。

如果读者想对特征层有更深入的了解可以参考本章参考文献中的 [3][4][6]。

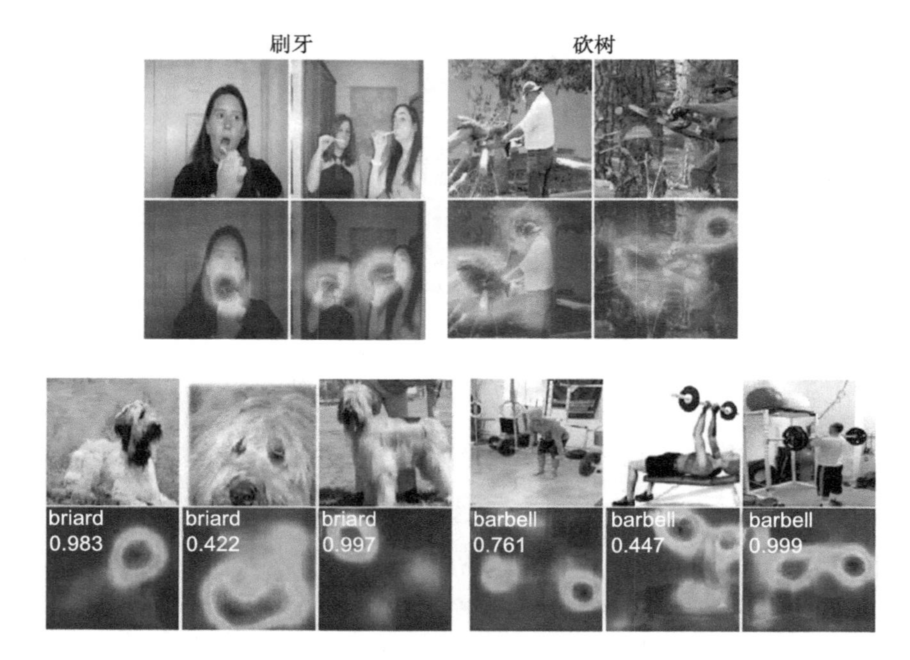

图 12-12 末端 CNN 特征层的激活情况

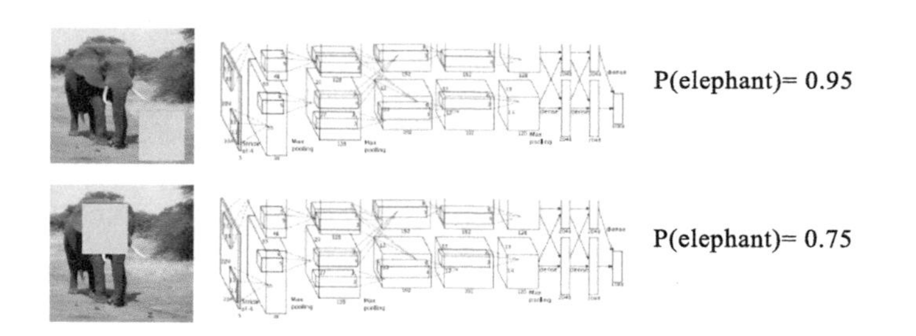

图 12-13 遮挡不同区域对图片分类的影响

12.2.4 特征层的作用

在 CNN 输出结果之前，有一个高维的特征向量（在 AlexNet 中即为 FC7 层对应的 4096 维向量，也有可能是一个三维的特征层），该层离最终输出层最近，也是最能代表图像特征的一层。这一层的特征，除了可以直接通过交叉熵损失做分类（第 7 章中介绍的内容）之外，还经常会用于进行图像比对和搜索。得到了多张图片的高维向量之后，即可通过计算向量距离的方法得到与某张图片最像的图片。图 12-14 中，最左侧一列为输入到网络的测试图片，右侧即为通过 L2 最近邻方式得到的与测试图片最像的一些图片。

图 12-14　利用 CNN 做特征提取可实现图像搜索功能

12.3　图片风格化

本章的前半部分向读者介绍了卷积神经网络这个“黑盒子”内部的一些表现，接下来看一下通过对前面所有这些知识的理解，如何设计出一个比较有意思的应用——神经网络图像风格转换，即图片风格化。如图 12-15 所示，A 为一张普通的照片，B、C、D、E、F 图中左下角的小图均为著名的艺术作品，而大图则为原图 A 经过相应艺术风格转换之后的合成作品 [5][7]。

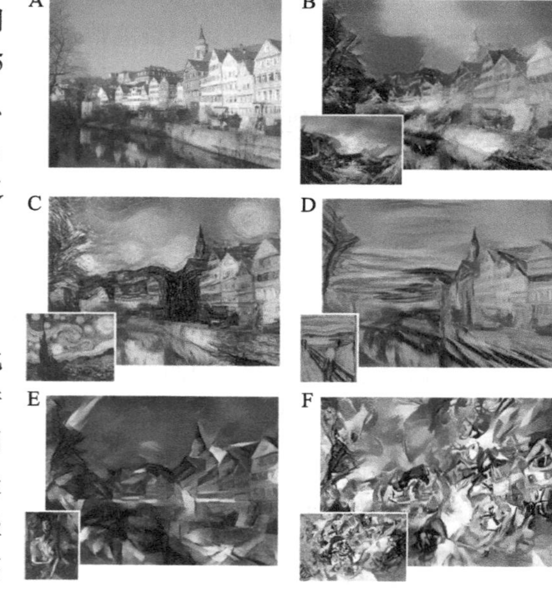

图 12-15　图片风格化效果

12.3.1　理论介绍

图片风格化看起来很神奇，那么风格化的功能是如何设计出来的呢？首先，为了产生风格化的合成图，需要 2 个输入，即原图和艺术风格图，而输出图片则完全是被创造出来的一张新图片。那么，接下来就是神经网络设计中最重要的部分，即如何让网络实现“风格化”这个功能。

我们将问题细分，对于输入图片中的原图，我们想获取的是其“内容”，而对于输入图片中的艺术画，我们想获取的是其“风格”。那么对于新产生的这张图片，我们想同时保留原图的“内容”以及艺术的“风格”，因此可以为网络设置一个学习目标，如公式（12-1）所示，使其既可以学习到“内容”，也可以学习到“风格”。也就是说，让新产生的图片在“内容”和“风格”之间达到平衡，同时最小化二者之间的差异。其中，α 和 β 分别为产生新图片时内容和风格的权重系数。

$$L_{\text{total}} = \alpha L_{\text{content}} + \beta L_{\text{style}} \tag{12-1}$$

接下来就是如何学习原图的内容，以及如何学习艺术的风格。

（1）学习内容

通过前面的知识我们可以了解到，神经网络的高层信息可以学习到图片的内容。因此，内容就是对网络高层特征的重现，如公式（12-2）所示。其中 $\bar{p}$ 为原图，$\bar{x}$ 为待产生的新图，P^l 和 F^l 分别对应原图和新图在第 l 层的特征，$F_{ij}{}^l$ 为新图在第 l 层的第 i 个 Kernel 的第 j 个位置的激活情况（这里已将二维的 Kernel 向量化为一维）。根据公式（12-2）给出的方差计算方法，计算其梯度并反向传播，使得 $\bar{x}$ 的内容尽可能地接近 $\bar{p}$。

$$L_{\text{content}}(\bar{p}, \bar{x}, l) = \frac{1}{2}\sum_{i,j}(F_{ij}{}^l - P_{ij}{}^l)^2 \tag{12-2}$$

（2）学习风格

风格即纹理，表现的是卷积神经网络不同层、不同特征之间的关系。在数学上是使用神经网络特征层之间的内积来表达这种“纹理”关系，如公式（12-3）所示（G 为格雷姆矩阵）。而不同层的纹理表示优势不一样，因此风格学习的最终目标如公式（12-5）所示，对不同层的误差进行累加，每层的误差则是艺术风格图片与新图在该层上格雷姆矩阵的均方差，如公式（12-4）所示，其中 $\bar{a}$ 为风格图，$\bar{x}$ 为待产生的新图。后续的优化与普通神经网络的学习类似，即使用梯度回传的方式最小化误差 L_{style} 使得 $\bar{x}$ 的纹理尽可能地接近 $\bar{a}$。

$$G_{ij}^l = \sum_k F_{iK}^l F_{jk}^l \tag{12-3}$$

$$E_l = \frac{1}{4N_l^2 M_l^2}\sum_{i,j}(G_{ij}^l - A_{ij}^l)^2 \tag{12-4}$$

$$L_{\text{style}}(\vec{a}, \vec{x}) = \sum_{l=0}^{L} w_l E_l \tag{12-5}$$

图 12-16 通过对风格图和原图的重构，可以更加直观地看出神经网络在不同层、不同目标上的表现（具体重构方法请参考 Understanding Deep Image Representations by Inver-ting Them）。

首先，我们来看图 12-16 中的下半部分，内容重构。这里分别从 VGG 网络的 conv1、conv2、conv3、conv4、conv5 重构输入图片，可以发现从低层卷积（conv1、conv2、conv3）重构的图片（a、b、c）效果非常好，从高层卷积（conv4、conv5）重构的图片（d、e）会保存高层的语义信息（如房子、小河），但会缺失细节的像素信息。接下来是风格重构，在 VGG 网络的 conv1、conv1+conv2、conv1+conv2+conv3、conv1+conv2+conv3+conv4、 conv1+conv2+conv3+conv4+conv5 五个层次上分别重构图片风格。注意，这里仅仅是通过格雷姆矩阵重构了艺术图片的风格而非内容。

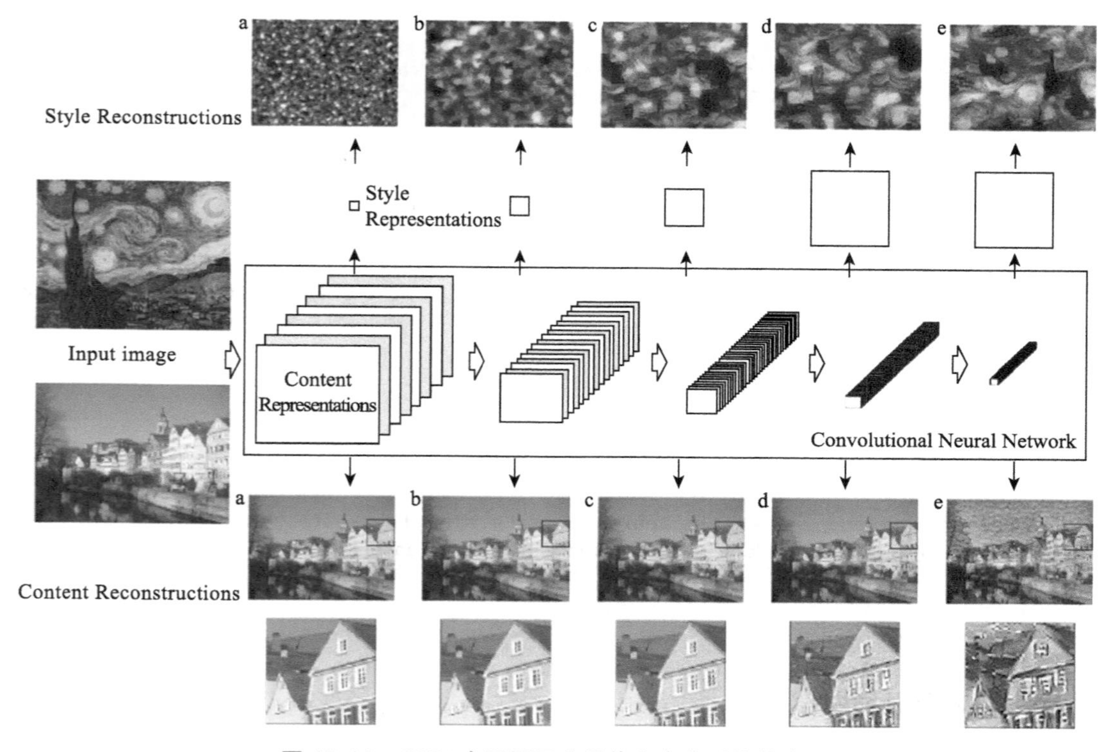

图 12-16　CNN 在不同层上风格和内容重构的表现

12.3.2　代码实现

接下来我们给出上述理论分析之后的代码，带领大家一起实现神经网络的“风格化”。

（1）载入数据

数据载入的代码如下：

```
from __future__ import print_function

import torch
import torch.nn as nn
import torch.nn.functional as F
import torch.optim as optim                           # 引入优化方法

# 下面两个引用用于载入 / 展示图片
from PIL import Image
import matplotlib.pyplot as plt

import torchvision.transforms as transforms          # 将 PIL 图片格式转换为向量 (tensor) 格式
```

```
import torchvision.models as models  # 训练 / 载入预训练模型

import copy                           # 用于复制模型


device = torch.device("cuda" if torch.cuda.is_available() else "cpu")
          # 如果有 cuda 则使用 GPU，否则使用 CPU

# 图片预处理：原始 PIL 图片像素值的范围为 0～255，在向量处理过程中需要先将这些值归一化到 0～1。
 另外，图片需要缩放到相同的维度。
imsize = 512 if torch.cuda.is_available() else 128  # 如果没有 GPU 则使用小图

loader = transforms.Compose([
    transforms.Resize(imsize),        # 将图片进行缩放，需要缩放到相同的尺度再输入到神经网络
    transforms.ToTensor()])           # 将图片转为 PyTorch 可接受的向量（tensor）格式

def image_loader(image_name):
    image = Image.open(image_name)
    image = loader(image).unsqueeze(0)
    return image.to(device, torch.float)

style_img = image_loader("images/neural-style/style_sketch.jpg") # 载入 1 张风格图片
content_img = image_loader("images/neural-style/content_person.jpg")  # 载入 1 张内容图片

assert style_img.size() == content_img.size(), \
    "we need to import style and content images of the same size"
```

（2）风格图片和内容图片

下面我们看一下这个例子中的风格图片和内容图片分别是什么样子，代码如下：

```
unloader = transforms.ToPILImage()          # 将 PyTorch 中 tensor 格式的数据转成 PIL 格式的图
                                             片用于展示
plt.ion()

def imshow(tensor, title=None):              # 定义一个专门用于展示图片的函数
    image = tensor.cpu().clone()             # 为了不改变 tensor 的内容这里先备份一下
    image = image.squeeze(0)                 # 去掉这里面没有用的 batch 这个维度
    image = unloader(image)
    plt.imshow(image)
    if title is not None:
        plt.title(title)
    plt.pause(0.001) # pause a bit so that plots are updated


plt.figure()
imshow(style_img, title='Style Image')

plt.figure()
imshow(content_img, title='Content Image')
```

风格图片（图 12-17a）和内容图片（图 12-17b）如图 12-17 所示。

a)

b)

图 12-17　示例中的风格图片和内容图片

(3) 定义损失函数

损失函数的定义代码如下：

```
# 定义内容学习的损失函数
class ContentLoss(nn.Module):

    def __init__(self, target,):
        super(ContentLoss, self).__init__()
        self.target = target.detach()

    def forward(self, input):
        self.loss = F.mse_loss(input, self.target)    # 输入内容图片和目标图片的均方差
        return input

# 定义风格学习的损失函数前需要先定义格雷姆矩阵的计算方法
def gram_matrix(input):
    a, b, c, d = input.size()                         # a 为 batch 中图片的个数 (1)
                                                      # b 为 feature map 的个数
                                                      # (c,d) feature map 的维度 (N=c*d)

    features = input.view(a * b, c * d)  # resise F_XL into \hat F_XL

    G = torch.mm(features, features.t())              # 计算得出格雷姆矩阵 (内积)

    return G.div(a * b * c * d)                       # 对格雷姆矩阵的数值进行归一化操作

# 定义风格学习的损失函数
class StyleLoss(nn.Module):

    def __init__(self, target_feature):
        super(StyleLoss, self).__init__()
        self.target = gram_matrix(target_feature).detach()

    def forward(self, input):
        G = gram_matrix(input)
        self.loss = F.mse_loss(G, self.target)        # 艺术图片的格雷姆矩阵与目标图
                                                        片的格雷姆矩阵的均方差
```

```
        return input
```

（4）定义网络结构

将 VGG19 网络改造成风格迁移网络，代码如下：

```
# 载入用 ImageNet 预训练好的 VGG19 模型，并只使用 features 模块
# 注：PyTorch 将 VGG 模型分为 2 个模块，features 模块和 classifier 模块，其中 features 模块
 包含卷积和池化层，classifier 模块包含全连接和分类层。
#    一些层在训练和预测（评估）时网络的行为（参数）是不同的，注意这里需要使用 eval()
cnn = models.vgg19(pretrained=True).features.to(device).eval()

# VGG 网络是用均值 [0.485, 0.456, 0.406]，方差 [0.229, 0.224, 0.225] 对图片进行归一化
 之后再进行训练的，所以这里也需要对图片进行归一化操作
cnn_normalization_mean = torch.tensor([0.485, 0.456, 0.406]).to(device)
cnn_normalization_std = torch.tensor([0.229, 0.224, 0.225]).to(device)

class Normalization(nn.Module):
    def __init__(self, mean, std):
        super(Normalization, self).__init__()
        # 下面两个操作是将数据转换成 [BatchSize x Channel x Hight x Weight] 格式
        self.mean = torch.tensor(mean).view(-1, 1, 1)
        self.std = torch.tensor(std).view(-1, 1, 1)

    def forward(self, img):
        # normalize img
        return (img - self.mean) / self.std

# vgg19.features 中包含 (Conv2d, ReLU, MaxPool2d, Conv2d, ReLU…) 等，为了实现图片风格
 转换，需要将内容损失层 (content Loss) 和风格损失层 (style Loss) 加到 vgg19.features 后面
content_layers_default = ['conv_4']
style_layers_default = ['conv_1', 'conv_2', 'conv_3', 'conv_4', 'conv_5']

def get_style_model_and_losses(cnn, normalization_mean, normalization_std,
                               style_img, content_img,
                               content_layers=content_layers_default,
                               style_layers=style_layers_default):
    cnn = copy.deepcopy(cnn)

    normalization = Normalization(normalization_mean, normalization_std).
        to(device)                                    # 归一化模块

    content_losses = []
    style_losses = []

    model = nn.Sequential(normalization)          # 可以设置一个新的 nn.Sequential，顺
                                                   序地激活

    i = 0  # 每看到一个卷积便加 1
    for layer in cnn.children():                  # 遍历当前 CNN 结构
        # 判断当前遍历的是 CNN 中的卷积层、ReLU 层、池化层还是 BatchNorm 层
```

```
        if isinstance(layer, nn.Conv2d):
            i += 1
            name = 'conv_{}'.format(i)
        elif isinstance(layer, nn.ReLU):
            name = 'relu_{}'.format(i)
            layer = nn.ReLU(inplace=False)        # 由于实验过程中发现in-place 在 ContentLoss 和 StyleLoss 上的表现不好，因此置为 False
        elif isinstance(layer, nn.MaxPool2d):
            name = 'pool_{}'.format(i)
        elif isinstance(layer, nn.BatchNorm2d):
            name = 'bn_{}'.format(i)
        else:
            raise RuntimeError('Unrecognized layer: {}'.format(layer.__class__.__name__))

        model.add_module(name, layer)

        if name in content_layers:              # 向网络中加入 content Loss
            target = model(content_img).detach()
            content_loss = ContentLoss(target)
            model.add_module("content_loss_{}".format(i), content_loss)
            content_losses.append(content_loss)

        if name in style_layers:                # 向网络中加入 style Loss
            target_feature = model(style_img).detach()
            style_loss = StyleLoss(target_feature)
            model.add_module("style_loss_{}".format(i), style_loss)
            style_losses.append(style_loss)

    # now we trim off the layers after the last content and style losses
    for i in range(len(model) - 1, -1, -1):
        if isinstance(model[i], ContentLoss) or isinstance(model[i], StyleLoss):
            break

    model = model[:(i + 1)]

    return model, style_losses, content_losses
```

这里再确认一下输入的内容图片：

```
input_img = content_img.clone()
# 如果想测试待产生的白噪声图片则使用下面这行语句
# input_img = torch.randn(content_img.data.size(), device=device)

plt.figure()
imshow(input_img, title='Input Image') # 画图
```

输入的内容图片如图 12-18 所示。

图 12-18　输入的内容图片

（5）定义优化函数以及训练过程

定义优化函数及训练过程的代码如下：

```
def get_input_optimizer(input_img):
    # 使用 LBFGS 方法进行梯度下降（不是常用的随机梯度下降，但不论是 LBFGS 还是随机梯度下降都是
     在空间中寻找最优解的优化方法）
    optimizer = optim.LBFGS([input_img.requires_grad_()])
    return optimizer

# 定义整个风格化的学习过程
def run_style_transfer(cnn, normalization_mean, normalization_std,
                       content_img, style_img, input_img, num_steps=300,
                       style_weight=1000000, content_weight=1):
    """Run the style transfer."""
    print('Building the style transfer model..')
    model, style_losses, content_losses = get_style_model_and_losses(cnn,
        normalization_mean, normalization_std, style_img, content_img)
    optimizer = get_input_optimizer(input_img)

print('Optimizing..')
    run = [0]
    while run[0] <= num_steps:

        def closure():                           # 用来评估并返回当前 Loss 的函数
            input_img.data.clamp_(0, 1)          # 将更新后的输入修正到 0～1

            optimizer.zero_grad()
            model(input_img)
            style_score = 0
            content_score = 0

            for sl in style_losses:
                style_score += sl.loss
            for cl in content_losses:
                content_score += cl.loss

            style_score *= style_weight
```

```
            content_score *= content_weight

            loss = style_score + content_score
            loss.backward()

            run[0] += 1
            if run[0] % 50 == 0:
                print("run {}:".format(run))
                print('Style Loss : {:4f} Content Loss: {:4f}'.format(
                    style_score.item(), content_score.item()))
                print()

            return style_score + content_score

        optimizer.step(closure)

    input_img.data.clamp_(0, 1) # 最后一次修正

    return input_img

# 最终运行算法的一行代码
output = run_style_transfer(cnn, cnn_normalization_mean, cnn_normalization_std,
                            content_img, style_img, input_img)
```

(6)展示风格化后的图片

展示风格化后的图片的代码如下：

```
plt.figure()
imshow(output, title='Output Image') # 画出风格化图片

plt.ioff()
plt.show()
```

风格化后的图片如图 12-19 所示。

图 12-19　风格化后的图片

网络训练过程输出如下：

```
Building the style transfer model..
Optimizing..
run [50]:
Style Loss : 4.169304 Content Loss: 4.235329

run [100]:
Style Loss : 1.145476 Content Loss: 3.039176

run [150]:
Style Loss : 0.716769 Content Loss: 2.663749
```

这个过程可能要等待几分钟。

上述训练过程中有两个比较明显的参数 α 和 β，它们分别代表训练过程中内容和风格的权重系数。这里做一个小小的实验，就是将内容和风格的比例从小到大逐步进行调整，看输出图片的表现如何。如图 12-20 所示，10^{-4}～10^{-1} 依次是 α/β 的数值，即内容的占比从小到大逐步提升。我们可以看到，过于强调风格时，原图的内容很难展现出来（内容占比为 10^{-4} 时），而过于强调内容时，风格的纹理就很难捕捉到（内容占比为 10^{-1} 时）。因此，要得到很好的风格化效果，还需适当地调整好内容图片和风格图片的占比。

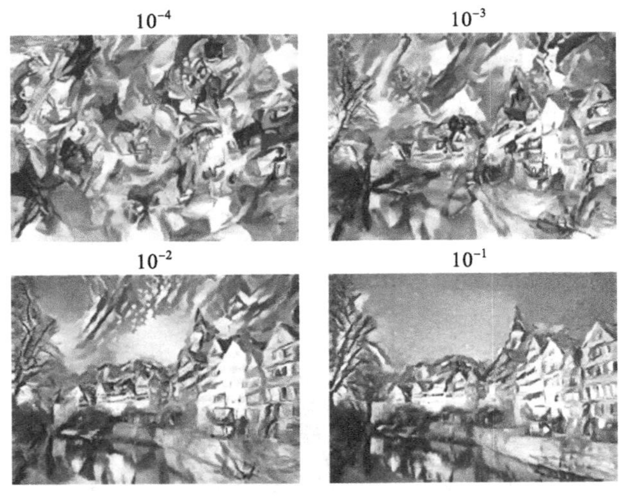

图 12-20　风格和内容权重的比例对生成图片效果的影响

以上训练过程需要等待较长时间（分钟级），因为对于每一张内容图片和风格图片都需要重新训练并生成风格化后的图片。因此，Dmitry Ulyanov 等人提出了一种新的方式，通过大量的图片训练，让网络学习指定的风格，这样某种风格的图片就可以通过该网络快速地生成，如图 12-21 所示。然而，在这种情况下，如果想生成多个风格，则需要训练多个神经网络，因此 Dumoulin 等人于 2017 年提出了一个可以同时预测多种风格的神经网络（A Learned Representation for Artistic Style），感兴趣的读者可以参考本章参考文献中的 [8]。

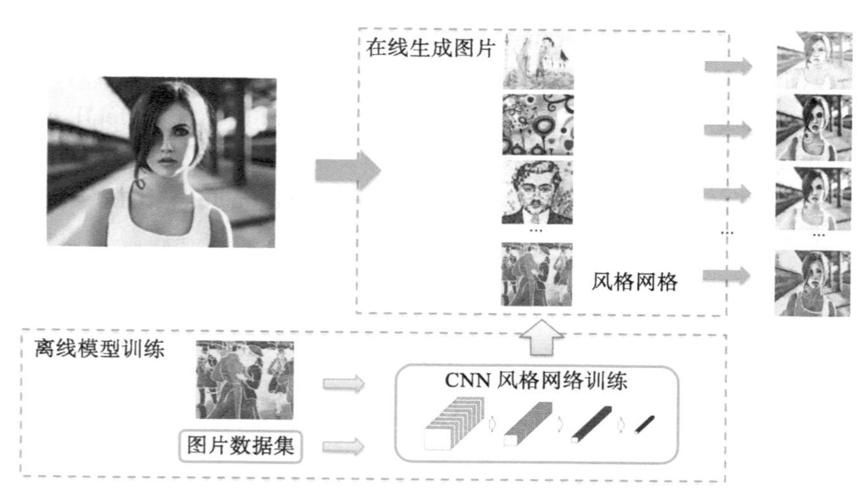

图 12-21　通过大量图片训练得到“风格网络”，从而对输入图片进行快速预测的方法

12.4　本章小结

神经网络是个“黑盒子”吗？从每个参数的可解释性以及调参技巧来看它是，但这个“黑盒子”也是有“窗户”的。通过对卷积核、特征层展示的内容进行逐层分析，我们可以发现里面有很多有意思并且可解释的现象。透过各种“窗户”对这个“黑盒子”进行观察，我们可以更好地分析、调整并优化它。

12.5　参考文献

[1] Yosinski J, Clune J, Nguyen A, et al. Understanding neural networks through deep visualization[J]. arXiv preprint arXiv:1506.06579, 2015.

[2] Zeiler M D, Fergus R. Visualizing and understanding convolutional networks[C]// European conference on computer vision. Springer, Cham, 2014: 818-833.

[3] Nguyen A, Yosinski J, Clune J. Multifaceted feature visualization: Uncovering the different types of features learned by each neuron in deep neural networks[J]. arXiv preprint arXiv:1602.03616, 2016.

[4] Springenberg J T, Dosovitskiy A, Brox T, et al. Striving for simplicity: The all convolutional net[J]. arXiv preprint arXiv:1412.6806, 2014.

[5] Gatys L A, Ecker A S, Bethge M. Image style transfer using convolutional neural networks[C]// Proceedings of the IEEE Conference on Computer Vision and Pattern Recognition. 2016: 2414-2423.

[6] Simonyan K, Vedaldi A, Zisserman A. Deep inside convolutional networks: Visualising image classification models and saliency maps[J]. arXiv preprint arXiv:1312.6034, 2013.

[7] Gatys L A, Ecker A S, Bethge M. A neural algorithm of artistic style[J]. arXiv preprint arXiv:1508.06576, 2015.

[8] Dumoulin V, Shlens J, Kudlur M. A learned representation for artistic style[J]. Proc. of ICLR, 2017.

[9] Fei-Fei Li, Justin Johnson, Serena Yeung et al. CS231n: Convolutional Neural Networks for Visual Recognition.

13 CHAPTER

第 13 章 图像识别算法的部署模式

本章将介绍图像识别算法的几种部署模式。图像识别算法在各领域的应用是非常广泛的，而对于不同的使用场景则需要使用不同的部署模式以达到最好的运行效果。所以，在学会图像算法开发的基础上，学会如何根据实际场景选择适合的工程化部署方案也是至关重要的。

本章的要点具体如下。

- 图像算法部署模式介绍。
- 实际应用场景和部署模式的匹配。
- 图像算法部署模式案例介绍。

13.1 图像算法部署模式介绍

据统计，人类对世界的感知 80% 来自视觉，这就不难理解在当前人工智能兴起的时代，图像识别技术为何会占据如此至关重要的地位。图像识别的 AI 技术可适用的场景也是非常丰富的，从人脸识别、文字识别、视频 / 监控行为分析到工业视觉检测、医疗影像检测、视觉辅助驾驶等场景，现在的图像识别技术可以说是遍地开花。虽然图像识别的应用看起来十分全面复杂，然而，从图像识别算法的部署模式上，其实大体可分为以下几类。

1. 基于公共云云计算的计算机集群

基于公共云云计算的方式往往是以公共云 API 服务的形式提供接口，利用输入图像内容输出识别结果的方式来提供服务，使用者通过对接调用 API 来进行自有应用的开发。这类服务往往涉及一些通用的，且对实时要求不高的图像识别场景，例如，通用的人脸识别、图片内容检测等服务。这类场景当前往往是由大型互联网公司向公众或特定人群提供在线服务，国内互联网巨头 BAT 以及海外的互联网巨头 AWS 等纷纷在自家的云官网上向公众提供此类服务（如图 13-1 至图 13-4 所示）。

图 13-1　阿里巴巴云计算公司提供的人脸识别服务

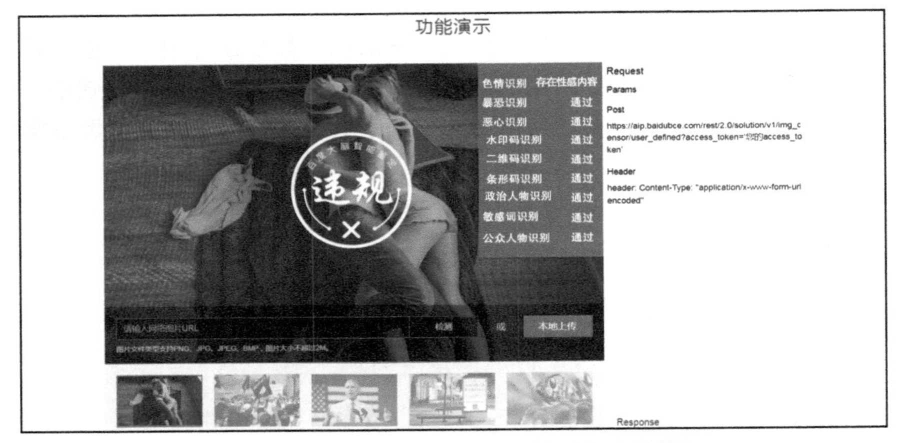

图 13-2　百度云计算公司提供的图像审核服务

图 13-3　腾讯云计算公司提供的图像文字识别 OCR 服务

图 13-4 AWS 云计算公司提供的图像识别服务

这类互联网公司提供的图像识别服务的访问量是十分巨大的，根据当前人脸识别这一最火的分支来看，几大互联网巨头公司公共云服务的年调用量都能够超过亿次甚至百亿次。大量的互联网应用（支付宝的人脸身份认证服务等）、政府类在线业务（政府业务办理的身份认证服务等）、金融类（各大银行手机 APP 的人脸认证转账服务等）、开放型论坛（各大论坛发帖内容审核等）等均会使用到此类服务。这些场景带来的是同一服务的高并发式访问，因此需要强大的并行计算力来支撑，这些互联网巨头通过自有或经过改造的开源云计算架构构建强大的云计算资源池，保障运行于其上的图像识别算法能够动态地获取需要的资源。简单来看，整个图像识别云计算系统（如图 13-5 所示）可以分成云计算资源池层、动态调度层、算法层、网关透出层。算法层中同时运行着大量的图像识别算法，每当有服务访问时，计算资源动态调度层将调度相应的计算资源来运行算法并快速输出计算结果，然后网关透出层将结果返回服务请求方。

算法池中的图像识别算法在公共云上的部署运行一般是运行在各大互联网自研的算法运行管理平台上的，这就意味着自研或第三方的图像识别算法或多或少都需要根据平台发布算法的规则进行部分部署架构的调整，进而以最好的适配算法运行底座和使用云计算资源。

2. 基于私有云云计算的计算机集群

基于私有云云计算的方式往往是客户在自己的机房搭建了一套基于开源云架构或云计算厂商提供的私有云架构系统，基于这套架构构建私有化的云计算资源池、算法池以及私有网关通道。在整体的系统架构方面，云计算厂商提供的私有云架构系统与上面基于公共云云计算的架构系统类似，其中，云计算资源池所需的物理资源均应根据实际需求来制定相应的数量和配置。而采用开源云云计算的架构模式可以参考如图 13-6 所示的容器模式来进行实际部署。

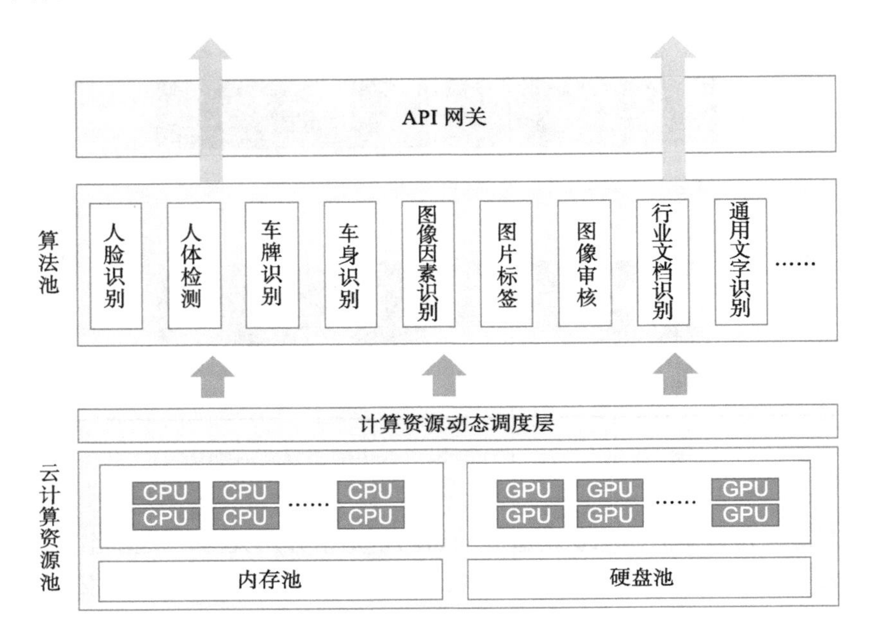

图 13-5　图像识别算法基于云计算架构的系统架构

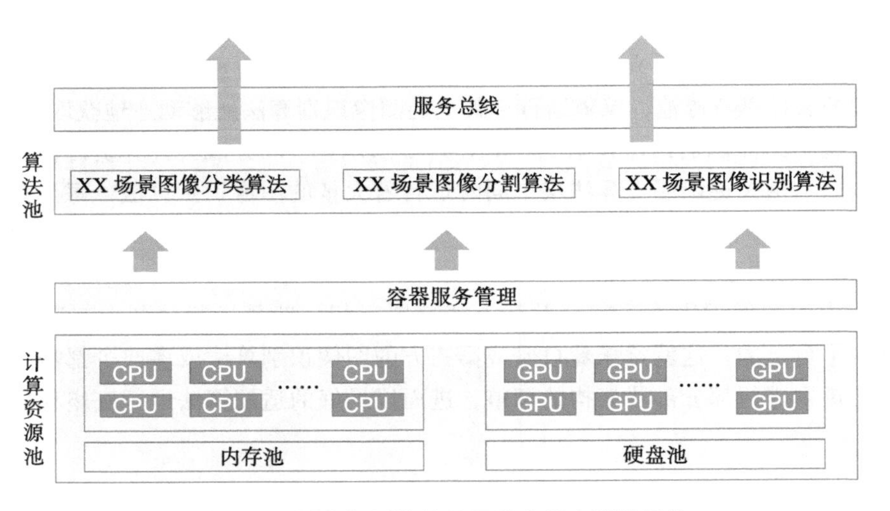

图 13-6　图像识别算法基于私有云容器的架构

算法池中的图像算法在开源云架构或云计算厂商提供的私有云架构系统中一般采用两种模式部署运行：1）将图像算法直接打成容器镜像，然后将容器镜像直接托管到云架构的容器管理平台上；2）将图像算法托管到厂商提供的算法发布运行平台上，这可能会涉及部分算法在平台接入时的兼容性改造工作。

3. X86 架构单机 + 备份模式

基于 X86 架构的单机 + 备份模式属于非云计算的部署模式，也是大部分做图像算法的厂商比较倾向的模式。在这种模式下，硬件基本采用标准的 Intel 芯片和 NVIDIA 的 GPU 卡，机器硬件层和算法开发本身不会有太大的关联。算法开发人员需要将算法模型文件自行封装成一个在服务器上可以运行的可运行库文件或者软服务，同时为了保障算法的安全性，对于算法本身需要进行代码加密以降低代码反编译的风险。再者，为了保障算法文件不被随意地复制使用，需要在封装算法时，加入软 License 或硬件加密狗进行算法文件的物理绑定（如图 13-7 所示）。

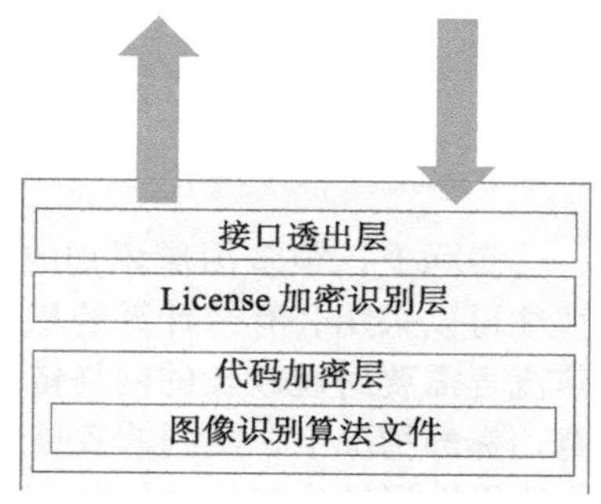

图 13-7　算法文件封装

在高可用方面，云计算架构的模式基本上可以保障运行在上线的算法应用的容灾，而基于 X86 架构的模式往往需要自行搞定。以当前市场上开源的 Nginx 来做高可用为例，在 X86 架构下，整体的部署架构基本上可以参考图 13-8。

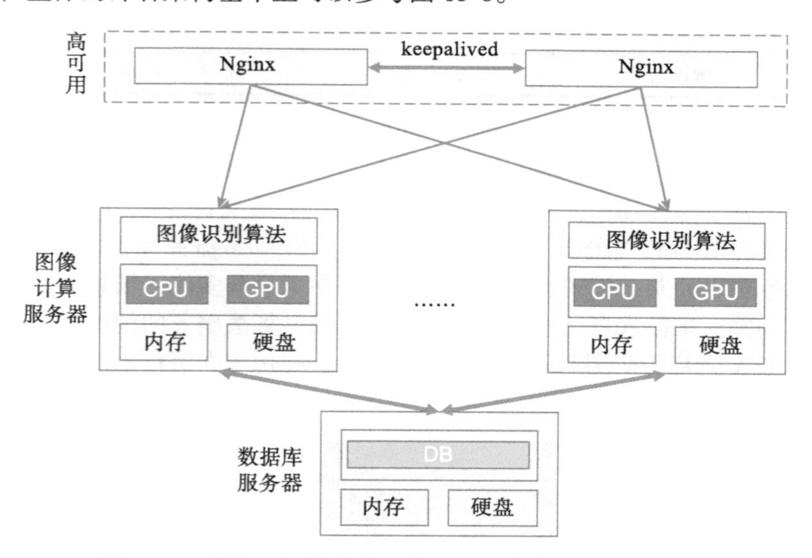

图 13-8　图像识别算法基于普通 X86 服务器的部署架构

在这种部署模式下，图像算法的开发需要自行进行算法模型文件的服务化封装，以及对于算法文件的加密和 License 授权鉴权方面的开发对接工作。

4. 基于 ARM 的单片机 / 工控机 / 专用硬件

基于 ARM 的单片机 / 工控机 / 专用硬件的部署模式，从当前的芯片情况来看，图像算法想要部署运行的话，不只需要算法和实际硬件进行强耦合，同时，还会涉及各类加速方案才能够带动复杂的图像算法在 ARM 芯片上的流畅运行。总体来说，基于 ARM 的单片机 /

工控机 / 专用硬件的部署模式需要算法开发人员与硬件生产厂商具有同步设计、同步开发的节奏，只有这样才能够保障硬件和算法的关联度较好。

13.2 实际应用场景和部署模式的匹配

1. 公共云部署模式

实际上，很多图像识别的场景，对于图像识别的实时性要求并不高，对于这类场景，往往可以采用公有云计算的租用模式，直接调用公有云的 API 即可进行算法调用，整个通信流程需要跨越较长的网络链路，相应的响应实时性要求就不那么高了，在公有云购买带宽达标的情况下，实测的效果还是比较不错的，表 13-1 对比了百度云、阿里云、腾讯云的人脸属性识别公有云服务进行测试响应的速度。

表 13-1 百度云、阿里云、腾讯云人脸属性识别公有云服务测试响应速度表

厂家	响应速度
百度云	1.118s
阿里云	1.214s
腾讯云	1.009s

同样，我们可以看到这三家互联网公司均在其云计算官网上提供了部分通用的图像识别算法公共服务，如图 13-9 到图 13-11 所示，其中包含印刷文字识别（通用卡证、行业票据、行业文档等）、人员识别（人脸识别、人脸核身、人脸支付等）、车辆识别（车牌识别、车辆特征识别等）、图片内容分析（图片鉴黄、垃圾广告、Logo 商标识别等）等。相关类型的图像识别服务在以公共云模式提供服务时往往能够满足众多使用场景。当然也会包含一些由客户利用公共云来接入自己的特殊图像算法而提供算法服务的情况，例如，医院在公共云上建立对于 X 光片的病例监测服务，这类服务往往用于在医疗诊断之后进行图像识别的智能检测复核，对于实时性要求较低。

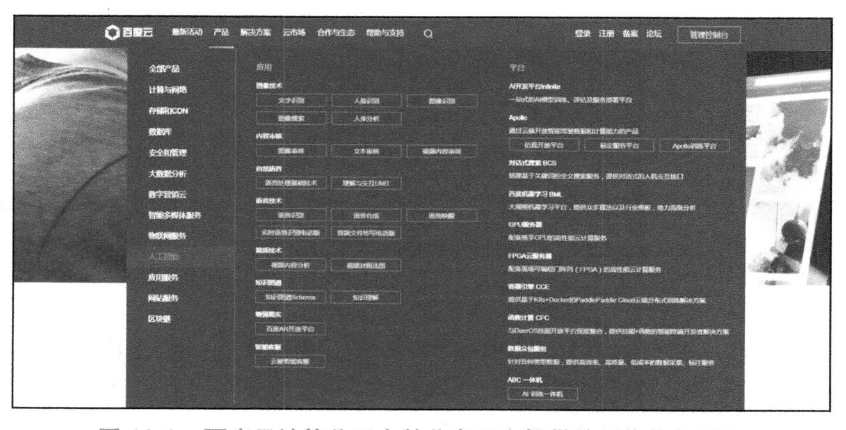

图 13-9 百度云计算公司在其公有云上提供的图像相关服务

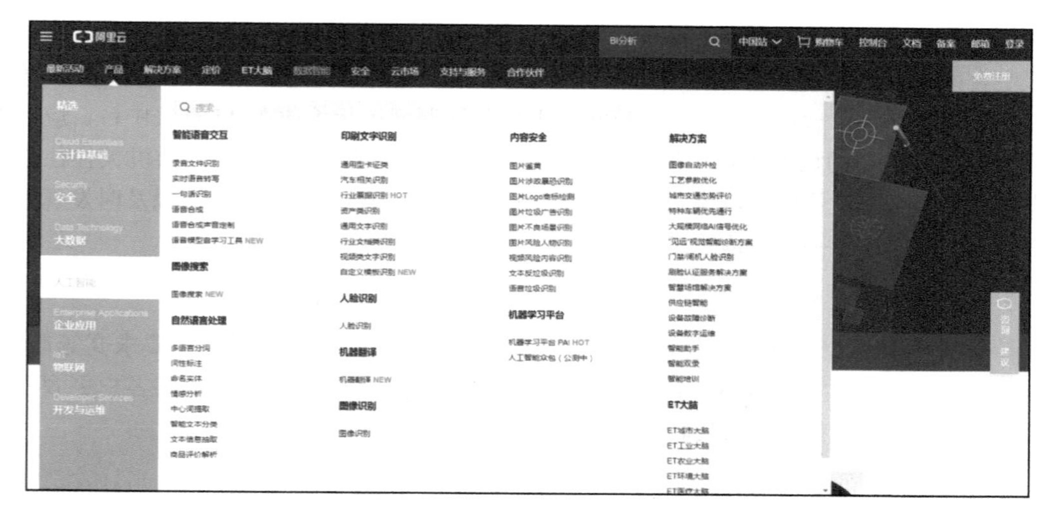

图 13-10　阿里云计算公司在其公有云上提供的图像相关服务

图 13-11　腾讯云计算公司在其公有云上提供的图像相关服务

另一种需要用到公共云部署模式的场景涉及大规模计算集群，而自建大规模计算集群又显得性价比太低，这时，租用云计算服务供应厂商的云计算集群便能够很好地解决这个问题。例如，卫星遥感图像数据的日计算，由于数据量和计算量巨大，通过大规模计算集群来解决这个问题就是一种比较合适的方式。

2. 私有云计算部署模式

针对一些大型企业或者政府、刑侦机关等实际场景，由于对于数据安全性（可能是出于客户意愿或是法律法规等）的考量、同时由于涉及大量数据的计算问题，客户往往需要在自己的机房中建设一套私有云计算集群。针对大型企业，这套云计算集群往往承载了该企业数据中台的建设、AI 算法中台的建设、应用中台的建设，其中，大规模图像识别算法的数据来源和识别结果承载在数据中台、算法的上架部署调度运行承载在 AI 算法中台，应用中台则通过数据中台的数据进行应用逻辑的展现和操作。针对刑侦领域，刑侦机关往往会将建设在城市各个关键位置的监控 / 安防视频进行接入进而进行图像识别计算以及时发现一些异常状况，从而进行一些后续的违法或异常行为的制止和追踪。

3. X86 架构单机 + 备份部署模式

针对大部分的企业客户，往往会由于网络隔绝、数据安全、实时响应要求高等原因，其无法接受租用公共云的模式，同时又需要考虑投资成本的问题，所以这类客户更倾向于只要提供图像算法就能够正常运转的物理资源。

4. 基于 ARM 的部署模式

在某些场景下，图像算法需要运行在一些专用硬件上，往往会由于其移动频繁、网络传输不稳定或者实时响应要求高等原因，算法需要在硬件内部完成计算并快速输出结果，这类硬件往往不基于 X86 架构，而是基于 ARM 架构。

13.3　案例介绍

（1）例一

某工厂需要对自己生产的产品进行产品的瑕疵检测，瑕疵检测需要在产品的生产流水线上（生产内网）进行实时检测并告知生产线当前的产品是否为良品，并指示下一步应该是进入下一道工序继续生产还是需要返工。

在这个例子中，由于图像识别算法所处的环境为：生产内网、实时性要求高。需要实时报告产品优劣并告知产线，这种情况一般采用 X86 服务器模式或者基于 ARM 的专用硬件模式。若采用 X86 服务器模式，则可以同时支持多条这样的子产线，通过多服务器做到负载均衡和互备的小计算集群，针对多产线算法做到冗余计算；若采用基于 ARM 的专用硬件模式，则是一条产线的专用图像分析硬件，往往是以一对一的模式运行，对单位时间内的图像数据量和硬件的计算量进行匹配，不需要负载均衡。

（2）例二

某地方政府需要建立一个区 / 县的数据中台，同时通过数据产出部分与其业务相关的算法服务，并将该服务供给下级各机关单位使用。

在这个例子中，政府数据因为涉密，往往不会随意透出到公共网络中。同时，一个区 / 县的数据量十分巨大，需要一个庞大的数据存储池。再者，通过该平台产出的算法服务，还需要提供给下级各机关单位调用。这里就比较适合采用私有云计算集群的模式进行部署，该政府通过自建私有云集群既可以保障其数据不被随意透出，以确保数据的安全性，又可以通过集群的数据存储能力和计算能力保障其巨量数据的存储，同时保障下级各机关单位同时访问的承载能力。

（3）例三

某小型初创公司，需要使用图像识别能力来组成自己的一套行业产品，对于实时性要求不高，但是需要具有较强的动态伸缩能力，特别是在做运营活动时，该产品的访问量会有很大的增量，而在活动周期之外，访问量又会回落到一个比较低的水平。

在这个例子中，这套产品需要有动态伸缩能力，在忙时对于算法的访问速度和并行计算要求比较高，而在闲时访问量又比较小，同时还要考虑到该公司初创，因经这种情况比较推荐采用公共云租用的模式，既节约了自建机房和运维的成本，同时通过在忙时租用更多云计算虚拟机，在闲时租用较少的云计算虚拟机的灵活变通，又可以大大减少公司的运营成本。

13.4　本章小结

图像识别算法的使用场景是多种多样的，而各类市场场景对于算法本身的部署模式又会有较大的影响，我们最主要关心的是网络状况（包括连通性、实时性的要求）、硬件投资（是否需要大规模计算集群、是否需要嵌入 ARM 架构）、扩缩容状况（是否有算法访问的大起大落），以上这些约束条件，基本上可以确认算法开发部署和实际应用场景之间的匹配，从而能够更好地指导算法开发初期的选型和切入点，同时也更能完成针对特定应用场景的解决方案的整体打包。针对公共云云计算架构、私有云计算架构、开源的云计算架构以及普通 X86、ARM 架构的详细开发设计规划请读者查阅相关文档进一步深入学习。